中国石油天然气集团有限公司统编培训教材

天然气与管道业务分册

油气管道标准化
技术与管理

《油气管道标准化技术与管理》编委会　编

石油工业出版社

内 容 提 要

　　本教材系统介绍了油气管道标准化技术与管理的相关专业知识，内容包括标准化基础知识、标准化理论和方法、油气管道标准概述、油气管道标准一体化理论及实践应用、标准信息化和国际化以及国外知名能源企业标准体系案例分析。

　　本书在理论和方法研究的基础上，紧密结合油气管道标准化工作与现场实践，注重教材的实用性，是从事油气管道生产人员、管理人员、标准起草人员、标准管理人员、标准研究人员等相关专业人员优选的参考书、工具书和培训教材。

图书在版编目（CIP）数据

　　油气管道标准化技术与管理/《油气管道标准化技术与管理》编委会编. —北京：石油工业出版社，2019.7

　　中国石油天然气集团有限公司统编培训教材

　　ISBN 978－7－5183－3422－3

　　I.①油… Ⅱ.①油… Ⅲ.①石油管道-管道工程-标准化-技术培训-教材 Ⅳ.①TE973－65

　　中国版本图书馆 CIP 数据核字（2019）第 100201 号

出版发行：石油工业出版社
　　　　　（北京安定门外安华里 2 区 1 号 　100011）
　　　　　网　　址：www. petropub. com
　　　　　编辑部：（010）64256770
　　　　　图书营销中心：（010）64523633
经　　销：全国新华书店
印　　刷：北京中石油彩色印刷有限责任公司

2019 年 7 月第 1 版　2019 年 7 月第 1 次印刷
710×1000 毫米　开本：1/16　印张：17
字数：310 千字

定价：60.00 元

《天然气与管道业务分册》
编　委　会

《油气管道标准化技术与管理》编委会

序

企业发展靠人才，人才发展靠培训。当前，中国石油天然气集团有限公司（以下简称集团公司）正处在加快转变增长方式，调整产业结构，全面建设综合性国际能源公司的关键时期。做好"发展""转变""和谐"三件大事，更深更广参与全球竞争，实现全面协调可持续，特别是海外油气作业产量"半壁江山"的目标，人才是根本。培训工作作为影响集团公司人才发展水平和实力的重要因素，肩负着艰巨而繁重的战略任务和历史使命，面临着前所未有的发展机遇。健全和完善员工培训教材体系，是加强培训基础建设，推进培训战略性和国际化转型升级的重要举措，是提升公司人力资源开发整体能力的一项重要基础工作。

集团公司始终高度重视培训教材开发等人力资源开发基础建设工作，明确提出要"由专家制定大纲、按大纲选编教材、按教材开展培训"的目标和要求。2009年以来，由人事部牵头，各部门和专业分公司参与，在分析优化公司现有部分专业培训教材、职业资格培训教材和培训课件的基础上，经反复研究论证，形成了比较系统、科学的教材编审目录、方案和编写计划，全面启动了《中国石油天然气集团有限公司统编培训教材》（以下简称"统编培训教材"）的开发和编审工作。"统编培训教材"以国内外知名专家学者、集团公司两级专家、现场管理技术骨干等力量为主体，充分发挥地区公司、研究院所、培训机构的作用，瞄准世界前沿及集团公司技术发展的最新进展，突出现场应用和实际操作，精心组织编写，由集团公司"统编培训教材"编审委员会审定，集团公司统一出版和发行。

根据集团公司员工队伍专业构成及业务布局，"统编培训教材"按"综合管理类、专业技术类、操作技能类、国际业务类"四类组织编写。综合管理类侧重中高级综合管理岗位员工的培训，具有石油石化管理特色的教材，以自编方式为主，行业适用或社会通用教材，可从社会选购，作为指定培训教材；专业技术类侧重中高级专业技术岗位员工的培训，是教材编审的主体，按照《专业培训教材开发目录及编审规划》逐套编审，循序推进，计划编审300余门；操作技能类以国家制定的操作工种技能鉴定培训教材为基础，侧重主体专业（主要工种）骨干岗位的培训；国际业务类侧重海外项目中外员工的培训。

"统编培训教材"具有以下特点：

一是前瞻性。教材充分吸收各业务领域当前及今后一个时期世界前沿理论、先进技术和领先标准，以及集团公司技术发展的最新进展，并将其转化为员工培训的知识和技能要求，具有较强的前瞻性。

二是系统性。教材由"统编培训教材"编审委员会统一编制开发规划，统一确定专业目录，统一组织编写与审定，避免内容交叉重叠，具有较强的系统性、规范性和科学性。

三是实用性。教材内容侧重现场应用和实际操作，既有应用理论，又有实际案例和操作规程要求，具有较高的实用价值。

四是权威性。由集团公司总部组织各个领域的技术和管理权威，集中编写教材，体现了教材的权威性。

五是专业性。不仅教材的组织按照业务领域，根据专业目录进行开发，且教材的内容更加注重专业特色，强调各业务领域自身发展的特色技术、特色经验和做法，也是对公司各业务领域知识和经验的一次集中梳理，符合知识管理的要求和方向。

经过多方共同努力，集团公司"统编培训教材"已按计划陆续编审出版，与各企事业单位和广大员工见面了，将成为集团公司统一组织开发和编审的中高级管理、技术、技能骨干人员培训的基本教材。"统编培训教材"的出版发行，对于完善建立起与综合性国际能源公司形象和任务相适应的系列培训教材，推进集团公司培训的标准化、国际化建设，具有划时代意义。希望各企事业单位和广大石油员工用好、用活本套教材，为持续推进人才培训工程，激发员工创新活力和创造智慧，加快建设综合性国际能源公司发挥更大作用。

《中国石油天然气集团有限公司统编培训教材》
编审委员会

前 言

　　近年来，国家越来越重视标准化工作，从深化标准化改革到"一带一路"，一系列的动作无不在昭示标准化工作至关重要的作用。油气管道作为链接油气资源与市场的重要桥梁和纽带，从管道的设计到管道的建设、投产、运营、管理与维护，甚至管道的报废，标准及标准化工作贯穿始终，所有环节的核心就是标准，标准水平的高低在一定程度上代表着管道运行水平的高低。中国石油天然气集团有限公司（以下简称集团公司）一直以来都非常重视标准化工作，并取得了很大的进展，重点表现在企业标准体系的健全与完善、标准国际化和信息化水平的进步和提升、标准化管理制度和方法的规范与加强。

　　本教材结合多年标准化工作及管理实际情况和经验，参阅标准化领域著名专家的书籍，针对油气管道领域标准化特色编制成本，从标准化的基础知识与方法、标准体系建设、标准化管理、标准国际化和信息化等多个方面，深入浅出地分析油气管道领域相关标准化知识，从而为集团公司内从事油气管道生产、管理、标准起草、标准管理和标准研究的专业技术人员提供基础指导。

　　本教材参与编写单位包括：中石油管道有限责任公司质量安全环保部、中国石油管道科技研究中心、中国石油管道公司。

　　本教材共分为七章，其中第一章由吴张中、徐葱葱、刘锴编写；第二章由张栋、张妮、吴张中、刘艳双编写；第三章由吴世勤、张志胜、苏维刚、谭笑、刘艳双、潘腾、税碧垣、李云杰编写；第四章由吴世勤、刘锴、姚学军、税碧垣编写；第五章由刘锴、张志胜、苏维刚、马江涛、赵明华编写；第六章由张妮、马伟平、项小强、冯少广、曹燕、冯庆善编写；第七章由张栋、潘腾、刘冰、税碧垣、任磊编写。全书由张妮、徐葱葱、曹燕校对和统稿。

感谢编写过程中有关领导的关心和支持，感谢专家对本教材内容的审阅和提出宝贵意见。

由于本教材涉及技术领域广泛，相对资料来源有限，编者的水平有限，因此书本内容难免有疏漏之处，恳请专家和读者批评指正。

说　明

　　本教材可作为中国石油天然气集团有限公司内从事油气管道生产、管理和研究等相关单位标准化培训的专用教材。本教材主要是针对从事油气管道标准化技术与管道的专业技术人员编写。教材的内容来源于实践工作，实践性和专业性很强，涉及内容广，为便于正确使用本教材，在此对培训对象进行了划分，并规定了各类人员应该掌握或了解的主要内容。

　　培训对象主要划分为生产管理人员、专业技术人员、标准起草人员、标准管理人员、标准研究人员。

　　各类人员应该掌握或了解的主要内容：

　　（1）生产管理人员，要求掌握第三章、第四章、第五章、第六章的内容，要求了解第一章、第二章、第七章的内容。

　　（2）专业技术人员，要求掌握第三章的内容，要求了解第一章、第二章、第四章、第五章、第六章、第七章的内容。

　　（3）标准起草人员，要求掌握第二章、第三章、第四章的内容，要求了解第一章、第五章、第六章、第七章的内容。

　　（4）标准管理人员，要求掌握第二章、第三章、第四章、第五章、第六章的内容，要求了解第一章、第七章的内容。

　　（5）标准研究人员，要求掌握第一章、第二章、第三章、第四章、第五章、第六章、第七章的内容。

　　各单位在教学中要密切联系生产实际，在课堂教学为主的基础上，还应增加现场的实践环节。

目 录

第一章 标准化与油气管道标准概述

第一节 标准化的基本概念

标准化作为一门独立的学科，必然有它特有的概念体系。标准化的概念是人们对标准化有关范畴本质特征的概括。标准化概念中最基本的概念是"标准"和"标准化"，本节仅对这两个概念有代表性的定义加以介绍，其他概念将在本书各相关章节中介绍。

一、"标准"的定义

我国国家标准 GB/T 20000.1—2014《标准化工作指南第 1 部分：标准化和相关活动的通用术语》对"标准"所下的定义是：通过标准化活动，按照规定的程序经协商一致制定，为各种活动或其结果提供规则、指南或特性，供共同使用和重复使用的文件。注：（1）标准宜以科学、技术和经验的综合成果为基础；（2）规定的程序指制定标准的机构颁布的标准制定程序；（3）诸如国际标准、区域标准、国家标准等，由于它们可以公开获得以及必要时通过修正或修订保持与最新技术水平同步，因此它们被视为构成了公认的技术规则。其他层次上通过的标准，诸如专业协（学）会标准、企业标准等，在地域上可影响几个国家。

世界贸易组织《技术性贸易壁垒协定》（WTO/TBT）规定："标准是被公认机构批准的、非强制性的、为了通用或反复使用的目的，为产品或其加工或生产方法提供规则、指南或特性的文件。"这可被视为 WTO 给"标准"所下的定义。

上述定义，从不同侧面揭示了标准这一概念的含义，把它们归纳起来主要是以下几点：

（1）制定标准的出发点。标准是为了获得最佳的生产秩序、市场秩序和社会秩序，降低成本、提高质量；提升通用性和互换性，满足顾客要求，赢得市场份额；提供社会安全感、增加社会的可持续发展能力，构建和谐社会。

（2）标准产生的基础。每制定一项标准，都必须踏踏实实地做好两方面的基础工作。

① 将科学研究的成就、技术进步的新成果同实践中积累的先进经验相互结合，纳入标准，奠定标准科学性的基础。这些成果和经验，不是不加分析地纳入标准，而是要经过分析、比较、选择以后再加以综合。它是对科学、技术和经验加以消化、融会贯通、提炼和概括的过程。标准的社会功能，总的来说就是到某一截止时间点，对社会所积累的科学技术和实践的经验成果予以规范化，以促成对资源更有效地利用和为技术的进一步发展搭建一个平台并创造稳固的基础。

② 标准中所反映的不应是局部的片面的经验，也不能仅仅反映局部的利益。这就不能凭少数人的主观意志，而应该同有关人员、有关方面（如用户、生产方、政府、科研单位及其他利益相关方）进行认真地讨论，充分地协商，最后从共同利益出发做出规定。这样制定的标准才能既体现出它的科学性，又能体现出它的民主性和公正性。标准的这两个特性越突出，在执行中便越有权威。

（3）标准化对象的特征。制定标准的对象，已经从技术领域延伸到经济领域和人类生活的其他领域，其外延已经扩展到无法枚举的程度。因此，对象的内涵便缩小为有限的特征，即"重复性事物"。

什么是重复性事物？这里所说的"重复"，指的是同一事物反复多次出现的性质。例如，大量成批生产的产品在生产过程中的重复投入、重复加工、重复检验、重复生产；同一类技术活动（如某零件的设计）在不同地点、不同对象上同时或相继发生；某一种概念、方法、符号被许多人反复应用等。

标准是实践经验的总结。只有具有重复性特征的事物，才能使人们把以往的经验加以积累，标准就是这种积累的一种方式。一个新标准的产生是这种积累的开始（当然在此以前也有积累，那是通过其他方式），标准的修订是积累的深化，是新经验取代旧经验。标准化过程就是人类实践经验不断积累与不断深化的过程。

只有事物具有重复出现的特性，标准才能重复使用，才有制定标准的必要。对重复事物制定标准的目的是总结以往的经验，选择最佳方案，作为今后实践的目标和依据。这样既可最大限度地减少不必要的重复劳动，又能扩大"最佳方案"的重复利用次数和范围。标准化的技术经济效果有相当一部分就是从这种重复中得到的。

（4）由公认的权威机构批准。国际标准、区域性标准以及各国的国家标准，是社会生活和经济技术活动的重要依据，是人民群众、广大消费者以及标准各相关方利益的体现，并且是一种公共资源，它必须由能代表各方面利益，并为社会所公认的权威机构批准，方能为各方所接受。

（5）标准的属性。ISO/IEC 将其定义为"规范性文件"；WTO 将其定义为"非强制性的……提供规则、指南和特性的文件"。这其中虽有微妙的差别，但本质上标准是为公众提供一种可共同使用和反复使用的最佳选择，或为各种活动或其结果提供规则、导则、规定特性的文件（即公共物品）。

这里需要说明的是，企业标准则不完全相同，它要体现企业自身的利益，而且是企业的自有资源，在企业内部是具有强制力的，故这个定义对企业标准并不能完全适用。

二、"标准化"的定义

国家标准 GB/T 20000.1—2014《标准化工作指南第 1 部分：标准化和相关活动的通用术语》对"标准化"给出了如下定义：为了在既定范围内获得最佳秩序，促进共同效益，对现实问题或潜在问题确立共同使用和重复使用的条款以及编制、发布和应用文件的活动。注：（1）标准化活动确立的条款，可形成标准化文件，包括标准和其他标准化文件；（2）标准化的主要效益在于为了成品、过程或服务的预期目的改进他们的适用性，促进贸易、交流以及技术合作。

上述定义揭示了"标准化"这一概念的如下含义：

（1）标准化不是一个孤立的事物，而是一个活动过程，主要是编制发布标准、实施标准进而修订标准的过程。这个过程也不是一次就完结了，而是一个不断循环、螺旋式上升的运动过程。每完成一个循环，标准的水平就提高一个层次。标准化作为一门学科就是研究标准化过程中的规律和方法；标准化作为一项工作就是根据客观情况的变化，不断促进这种循环过程的进行和发展。

标准是标准化活动的产物。标准化的目的和作用，都是要通过制定和实施具体的标准来体现的。所以，标准化活动不能脱离制定、修订和实施标准，这是标准化的基本任务和主要内容。

标准化的效果只有当标准在社会实践中实施以后，才能表现出来，绝不是制定一个标准就可以了事的。开展标准化工作不要盲目追求标准的数量，再多、再好的标准，没有被运用，那就什么效果也收不到。因此，在标准化的全部活动中，实施标准是个不容忽视的环节，这一环中断了，标准化循环发展过程也就中断了，那就谈不上标准"化"了。

（2）标准化是一项有目的的活动。标准化可以有一个或更多特定的目的，以使产品、过程或服务具有适用性。这样的目的可能包括品种控制、可用性、兼容性、互换性、健康、安全、环境保护、产品防护、相互理解、经济效益、贸易等。一般来说，标准化的主要作用，除了为达到预期的改进产品、过程或服务的适用性之外，还包括防止贸易壁垒、促进技术合作等。

（3）标准化活动是建立规范的活动。定义中所说的"条款"，即规范性文件内容的表述方式。标准化活动所建立的规范具有共同使用和重复使用的特征。条款或规范不仅针对当前存在的问题，还针对潜在的问题，这是信息时代标准化的一个重大变化和显著特点。

第二节　标准的分级与分类

分级分类是人们认识事物和管理事物的一种方法，也是一门学科建设的基础。人们从不同的目的和角度出发，依据不同的准则，可以对标准进行不同分级与分类，由此形成不同的标准种类。

一、标准的分级

标准的级别通常是根据标准制定机构的级别和标准所覆盖的地理区域范围来划分的。

（一）国内标准级别的划分

根据我国最新修订的《中华人民共和国标准化法》的规定，我国的标准分为：国家标准、行业标准、地方标准、团体标准和企业标准。

1. 国家标准

国家标准是由国务院标准化行政主管部门制定的需要在全国范围内统一的技术和管理要求。国家标准制定的范围包括：

（1）互换、配合、通用技术语言要求。

（2）保障人体健康和人身、财产安全的技术要求。

（3）基本原料、材料、燃料的技术要求。

（4）通用的基础件的技术要求。

（5）通用的试验、检验方法。

（6）通用的管理技术要求。

（7）工程建设的勘探、规则、设计、施工及验收等的重要技术要求。

（8）国家需要控制的其他重要产品的技术要求等。

国家标准一般为基础性、通用性较强的标准，是我国标准体系中的主体。国家标准一经发布实施，与国家标准相重复的行业标准、地方标准自行废止。国家标准的年限一般为五年。

国家标准的编号由国家标准代号、标准发布顺序号和发布的年号组成。根据《国家标准管理办法》的规定，国家标准的代号由大写的汉语拼音字母构成。强制性国家标准代号为"GB"，标准编号为"GB ××××（顺序号）—××××（发布年号）"，且免费向社会公开；推荐性国家标准代号为"GB/T"，标准编号为"GB/T ××××（顺序号）—××××（发布年号）"；国家标准化指导性技术文件代号为"GB/Z"，标准编号为"GB/Z ××××（顺序号）—××××（发布年号）"。

2. 行业标准

行业标准是在没有国家标准的条件下，而又需要在全国某个行业内统一技术和管理要求的标准，由国务院有关行政主管部门制定，并报国务院标准化行政主管部门备案。

行业标准专业性很强，是对国家标准的补充，其制定范围主要有：

（1）专业性较强的名词术语、符号、规划、方法等。

（2）指导性技术文件。

（3）专业范围内的产品，通用零部件、配件、特殊原材料。

（4）典型工艺规程、作业规范。

（5）在行业范围内需要统一的管理标准等。

行业标准的编号由行业标准代号、标准发布顺序号和发布的年号组成。根据《行业标准管理办法》的规定，行业标准的代号由大写的汉语拼音字母构成。行业标准代号为"行业标准类别代号/T"，标准编号为"行业标准类别代号/T ××××（顺序号）—××××（发布年号）"。

我国的行业标准类别见表1-1。

表1-1　我国的行业标准类别

序号	行业标准代号	行业标准类别	序号	行业标准代号	行业标准类别
1	AQ	安全生产	7	DA	档案
2	BB	包装	8	DB	地震
3	CB	船舶	9	DL	电力
4	CH	测绘	10	DZ	地质矿产
5	CJ	城镇建设	11	EJ	核工业
6	CY	新闻出版	12	FZ	纺织

序号	行业标准代号	行业标准类别	序号	行业标准代号	行业标准类别
13	GA	公共安全	41	SJ	电子
14	GH	供销	42	SL	水利
15	GM	国密	43	SN	出入境检验检疫
16	GY	广播电影电视	44	SW	税务
17	HG	化工	45	SY	石油天然气
18	HJ	环境保护	46	TB	铁路运输
19	HY	海洋	47	TD	土地管理
20	JB	机械	48	TY	体育
21	JC	建材	49	WB	物资管理
22	JG	建筑工程	50	WH	文化
23	JR	金融	51	WJ	兵工民品
24	JT	交通	52	WM	外经贸
25	JY	教育	53	WS	卫生
26	LB	旅游	54	WW	文物保护
27	LD	劳动和劳动安全	55	XB	稀土
28	LS	粮食	56	YB	黑色冶金
29	LY	林业	57	YC	烟草
30	MH	民用航空	58	YD	通信
31	MT	煤炭	59	YS	有色金属
32	MZ	民政	60	YY	医药
33	NB	能源	61	YZ	邮政
34	NY	农业	62	HB	航空
35	QB	轻工	63	QJ	航天
36	QC	汽车	64	HS	海关
37	QX	气象	65	ZY	中医药
38	SB	国内贸易	66	SF	司法
39	SC	水产	67	RB	认证认可
40	SH	石油化工			

注：该行业类别未包括军用标准，军用标准采用单独的分类方法。

3. 地方标准

地方标准是指在没有国家标准和行业标准，而又需要在特定行政区域内统一技术和管理要求的标准，由省、自治区、直辖市人民政府标准化行政主管部门制定，报国务院标准化行政主管部门备案，由国务院标准化行政主管部门通报国务院有关行政主管部门。地方标准为推荐性标准，在公布国家标准或者行业标准之后，该项地方标准自行废止。

地方标准编号由地方标准代号、标准顺序号和发布年号组成。根据《地方标准管理办法》的规定，地方标准代号为"由大写的 DB 与省、自治区、直辖市行政区划代码前两位数字构成"，标准编号为"DB××（行政区划代码前两位）/T ××××（顺序号）—××××（发布年号）"。

4. 团体标准

团体标准是指由依法成立的社会团体制定的，供社会自愿采用的标准。由国务院标准化行政主管部门会同国务院有关行政主管部门对团体标准的制定进行规范、引导和监督。根据国务院《深化标准和工作改革方案》（国发〔2015〕13 号）的要求，质检总局、国家标准委制订了《关于培育和发展团体标准的指导意见》，明确了团体标准的合法地位并纳入了最新修订的《中华人民共和国标准化法》。

团体标准编号由团体标准代号、民政部登记的团体标准代号、社会团体代号、团体标准顺序号和发布年号组成。根据《团体标准管理规定》（试行）的规定，团体标准代号为"由大写的 T 与社会团体代号构成"，标准编号为"T/×××（社会团体代号）××××（团体标准顺序号）—××××（发布年号）"。

5. 企业标准

企业标准是指企业生产的产品没有国家标准、行业标准和地方标准，由企业制定的作为组织生产依据的相应的标准，或在企业内制定适用的严于国家标准、行业标准、团体标准和地方标准的企业（内控）标准，由企业自行组织制定，并在该企业内部适用。

企业标准的编号由企业标准代号、标准发布顺序号和发布年号组成。根据《企业标准管理办法》的规定，企业标准代号为"由大写的 Q 与企业隶属行政区域代号构成"，标准编号为"Q/××（企业隶属行政区域代号）××××（顺序号）—××××（发布年号）"。

（二）国际标准级别的划分

国际标准是国际标准化组织（ISO）、国际电工委员会（IEC）和国际电信联盟（ITU）以及 WTO 为促进《贸易技术壁垒协议》（WTO/TBT）的贯彻实施所出版的《国际标准题内关键词索引》（KWIC Index）中收录的其他国际组织制定的标准。ISO、IEC 和 ITU 是全球最主要的国际标准制定组织。

1. 国际标准级别

《ISO/IEC 指南 2》将标准分为国际标准、区域标准、国家标准、省（州）标准和其他标准。

（1）国际标准（International Standard）：由国际标准制定组织制定的开放性标准。例如，ISO、IEC 和 ITU 等国际组织制定并颁布的标准属于国际标准。

（2）区域标准（Regional Standard）：由区域性标准制定组织制定的开放性标准。例如，欧洲标准化委员会（CEN）、欧洲电工标准化委员会（CENE-LET）和欧洲电信标准化协会（ET-ST）制定并颁布的标准属于区域标准。

（3）国家标准（National Standard）：由国家标准制定组织制定的开放性标准。例如，我国国家标准化管理委员会制定并颁布的国家标准。

（4）省（州）标准（Provincial Standard）：由一个国家内的某个地区制定的开放性标准。

（5）其他标准：由其他组织制定的标准。如联盟标准和企业标准，这些标准可能对整个国家或国际产生影响。

2. 国际标准的类别

ISO、IEC 将出版发行的规范性文件分为标准（Standard）、技术规范（Technical Specification）、技术报告（Technical Report，TR）、指南（Guide）和可公开提供的技术规范（Publicly AvailableSpecification，PAS）。

1）技术规范（TS）

由 ISO 和（或）IEC 出版的一种文件，该文件行可能成为国际标准，但由于下列原因目前还不能成为国际标准：

① 没有获得成为国际标准所必需的支持。

② 预计无法获得协商一致的结果。

③ 标准的对象所涉及的技术不成熟。

④ 其他原因无法作为国际标准立即出版。

2）技术报告（TR）

由 ISO 和（或）IEC 出版的一种文件，该文件包含了从国际标准或技术规范收集来的各类数据。

3）指南（Guide）

由 ISO 和（或）IEC 出版的一种文件，给出了相关国际标准的规则、方向、建议和推荐方法等。

4）可公开提供的技术规范（PAS）

由 ISO 和（或）IEC 出版的一种满足市场紧急需要的文件，该文件可以由 ISO 或 IEC 以外的组织协商一致制定，或由工作组的专家协商一致制定。

（三）国外先进标准

国外先进标准是指国际上有权威的区域性标准，如世界上主要经济发达国家的国家标准和通行的团体标准、包括知名跨国企业标准在内的其他国际上公认的先进标准。

CEN、CENELET、ETSI 制定的多数标准属于先进的区域标准；美国国家标准（ANSI）、德国国家标准（DIN）、法国国家标准（AFOR）、英国国家标准（BSI）、日本国家标准（JIS）等属于先进的国家标准；美国机械工程师学会（ASME）、美国国际材料与试验协会（ASTM）、电气和电子工程师协会（IEEE）等社会团体制定的标准属于先进的社会团体标准；美国 IBM 公司、美国 HP 公司、加拿大 Enbridge 公司等制定的标准属于先进的公司或企业标准。

二、标准的分类

标准的分类有多种多样的方法，常按法律的约束性和对象分类。

（一）按法律的约束性分类

按法律的约束性分类，标准可以分为：强制性标准、推荐性标准和指导性技术文件。

1.强制性标准

强制性标准是指在一定范围内国家运用行政和法律的手段强制实施的标准。根据我国标准化法规定：凡是涉及安全、卫生、健康方面的标准，保证产品技术衔接及互换配套的标准，通用的试验、检验方法标准以及国家需要控制的重要产品的产品标准都是强制性标准。

具体包括：

（1）药品标准、食品卫生标准、兽药标准。

（2）产品及产品生产、储运和使用中的安全、卫生标准，劳动安全、运输安全标准。

（3）工程建设的质量、安全、卫生标准及国家需要控制的其他工程建设标准。

（4）环境保护的污染排放标准和环境质量标准。

（5）重要的通用技术术语、符号、代号和制图方法。

（6）通用的试验、检验方法标准。

（7）互换配合标准。

（8）国家需要控制的其他工程建设标准等。

我国标准化法规定：企业和有关部门对涉及其生产、经营、服务、管理有关的强制性标准都必须严格执行，任何单位和个人不得擅自更改或降低标准。对违反强制性标准而造成不良后果以至重大事故者，由法律、行政法规主管部门依法根据情节轻重给予行政处罚，直至由司法机关追究刑事责任。

强制性标准是国家技术法规的重要组成，符合 WTO《贸易技术壁垒协定》关于"技术法规"的定义，即"强制执行的规定产品特性或相应加工方法，包括可适用的行政管理规定在内的文件。技术法规也包括或专门规定用于产品、加工或生产方法的术语、符号、包装标志或标签要求"。

2. 推荐性标准

推荐性标准是指导性标准，基本上与 WTO/TBT 标准的定义相同。推荐性标准是一种自愿采用的文件，相关各方有选择的自由。在未曾接受或采用之前，违反这类标准的，不必承担经济或法律方面的责任，但使用者一经选定，则该推荐性标准对采用者来说，便成为必须绝对执行的标准，即"推荐性"转化为"强制性"。对于同一产品，如果同时存在强制性标准和推荐性标准，则其技术水平肯定是后者高于前者。我国标准化法鼓励企业积极采用推荐性标准。

3. 标准化指导性技术文件

标准化指导性技术文件是为仍处于技术发展过程中（或变化快的技术领域）的标准化工作提供指南或信息，供科研、设计、生产、使用和管理等有关人员参考使用而制定的标准文件。

符合下列情况可判定为标准化指导性技术文件：

（1）技术尚在发展中，有相应的标准文件引导其发展或具有标准价值，尚不能制定为标准的。

（2）采用 ISO、IEC 及其他国际组织的技术报告。

国务院标准化行政主管部门统一负责指导性技术文件的管理工作，并负责编制计划、组织草拟、统一审批、编号、发布。

（二）按标准化的对象分类

按标准化的对象分类，《企业标准体系要求》（GB/T 15496—2003）中将标准分为：技术标准、管理标准和工作标准，但最新修订的《企业标准体系》

（报批稿）系列标准中，提出将标准分类为：产品实现标准、基础保障标准以及岗位标准。以下将分别对两种分类方法进行介绍，以期读者能更好地理解和体会国家标准化改革的思路与内涵。

1. 旧版国家标准分类

1）技术标准

技术标准是指对标准化领域中需要协调统一的技术事项所制定的标准，是从事生产、建设及商品流通的一种共同遵守的技术依据。技术标准是根据生产技术活动的经验和总结，作为技术上共同遵守的法规而制定的各项标准。如为科研、设计、工艺、检验等技术工作，为产品或工程的技术质量，为各种技术设备和工装、工具等制定的标准。技术标准是一个大类，可以进一步分为：基础性技术标准，产品标准，工艺标准，检测试验标准，设备标准，原材料、半成品、外购件标准，安全、卫生、环境保护标准等。

2）管理标准

管理标准是指对组织中需要协调统一的管理事项所制定的标准。管理标准主要是对管理目标、管理项目、管理职能、管理程序、管理方法、组织机构等方面所做的规定。通过管理标准能够正确处理生产、交换、分配和消费中的相互关系，使管理机构更好地行使计划、组织、指挥、协调、控制等管理职能，高效率地组织生产和经营，管理标准是组织管理生产经营活动的依据和手段。

管理标准可分为：管理基础标准、技术管理标准、生产经营管理标准、经济管理标准和行政管理标准。

3）工作标准

工作标准是为实现整个过程的协调，提高工作质量和工作效率，对各个岗位的工作制定的标准。工作标准就其属性来说是管理标准的一种，它是对每个具体的工作和岗位做出的规定。工作标准主要可分为两类：一是岗位标准，二是作业标准。岗位标准主要对各岗位的职责、条件、资格、管理等提出要求，它是对工作范围、构成、程序、要求、效果和检验方法等所制定的标准；作业标准主要对某个作业、活动、流程和工序等具体作业提出要求和规定，通常包括工作的范围和目的、工作的组织和构成、工作的程序和措施、工作的监督和质量要求、工作的效果与评价、相关工作的协作关系等。工作标准的对象主要是人，工作标准的主要内容为：岗位目标、工作程序和工作方法、业务分工与业务联系方式、职责与权限、质量要求与定额、对岗位人员的基本技能要求、检查与考核办法等。

上述系列标准对指导工业企业有效开展标准化工作，建立规范化秩序，特别是在技术标准引领方面取得了较大的成功，但存在有些地方与当前社会经济发展新要求不相适应，与 GB/T 13016—2009《标准体系表编制原则和要求》等标准不能协调配套等问题。

2. 新版国家标准分类

为适应标准化工作改革新趋势的需要并保证新修订的《企业标准体系》系列国家标准更加符合当前各类标准的实际情况，明确了企业是国家标准的主体，要充分发挥其对提升标准化管理水平的积极作用，考虑发挥市场机制下企业主体责任的作用，以及工业化、信息化的时代发展趋势，借鉴 ISO 9000 等国际上先进管理体系标准的原理和方法，提升企业的标准体系自我设计的能力，提高标准本身的灵活性、融合性、专业性、引导性、适用性和可操作性，为企业提供建立标准体系的一般工作方法和途径，指导企业以需求为导向，分析需求、顶层设计、制定标准、实施评价，实现标准化持续改进的基本路径，形成了新的标准分类。

1）产品实现标准

产品实现标准是指为满足用户需求，规范产品实现全过程而建立的标准。由于企业的经营模式和提供产品的多样性，企业产品实现过程不尽相同，因此要结合自身的情况对本标准提供的结构框架进行自我设计，能够建立符合企业实际情况的产品实现。不再强调技术标准、管理标准和工作标准的划分，而是采用过程管理的思想设计产品实现，将产品实现划分成产品标准、设计和开发标准、生产和交付/服务提供标准、营销标准和售后/交付后服务标准五类，每类标准可以进一步细分，如设计和开发标准子体系可以划分成产品决策标准、产品设计标准、产品试制标准、产品定型标准和设计改进标准子体系。企业可以按照标准类别的要求，收集、制定一项或多项标准。

2）基础保障标准

基础保障标准是为保障企业生产、经营、管理等各项工作的有序开展，以事项为组成要素建立的标准，是在产品实现过程中为企业各项活动提供支撑的各类标准等约束性文件进行有机整合、科学分类的标准的集合，以保证企业产品实现或服务提供有序开展为前提进行设计。一般包括规划计划标准，品牌和企业文化标准，人力资源标准，财务、资金和审计标准，设备设施标准，安全和职业健康标准，环境保护和节能标准，法务和风险管理标准，知识管理和信息标准，行政事务和综合标准等九类。

3）岗位标准

岗位标准是为实现基础保障标准体系和产品实现标准体系有效落实，以岗位作业为组成要素建立的标准，宜由岗位业务领导（指导）部门或岗位所在部门编制，一般包括决策层标准、管理岗位标准和操作人员标准。岗位标准应以基础保障标准和产品实现标准为依据，可以是一项标准，也可以是多项标准。当基础保障标准体系和产品实现标准体系中的标准能够满足该岗位作业要求时，基础保障标准体系和产品实现标准体系可直接作为岗位标准使用。岗位标准一般以作业指导书、操作规范、员工手册等形式体现，可以是书面文本、图表、多媒体，也可以是计算机软件化工作指令，其内容可包括但不限于职责权限、工作范围、作业流程、作业规范、周期工作事项、条件触发的工作事项等。

（三）标准的其他分类

随着全球一体化进程的加快，标准的形式也在发生着变化，标准的分类也随之出现了新的类型，主要有正式标准、联盟标准和事实标准等。

（1）正式标准：又称为法定标准，是由法定标准机构制定并发布的标准。如国际标准组织、地区标准化组织、国家标准化组织和地方标准化组织所制定、发布的标准。

（2）联盟标准：为了在一定范围内获得最佳秩序，经标准联盟成员共同协商一致制定，标准联盟共同批准并由国家有关标准化主管部门登记或备案，可以共同使用和重复使用的一种规范性文件。

（3）事实标准：是企业自行制定，通过企业成功的市场运作，促使产业界广泛接受的标准，包括被行业广泛使用的模式、语言、规范或协议。如Kermit通信协议、Xmodem通信协议和HP公司的大型打印机语言（PCL）都是事实上的国际标准。

第三节　国内油气管道法规与标准概述

作为油气管道重要技术基础，法律法规及标准体系对于确保油气管道安全高效平稳运行发挥着重要作用。标准是相关法律法规的重要技术支撑；法律法规则是保障标准顺利实施的有力工具，二者互为补充，积极互动。

一、国内油气管道法规

油气管道法规是指国家针对长输油气管道制定的法律、法律解释、行政法规、地方性法规、部门规章、地方规章以及其他规范性文件，用于规定管道在建设和运营中各方的权利义务，保障油气管网安全运行和油气资源可靠供应，如图1-1所示。

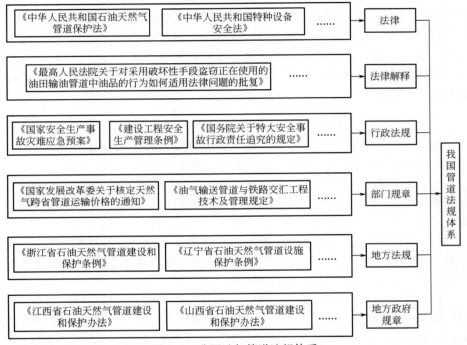

图1-1　我国油气管道法规体系

　　法律的级别最高，由全国人民代表大会及其常务委员会行使国家立法权，立法通过后，由国家主席签署主席令予以公布。法规包括行政法规和地方性法规，行政法规是对法律的补充，地位仅次于法律，是由国务院制定，通过后由国务院总理签署国务院令公布，行政法规的效力高于地方性法规、规章。地方性法规由各省、自治区、直辖市的人民代表大会及其常务委员会制定，包括法律在地方的实施细则、具有法规属性的文件（例如决议、决定等）。规章包括国务院部门规章和地方政府规章，部门规章由国务院各部委和具有行政管理职能的直属机构制定，仅在本部门的权限范围内有效；地方性规章是由省、自治区、直辖市和较大的市的人民政府制定的，仅在本行政区域内有效。地方性法规的效力高于本级和下级地方政府规章。部门规章之间、部门规章与地方政府规章之间具有同等效力，在各自的权限范围内施行。规范性文件是指除法律、法规，规章以外的国家机关在职权范围内依法制定的具有普遍约束力的文件。

（一）法律

油气管道相关的法律主要有《中华人民共和国石油天然气管道保护法》《中华人民共和国特种设备安全法》《中华人民共和国消防法》《中华人民共和国环境保护法》《中华人民共和国土地管理法》和《中华人民共和国安全生产法》等相关法，这些法律对油气管道安全保护、消防、环境保护、安全生产等方面做出了规定。油气管道相关的法律列表见附录二。

（二）行政法规

行政法规主要是指由国务院制定的相关规定文件，行政法规的具体名称有条例、规定和办法。它们之间的区别是：在范围上，条例、规定适用于某一方面的行政工作，办法仅适用于某一项行政工作；在内容上，条例比较全面、系统，规定则集中于某个部分，办法比条例、规定要具体得多；在名称使用上，条例仅用于法规，规定和办法在规章中也常用到。油气管道相关的行政法规主要有《建设工程勘察设计管理条例》《建设工程质量管理条例》《国家安全生产事故灾难应急预案》《铺设海底电缆管道管理规定》《安全生产许可证条例》等，涉及油气管道的勘察设计、施工质量管理、安全生产运行等。油气管道相关的行政法规列表见附录二。

（三）地方性法规

地方性法规由省、直辖市的人民代表大会及其常务委员会制定，其效力不能及于全国，而只能在地方区域内发生法律效力的规范性法律文件。近年来，随着我国油气管道的迅猛发展和《石油天然气管道保护法》的出台，地方政府为加强油气管道保护，也陆续根据《石油天然气管道保护法》颁布了相关的地方性法规。例如浙江省于 2014 年 7 月 31 日通过了《浙江省石油天然气管道建设和保护条例》，适用于浙江省行政区域内输送石油、天然气的管道以及管道附属设施（以下统称管道）的建设和保护，在管道保护职责、规划建设、临时用地补偿、执法分工等方面有许多创新和完善。相关地方性法规见附录二。

（四）部门规章

管道部门规章的制定机关包括国务院相关部门（如国家发展和改革委员会、住房和城乡建设部、交通运输部等）以及直属机构（如国家能源局、国家安全生产监督管理总局）等行政管理部门。油气管道相关的部门规章主要有：《油气输送管道与铁路交汇工程技术及管理规定》《关于处理石油管道和天然气管道与公路相互关系的若干规定（试行）》《国家林业局关于石油天然气管道建设使用林地有关问题的通知》《防雷装置设计审核和竣工验收规定》《陆上石油天然气储运事故灾难应急预案》《压力管道安装安全质量监督检验规则》等，具体见附录二。

（五）地方性规章

地方性规章由省、自治区、直辖市和设区的市、自治州的人民政府制定，具体表现形式有：规程、规则、细则、办法、纲要、标准、准则等。《中华人民共和国立法法》规定，应当制定地方性法规但条件尚不成熟的，因行政管理迫切需要，可以先制定地方政府规章，规章实施满两年需要继续实施，政府应当提请本级人民代表大会或者其常务委员会制定地方性法规。

地方政府规章是政府具体行政行为的重要依据，满足了特定历史阶段、特定工作性质和任务的要求，是比立法更灵活更具体地体现行政管理职能的有效方式，具有很强的实效性。油气管道相关的地方性规章有《山西省石油天然气管道建设和保护办法》《江西省石油天然气管道建设和保护办法》等。

二、国内油气管道标准

（一）国内总体情况

我国的油气管道技术标准主要包括国家标准、行业标准和企业标准。油气管道国家标准主要包括 GB（强制性国标）、GB/T（推荐性国标）、JJG（国家计量检定规程）和 JJF（计量技术规范）。行业标准主要包括 SY（石油行业标准）、SH（石化行业标准）、HG（化工行业标准）、AQ（安全行业标准）、DL（电力行业标准）等相关行业标准，推荐性行业标准的代号是在强制性行业标准代号后面加"/T"。企业标准是企业制定的在企业内部执行的标准，例如中国石油天然气集团有限公司（以下简称"中国石油"）企业标准（Q/SY）、中国石油化工集团公司（以下简称"中国石化"）企业标准（Q/SHS）、中国海洋石油总公司（以下简称"中国海油"）企业标准（Q/HS）均制定了公司相关的企业标准。油气管道国家标准和行业标准主要由石油工业标准化委员会下属的石油工程建设专标委、油气储运专标委、管材专标委和安全专标委分别归口管理。行业标准是以中国石油、中国石化、中国海油三大石油公司为主共同制定、共同遵守的标准。企业标准由企业标准化管理委员会下所属的专业标准委员会负责归口管理。就中国石油企业标准而言，管道相关企业标准由石油石化工程建设专标委、天然气与管道专标委分别管理，前者管理管道建设相关标准，后者管理管道运行维护相关标准；同时各地区公司还有各自的标准化委员会，负责地区公司企业标准的管理。油气管道标准化管理机构、标准制定修订流程等内容详见本书第三章。

与西方发达国家普遍采用的基于市场的自愿标准化模式不同，我国油气管道标准分为强制性和推荐性两种，但一些强制性标准设置不合理，为此我国不得不将原来的一些强制性标准改为推荐性标准，而此种随意改变标准属性的做法凸显了我国标准化管理体制下标准和法律法规定位不明的弊端。并且我国标准由不同的标准化委员会归口管理，标准的管理和制定比较分散和孤立，没有形成有效的联络协调机制，导致标准体系存在交叉引用、相互不协调甚至冲突的现象，在一定程度上也影响了标准的整体协调性。

（二）中国石油天然气集团有限公司天然气与管道技术标准体系

企业建立标准体系的根本目的就是促进企业生产技术、经营管理活动科学化与规范化，提高产品和服务质量，提高企业的整体效率，使企业获得最佳秩序和社会效益，从而使企业产品赢得市场的认可，实现企业的利润最大化。在我国目前的油气管网中，中国石油运营着我国大部分的油气管道，截至 2018 年底，中国石油国内运营的油气管道总里程达到 86734km。其中，原油管道 20736km，占全国的 69.9%；天然气管道 54270km，占全国的 75.2%；成品油管道 11728km，占全国的 42.8%（数据来源：中国石油官方网站）。

为适应时代和市场的发展，中国石油在油气管道领域努力建设一套先进的油气管道标准体系，加快与国际接轨的重要举措。分公司也多数建立了相关的二级企业标准体系，在油气管道标准领域具有重要的话语权。为加强标准化工作的统一领导和一体化运作，2007 年集团公司标准化职能部门进行了调整整合，其中天然气与管道专标委是集团公司首批批准成立的 8 个专业标准化技术组织之一。集团公司标准化委员会重新明了天然气与管道专标委的工作范围和组织机构，即主要负责制定修订集团公司原油、成品油、天然气管道及相关储运设施的工程建设技术管理、生产运行、操作维护等方面的技术规程和作业规范。天然气与管道专标委通过对天然气与管道专业技术标准体系的梳理与分析，形成覆盖天然气与管道及相关储运设施的操作运行与维护管理等各个环节的技术标准。

中国石油天然气与管道专业企业标准体系涵盖了天然气与管道领域适用的技术标准，并将制定（含采标）、修订等更新与完善机制综合应用于已有的体系中，积极主动、全面有序、有计划开展标准化工作，形成的标准体系表也是各级生产管理人员、技术人员必备的工作依据。截至 2018 年，中国石油集团公司天然气与管道专业企业标准体系中共有标准 422 项，其中包括国家标准 54 项，涉及油气管道工程建设、工艺运行与控制、机电设备、管道管理与维护、安全等多方面；行业标准 165 项；集团公司企标 203 项。

油气管道是国民经济的大动脉，涉及重大安全问题。从管道的设计开始，到管道的建设、投产、运营与维护管理，直至管道的报废，都必须严格遵循标准的要求。标准是管道工程建设和运行管理的灵魂，标准水平的高低直接影响管道工程建设和运行管理的水平，其重要性不言而喻。我国油气储运标准化工作已有几十年的历史，取得了明显成效，在油气管道的设计、施工和运营等方面发挥了重要作用。但近年来，随着国内外管道相关技术的飞速发展，油气储运标准呈现出技术水平欠缺、体系结构不尽合理、前期研究不足等问题，一定程度上影响到标准化作用的发挥。在这样的背景下，国内标准研究领域应运而生，围绕国内外油气储运标准开展相关研究，提升技术标准水平，以期为油气储运行业的快速、平稳发展提供保障。

第四节　国外油气管道法规与标准概述

一、ISO 管道标准

国际标准化组织（ISO）是由各国标准化团体（ISO 成员团体）组成的世界性的联合会。ISO 是国际标准化组织的英语简称，其全称是 International Organization for Standards。这里，"ISO"并不是首字母缩写，而是一个词，它来源于希腊语，意为"相等"，从"相等"到"标准"，内涵上的联系使"ISO"成为组织的名称。如今 ISO 是一个国际标准化组织，其包含 162 个国家和 788 个机构的成员，并且超过 135 人全职在瑞士日内瓦的 ISO 中央秘书处工作，代表中国参加 ISO 的国家机构是国家标准化管理委员会（SCA）。ISO 标准的内容涉及广泛，从基础的紧固件、轴承各种原材料到半成品和成品，其技术领域涉及信息技术、交通运输、农业和环境等。每个工作机构都有自己的工作计划，该计划列出需要制订的标准项目（试验方法、术语、规格、性能要求等）。ISO 的主要任务是制定、发布和推广国际标准，协调世界范围内的标准化工作，组织各成员国和技术委员会进行信息交流，与其他国际组织共同研究有关标准化问题等。其主要机构及运作规则在《ISO/IEC 技术工作导则》中予以规定。

国际标准化组织（ISO）所包含的 162 个成员分成三类。

（1）成员体（正式成员）：ISO 章程规定一个国家只能有一个具有广泛代表性的国家标准化机构参加 ISO。正式成员可以参加 ISO 各项活动，有投票权。

（2）通信成员（观察成员）：通信成员通常是还没有充分开展标准化活动的国家组织。通信成员没有投票权，但可以作为观察员参加 ISO 会议，并得到其感兴趣的信息。

（3）注册成员：注册成员来自尚未建立国家标准化机构、经济不发达的国家，他们只需交纳少量会费，即可参加 ISO 活动。

国际标准化组织（ISO）技术委员会中与油气管道密切相关的是 ISO/TC67，其全称为"石油、石化和天然气工业用设备材料及海上结构"，美国石油学会（API）负责承担 ISO/TC67 秘书处工作。专业范围包括：石油、石化和天然气工业范围内的钻井、采油、管道运输及液态和气态烃类的加工处理用设备材料及海上结构。

TC67 下设管理与执行委员会（EC/MC）、分技术委员会（SC）和工作组（WG）。TC67 下设的 SC1、SC2 分技术委员会与管道领域密切相关。TC67/SC1 为管线管技术委员会，主要管辖 ISO 3183《石油和天然气工业—管道运输系统用钢管》等标准。TC67/SC2 为管道输送系统技术委员会，主要管辖 ISO 13623《石油和天然气工业—管道输送系统》、ISO 13847《石油和天然气工业—管道输送系统—管道的焊接》和 ISO 14313《石油和天然气工业—管道输送系统—管道阀》等标准。ISO 主要油气管道标准见附录四。

二、美国油气管道法规与标准

（一）美国管道法规与标准概况

美国管道业的标准体系包括自愿性标准和政府标准法规，两部分各成体系，即自愿性标准体系和强制性技术法规体系。美国强制性技术法规体系是由严密的管理机构控制的，美国法规制定监管机构如图 1-2 所示，其主要的法规包括美国《管道安全法》和《美国联邦宪章》（CFR 49 190-198）。技术法规与标准的不同之处在于：技术法规为强制执行文件，由政府机构批准；标准是非强制文件，由公认机构批准，但标准一旦被技术法规所引用，则具有法律效力。两者的相同之处都是针对产品特性或其加工和生产方法提出的要求，但技术法规规定的是涉及国家安全、防止欺诈行为、保护人身健康和安全、保护生态环境、保护产品质量等方面的基本要求，一般都为定性要求，而具体量化的技术要求则由标准规定。

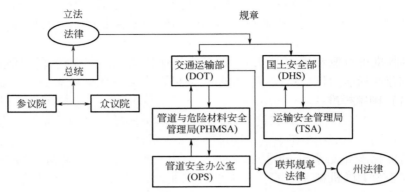

图 1-2　美国油气管道法规及制定监管机构

1）美国管道法规体系

美国的法规体系有法律（Law）、法规（Rule/Regulation）、行政指导（Bulletin/Information/Notice）、指令（Guide）等组成，相关的政令或文件包括免除令、澄清函、简讯、公告、规范修改提案、联邦公告。首先，由议会进行立法，如《管道安全法》《管道安全再授权法》《石油污染法》等。美国交通运输部下设有管道安全办公室，具体负责贯彻管道安全的法律、法规，开展配套的各种规程的编制工作。管道安全监察规程分为美国政府管道安全监察规程和联邦管道安全规程，前者着重管道管理中的重大问题，如环境安全问题，检测以及风险评估问题等，后者主要针对修复管道的规定。由于美国是联邦制国家，除全国性的技术法规外，每个州都有自己的技术法规。全国性的技术法规，由美国政府机构根据国会在法律中赋予的行政职责范围分别制定，国会的相关专业委员会和国家管理与预算办公室（OMB）统一协调，然后由相应的政府机构或部门颁布实施。

美国的长输管道法规系统为：

（1）USC49601 管道安全法。

（2）HR3609 管道安全改进法。

（3）USC490501 联邦危险品法。

（4）美国联邦规章第 49 篇——运输。

（5）第 191 部分：天然气和其他气体的管道运输年度报告、事故报告以及相关安全条件报告。

（6）第 192 部分：天然气和其他气体的管道运输的联邦最低标准。

（7）第 194 部分：陆上石油管道应急方案。

（8）第 195 部分：危险液体管道运输。

2）美国管道标准体系

美国标准体系大致由联邦政府标准体系和非联邦政府标准体系构成，按照自愿性标准体系基本划分为：国家标准、协会标准和企业标准 3 个层次。自愿性标准可自愿参加制定，自愿采用，标准本身不具有强制性，类似于我国的推荐性标准。

（1）国家标准，即由政府委托民间组织美国国家标准协会（ANSI）组织协调，由其认可的标准制定组织行业协会和委员会制定的标准。

（2）协会标准，即由各种协（学）会组织、所有感兴趣的生产者、用户、消费者以及政府和学术界的代表参加通过协商程序而制定出来的标准。典型代表为美国机械工程师学会（ASME）、美国石油学会（API）等行业协会制定的标准。

（3）企业标准，即企业按照本身需要制定的公司标准。

在长输管道方面，美国形成了一整套的基于管道设计、材料、制造、安装、检验、使用、维修、改造以及应急救援等方面的标准体系系统，这套标准体系主要由美国国家标准协会（ANSI）、美国机械工程师学会（ASME）、美国石油学会（API）、美国腐蚀工程师国际协会（NACE）和美国材料与试验协会（ASTM）等标准组织制定。

（二）美国主要标准机构概况

1. 美国国家标准协会（ANSI）

美国国家标准协会（American National Standards Institute，ANSI）成立于 1918 年。当时，美国的许多企业和专业技术团体，已开始了标准化工作，但因彼此间没有协调，存在不少矛盾和问题。为了进一步提高效率，数百个科技学会、协会组织和团体，均认为有必要成立一个专门的标准化机构，并制订统一的通用标准。1918 年，美国材料与试验协会（ASTM）与美国机械工程师协会（ASME）、美国矿业与冶金工程师协会（ASMME）、美国土木工程师协会（ASCE）、美国电气工程师协会（AIEE）等组织，共同成立了美国工程标准委员会（AESC）。美国政府的三个部（商务部、陆军部、海军部）也参与了该委员会的筹备工作。1928 年，美国工程标准委员会改组为美国标准协会（ASA）。为致力于国际标准化事业和消费品方面的标准化，1966 年 8 月，又改组为美利坚合众国标准学会（USASI）。1969 年 10 月 6 日改成现名：美国国家标准协会（ANSI）。ANSI 现有工业学、协会等团体会员约 200 个，公司（企业）会员约 1400 个。ANSI 下设四个委员会：学术委员会、董事会、成员议会和秘书处。美国标准协会下设电工、建筑、日用品、制图、材料试验等各种技术委员会。

美国国家标准协会的标准，绝大多数来自各专业标准，主要采取以下三种方式。

（1）由有关单位负责草拟，邀请专家或专业团体投票，将结果报 ANSI 设立的标准评审会审议批准。此方法称之为投票调查法。

（2）由 ANSI 的技术委员会和其他机构组织的委员会的代表拟定标准草案，全体委员投票表决，最后由标准评审会审核标准。此方法称之为委员会法。

（3）从各专业学会、协会团体制定的标准中，将其较成熟的，而且对于全国普遍具有重要意义者，经 ANSI 各技术委员会审核后，提升为国家标准（ANSI）并冠以 ANSI 标准代号及分类号，但同时保留原专业标准代号。

目前，经 ANSI 认可的标准制定机构有 180 多个，制定的标准总数有 3.7 万个，占非政府标准的 75%，其中小部分经 ANSI 批准为国家标准。

2. 美国石油学会（API）

美国石油学会（API）是美国工业主要的贸易促进协会之一，它是代表整个石油行业（包括勘探开发、储运、炼油与销售）的主要的国家同行业协会组织，是非营利机构，成立于 1919 年。API 勘探开发部下设的油田设备和材料标准化执行委员会是一个专业标准化组织，旨在通过促进油田设备和材料广泛的安全性和互换性，以及满足国内和全球油气勘探开发工业的需要。API 总部设在美国华盛顿，在美国 33 个州设有石油理事会，它以适当且合法的方式为所有石油天然气工业企业提供了标准化论坛，以实现优先公用的方针目标和提升该行业整体效益。

通过 API，各成员公司可以调整资源和获得有效的工作成本之间关系。如果行业中有了新型技术，一旦经企业自己提出，就可以看出 API 强有力的执行功能。API 已经制定了大约 500 项用于全世界的设备和操作标准，这些标准是石油行业从钻井设备到环境保护等一系列专业中总结出的集体智慧的结晶。美国联邦政府及国家法律和法规长期引用 API 标准，而且越来越积极地为国际标准化组织 ISO 所采用。

3. 美国机械工程师协会（ASME）

美国机械工程师协会（ASME）是一个在世界范围内致力于技术、教育和研究的机械工程师学会。它成立于 1880 年，是一个非营利组织。现在 ASME 已拥有 127000 多名会员，它是世界上成立的第一个为促进机械工程技术科学与生产实践发展的协会。协会的主要工作是为提高机械行业产品的质量开展相关的活动，促进机械工程的快速发展，引导学科的发展方向。协会每年召开 30 多个专业技术会议、展览会、工程周，传播新信息，推广新技术，促进美国国内以及国际机械同行的技术合作。ASME 出版有 19 种机械工程行业的刊物、专业书籍、技术报告、会议论文集等，它是世界上专业技术刊物出版量最多的几家协会之一。在 ASME 会员感兴趣的领域里推动新技术的研究与应用。ASME 制定、宣传与贯彻 600 多项机械制造和设计方面的标准和规范，并提供短期培训及当前最新技术的培训课程，每年由协会总部举办，其共有 200 多个专业课程，涉及大约 150 个短期培训班。ASME 同时也作为州、联邦政府的技术参谋，向联邦和州政府提出有关机械工程技术政策方面的建议。ASME 建立有世界范围内的服务网络，向会员提供优惠的学术专业、技术培训等活动，向广大公众、学生宣传机械工程方面的知识，传播相关的信息，鼓励更多的人选择工程师这一职业，投身到机械行业的发展中来。

4. 美国材料与试验协会（ASTM）

美国材料与试验协会（ASTM）成立于 1898 年。ASTM 前身是国际材料试验协会 IATM。学会的主要任务是制定材料、产品、系统和服务等领域的特性和性能标准、试验方法和程序标准。ASTM 是美国最大的非营利性的标准学术团体之一。经过一个多世纪的发展，ASTM 现有 30000 多个（个人和团体）会员，140 余个技术委员会，12000 个用于改善产品质量、增进健康和安全、加强市场准入和贸易的标准等。

5. 美国腐蚀工程师国际协会（NACE）

美国腐蚀工程师国际协会（NACE International）是国际腐蚀与防护领域的民间学术团体，成立于 1943 年。该协会在 1993 年正式由美国国内协会变更为国际协会。截至目前，NACE 已有 108 余个分会和 33 个学生分会，包括 3.6 万余名会员，其会员包括个人会员、企业会员和学生会员等。NACE 是目前国际腐蚀与防护学术及技术领域有较大影响的社团组织。NACE 下设技术协调委员会（Technical Coordination Committee，TCC）负责管理其近 70 个技术委员会，NACE 的技术委员会主要负责技术研讨会、标准制定和交流技术信息等技术活动。技术委员会下设的工作组具体开展编写技术报告及标准等工作。NACE 每年的主要技术活动有综合性年会、专题技术交流及研讨会、标准编制、人才培训及取证等。NACE 技术委员会和工作组集中了防腐相关领域的国际专家，其涉及领域有石油、石化、海洋、电力、航空、化工、船舶和运输等。在年会上技术委员会的主要工作是举行技术研讨会、制修定 NACE 标准、发布最新技术发展动态信息、论文和手册等。NACE 目前有标准 210 余项，主要针对石油、石化和海洋石油等，标准种类和内容较为系统，标准实用性和可操作性较强，在国内外防腐工程等领域应用广泛。

三、加拿大油气管道法规与标准

（一）加拿大管道法规与标准概况

加拿大管道法规主要包括法律、法规和法规引用标准，分为联邦法规和各省法规。加拿大联邦管道法规体系主要由运输部、能源局、人力资源部、运输安全与调查局等部门分别管辖的法律法规构成，各部门之间互不隶属，管理各异，故加拿大管道法规体系是一个松散体系。《加拿大管道法》是加拿大管道运输系统的基本法规。省范围内的长输管道由各省管理，如阿尔伯塔省的长输管道由阿尔伯塔省能源与设施局依据阿尔伯塔省《管道法》进行管理，而安大略省将有关加拿大标准、美国标准、行业标准和本省自己的技术安全和管理要求共同融合在一起形成混合体。

加拿大管道的技术标准体系和美国一样由国家标准、协会标准和企业标准三个层次组成。其中协会标准主要包括加拿大标准协会（CSA）、加拿大标准理事会等机构出版的标准。涉及的主要标准有：CSA Z662—2015《油气管线系统》、CSA Z276—2018《液化天然气的生产、储存和处理》、CSA B149.1—2010《天然气和丙烷安装规范》、CSA B149.2—2010《丙烷储存和处理规范》、CSA B51—2014《锅炉、压力容器与压力管道规范》等。

（二）加拿大主要标准机构概况

1. 加拿大标准协会（CSA）

加拿大标准协会成立于1919年，是加拿大首家专为制定工业标准的非营利性机构，其职能是通过产品鉴别、管理系统登记和信息产品化来发展和实施标准化。CSA负责制定标准，为产品和服务提供检验和认证，尤其是在电气设备方面，几乎所有的电气产品均需它的认证，包括工业用设备、商业用设备和家用电器等。产品的保险通常根据CSA认证来做，如果没有通过CSA认证的产品引起火灾，对于所造成的财产损失，保险公司将不予赔偿。CSA实验室负责设备标准试验与认证。CSA的最高权力机构是董事会，董事会成员都是自愿参加工作。标准协会的日常工作由执行总裁主持，主管标准制定修订、产品认证、企业注册、行政事务和外事及财政工作。总裁领导下设标准部、认证测试部、焊接事业局、质量管理研究所及测试试验室等机构，其中，标准部主管制定修订CSA标准。标准部设立标准政策委员会、标准指导委员会和标准技术委员会。标准政策委员会研究标准化工作的方针政策，确定制定标准的范围。标准指导委员会负责讨论审定各类标准，经其批准后该标准可以出版发行。标准指导委员会的成员由立法机构、工业部门、消费者、制造商和有关的社团研究测试机构的代表参加。标准技术委员会负责对技术标准的具体立项、起草等相关技术工作。认证测试部负责产品质量认证和测试工作。加拿大的标准是由自愿参加 CSA 组织的人员参与制定的，所涉及的面很广，如消费者、制造者、立法机构、技术研究部门等都参加标准制定工作。

2. 加拿大标准理事会（SCC）

为了进一步加强和协调国内的标准化工作并代表加拿大参加国际标准化活动，1970 年 10 月 7 日，根据加拿大议会法令成立了全国性标准协调机构——加拿大标准理事会（Standards Council of Canada，SCC）。SCC 成立之初，曾经也只是一个半官方的学术性机构。随着经济的发展，人们越来越认识到标准化对于发展本国工业以及促进本国产品进入国际市场的重要性，于是现在的 SCC 已经成为加拿大政府机构中的一个重要部门，在政府事务上取代了有着 80 多年悠久历史的加拿大标准化协会（CSA），代表加拿大政府参加 ISO、IEC 等国际间的标准活动。SCC 由一个 15 人组成的委员会领导，委员会的成员来自工业界、非政府机构、联邦政府、省政府和地方政府的代表。历届委员会和委员均由政府批准任命，委员的任职资格也必须经由政府的审核批准任命，任期一般是 4 年，委员的工作直接对政府或政府的工作部门负责，所有委员会成员的名片都印有加拿大国旗，以表明该机构和该成员是代表政府进行工作的。

四、欧盟油气管道法规与标准

（一）欧盟管道法规与标准概况

欧盟管道法规包括条例、指令、决定和建议。指令是欧盟管道法规颁布的主要形式，指令规定了长输管道安全运行的基本要求，而作为支持指令的技术标准则规定了具体的技术要求。欧盟逐渐形成上层为欧盟指令，下层为包含具体技术内容的标准组成的法规体系。欧盟的管道法规首先要遵守欧洲天然气长输协会（GTE）形成的共识。欧洲天然气长输协会（GTE）成立于 2000 年 7 月，在欧盟天然气市场一体化的过程中发挥着重要的作用。GTE 包含 5 个内部工作小组，业务涵盖管道运输能力与拥堵管理、各国关系协调、液化天然气、供给安全和长输费率等各个方面。这些工作小组承担着制定长输领域的行业标准，协调长输领域内部以及与其他相关领域的利益关系，管理管道的运输能力并防止拥堵，进行行业自律等方面的工作。GTE 作为长输公司的代表，还通过一年两次的论坛，组织长输管道公司对行业有关问题进行充分的讨论，并通过与欧盟委员会及其他领域行业协会定期或不定期的会议和交流，努力反映长输公司的意见。通过上述工作，GTE致力于维护非歧视和透明的市场竞争原则，消除跨境管输障碍，促进欧盟天然气统一市场的有效运营。

欧盟有关长输管道欧盟法令有：《设备与产品安全法》（2004年）、《高压气体管道条例》《关于通过管网输送天然气》。核心标准包括：EN 13480—2012《金属工业管道》、CEN/TC 234（气体供应技术委员会）制定的系列标准。欧盟的管道技术标准主要是由欧洲标准化委员会（法文缩写为CEN）编写出版。

（二）欧盟主要标准机构概况

负责欧盟标准化的组织是欧洲标准化委员会，它是目前世界上最重要、影响力最大的区域标准化组织，在国际标准化活动中有着非常重要的地位。为支持欧盟的技术法规，欧洲标准化委员会制定了约13000项满足技术法规基本要求的技术标准。这些欧洲标准（EN标准）包括有关锅炉、压力容器和工业管材料、部件（附件）、设计、制造、安装、使用和检验等诸多方面。其中EN 13445系列标准是压力容器方面的通用主体标准，由总则（EN 13445.1）、材料（EN 13445.2）、设计（EN 13445.3）、制造（EN 13445.4）、检测和试验（EN 13445.5）、铸铁压力容器和压力容器部件设计与生产要求（EN 13445.6）、合格评定程序使用指南（EN Bb13445.7）共7部分构成。除EN 13445标准外，另有简单压力容器通用标准EN 286、系列基础标准EN 764和一些特定压力容器产品标准（如换热器、液化气体容器、低温容器、医疗用容器等）。

EN标准属自愿性标准，由欧盟成员国将EN标准转化为本国标准后（如德国标准DIN EN 13445）由企业自愿采用。若企业采用了EN标准，则被认为其产品满足了指令的基本安全要求，有利于产品进入欧盟市场，或在欧盟市场内流通。

五、澳大利亚油气管道法规与标准

（一）澳大利亚管道法规与标准概况

1994年，澳大利亚联邦政府和各州（地区）政府响应管道工业界提议，共同采纳AS/NZS 2885《天然气和液体石油管道》标准。这个标准的技术委员会也是由各州（地区）技术管理机构和管道工业界的代表组成。这样，就形成了政府技术管理机构和管道工业"合作管理"压力管道安全的模式。AS 2885 标准分为五个部分，AS 2885—1 规定设计建造方面的技术要求，AS 2885—2 规定了天然气与石油管道焊接规范，AS 2885—3 规定使用维护等方面的要求，AS 2885—4 规定了海底管道系统，AS 2885—5 规定了现场压力试验。

按照政府间协议，所有的长输管道建设和运营必须取得澳大利亚联邦政府许可。任何人都可以向国家竞争委员会（National Competition Council，NCC）申请开展管道或配送管道业务，国家竞争委员会向负责经济事务的相关部委提出推荐意见，澳大利亚有关部委根据国家竞争委员会的推荐做出决定。具体审批程序和工作时限在《国家天然气管道系统第三方开放规范》中做了明确规定。根据协议，澳大利亚各州（地区）负责低压配送管道网络的审批和管理，这项工作多由各州（地区）能源部门或基础设施管理部门负责。目前，澳大利亚每一个州都制定了管道建设安全方面的法律法规，其安全管理方式也不完全相同。近几年，在各方推动下，澳大利亚各州（地区）和新西兰在长输管道的管理方面都在向 AS 2885 标准规定的方向发展。

澳大利亚将管道分为长输管道（Pipeline）、配送管道（Distribution Pipeline）和管道系统（Pipeline System），这些管道都在有关政府部门的管辖范围内。长输管道为压力大于 1050kPa，温度范围大于 −30℃，小于 200℃，适用于澳大利亚标准 AS/NZS 2885《天然气和液体石油管道》。长输管道和配送管道均包括与管道直接相连的配件、清管设备发射与接收器、压力容器、压缩机、过滤器、分离器、与天然气管道连接的冷却器、泵和储罐等。

（二）澳大利亚主要标准机构概况

1. 澳大利亚联邦能源委员会

澳大利亚联邦能源委员会是澳大利亚联邦部一级机构，主要负责研究制定能源政策，为联邦一些涉及能源方面业务的管理事务机构，如澳大利亚国家竞争委员会（NCC），澳大利亚竞争和消费者委员会（ACCC）提供政策性指导，从经济和能源角度负责长输管道项目和部分配送管道网络建设的审核，向能源部长推荐批准长输管道项目等事项。

2. 澳大利亚管道工业协会

澳大利亚管道工业协会于 1968 年成立，当时只是为管道工业提供讨论有关问题和寻求解决方案的论坛。其成员包括管道的承建商、所有者、工

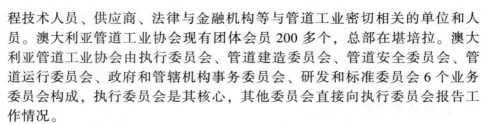

程技术人员、供应商、法律与金融机构等与管道工业密切相关的单位和人员。澳大利亚管道工业协会现有团体会员 200 多个，总部在堪培拉。澳大利亚管道工业协会由执行委员会、管道建造委员会、管道安全委员会、管道运行委员会、政府和管辖机构事务委员会、研发和标准委员会 6 个业务委员会构成，执行委员会是其核心，其他委员会直接向执行委员会报告工作情况。

澳大利亚管道工业协会的主要任务是促进长输管道安全，改进长输管道项目开发、建设和运行的（政府管理）环境，代表澳大利亚的整个长输管道工业提升和保护管道工业的权益与利益，制定包括安全与环境在内的有关政策、标准和管道工业惯例（Practices in the Pipeline Industry），支持管道工业的研发，开展管道工业的人员培训与教育等。澳大利亚管道工业协会在制定修改标准 AS 2885《天然气和液体石油管道》方面起着牵头作用，并大力推动各州（地区）在其法律法规和工作规范中采纳 AS 2885 标准，通过这种方式减少各州（地区）在压力管道技术与管理方面的差异和矛盾。澳大利亚管道工业协会还一直积极介入各州（地区）管道项目审批过程和管道立法。

3. 澳大利亚标准机构

澳大利亚标准机构（Standards Australia）的前身为澳大利亚英联邦工程标准协会，成立于 1922 年，1950 年这个机构获得英皇特许地位，改为澳大利亚标准协会（SAA），现发展为私有的澳大利亚国际标准有限公司（SAI），共有 120 余人，总部设在悉尼中心商业区。这个机构在澳大利亚各州（地区）均设有办事处，共有人员 400 余名。约 9000 名专家自愿参加标准起草制定工作，澳大利亚标准机构的收入来自标准销售。

澳大利亚作为英联邦国家，早期的标准选自国际或英语国家标准（英国、美国等）。目前，澳大利亚标准机构与新西兰标准机构保持着紧密的合作联系，双方有正式的协议，规定在合适的地点颁布联合标准。他们是"太平洋地区标准委员会"的创始成员之一，并且与亚太经济组织和东盟的标准组织保持一致。澳大利亚标准机构与新西兰标准机构（或人员）联合组建各类标准技术专业委员会，两国之间已形成 AS/NZS 标准体系。

澳大利亚标准协会是一家独立的非政府性组织，作为澳大利亚最高级别的标准管理机构，代表澳大利参加国际标准组织（ISO）、国际电工委员会（IEC）等国际标准组织的活动，并通过公开的、协商一致的程序与各行业的相关团体一道制定标准。除制定国家标准外，澳大利亚标准协会还提供咨询、培训和合格评定等质保服务。

六、俄罗斯油气管道法规与标准

（一）俄罗斯管道法规与标准概况

1. 俄罗斯管道法规体系

早期，俄罗斯标准与国际/欧洲标准及发达国家标准相比差别较大，主要表现在标准性质和内容、标准体系构成和修订更新等方面。如国际/欧洲标准及发达国家的标准都是自愿采用，WTO/TBT 协议中所指的标准也是自愿采用，但俄罗斯标准的采用具有强制性，这在很大程度上遏制了企业的自由发展。1991 年苏联解体后，俄罗斯为了适应社会转型、满足经济接轨的需要，使标准化管理体制逐步由计划经济管理模式向市场经营管理模式转变，联邦政府先后出台了《俄罗斯联邦标准化法》《俄罗斯联邦技术调节法》《全国标准化体制发展构想》等一系列法律和政策。

1993 年，俄罗斯颁布的《俄罗斯联邦标准化法》（以下简称《标准化法》）标志着俄罗斯的标准化工作从此步入法制的轨道。按照这一法律规定，将俄罗斯标准分为 4 级，即国家标准（ГОСТ Р），行业标准（ОСТ）、企业标准（СТП）及协会标准（СТО）。《标准化法》于 2003 年 7 月取消，但是其为俄罗斯由强制性标准体制向自愿性标准体制过渡，实现与国际标准特别是欧洲标准的趋同一致做出了积极贡献。

针对标准体系中存在的若干问题，也为了与国际接轨，俄罗斯于 2002 年 12 月出台了《俄罗斯联邦技术调节法》（以下简称《技术调节法》），以在标准化领域实施变革，彻底打破了原有的标准化体系框架，建立了全新的标准化体制。截至 2008 年 7 月，《技术调节法》已经过 4 次修订。目前，该法律是指导俄罗斯全国标准化工作的一项重要法律，从内容到形式都力争与国际接轨。该法律对俄罗斯标准化的目的、原则、标准化文件、标准化机构、标准种类以及国家标准的制定、批准规则做出了详细的规定，完全反映了为消除贸易壁垒和提高产品竞争力所进行的变革，涉及技术法规、标准化、合格评定、试验、国家检查和监督等领域。

《技术调节法》出台前的标准分为国家标准、行业标准、企业标准和协会标准。《技术调节法》出台后的标准只包括全国标准和组织标准两类，标准的分类发生了改变。根据该法律，将俄罗斯标准分为 4 种 2 级。

俄罗斯颁布《技术调节法》的目的是建立两个体系，即技术法规体系和自愿性标准体系。技术法规由联邦法律或俄罗斯联邦政府决议予以通过。制定技术法规的主要目的是保护人的生命或健康、自然人或法人的财产、国家或地方的财产；保护环境、动植物生命或健康；防止欺诈行为。为了消除技术性贸易壁垒并使本国商品易于出口，该法律规定技术法规首先应建立在国际和国家标准的基础之上，确定最低和最必需的要求，并且不对具体细节作详尽规定。《技术调节法》规定，任何人均可成为国家标准的制定者。无论是国家机构，还是私营机构，制定标准的一个主要条件是这些标准应该符合国际标准和技术法规的要求。

2. 俄罗斯标准体系

俄罗斯采用"标准化体系"的概念，标准化体系包括技术标准和管理标准。由于俄罗斯标准化相关技术法规的发展变更，导致俄罗斯规定的标准化体系文件结构和组成较混乱。基于国际通用的标准体系架构，结合目前常用的俄罗斯标准使用现状，俄罗斯标准体系可以理解为以下的结构形式，如图 1-3 所示。

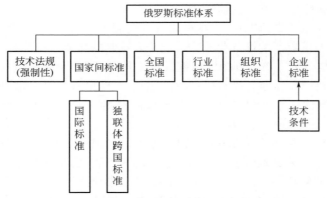

图 1-3　常用俄罗斯标准体系文件架构

（二）俄罗斯主要标准机构概况

1. 俄罗斯联邦技术调节与计量局

从 2004 年 8 月起，为了适应加入 WTO 的需要，俄罗斯对标准化、认证、认可的机构和职能都进行了调整和改革，原来的俄罗斯国家标准计量认证委员会被新的俄罗斯联邦技术调节与计量局（GOST R）所取代，并作为 ISO 正式成员代表俄罗斯参加 ISO 活动。联邦技术调节与计量局是联邦执行权力机构，其职责是在技术调节和计量领域提供国家服务，对国家财产进行管理。该局设在联邦工业与动力部下并由其管辖，主要任务是履行国家标准化机构的职能，保证计量的统一性，实施认证机构和实验室（中心）的委托认可工作，对技术条例中的要求和标准中的强制性要求的执行情况实施国家检查（监督），建立并管理技术条例、标准和统一技术规范体系的联邦信息资源，对联邦产品目录编制体系的管理工作实施组织及方法指导，组织实施对因违反技术条例要求而造成损失的案例的统计工作，为俄罗斯政府质量奖大赛和其他质量竞赛的实施提供组织和方法保障，在标准化、技术规范和计量领域提供国家服务。俄罗斯联邦技术调节与计量局组织机构由机关、设备管理局、计量监督局、技术控制和标准化局以及发展、信息保障和委托认可管理局、经济计划预算和国有资产局、国际和区域合作局、事务局以及科研所等部门组成。

2. 俄罗斯标准化、计量与合格评定科学技术信息中心

俄罗斯标准化、计量与合格评定科学技术信息中心（СТАНДАРТИНФОРМ）是俄罗斯联邦技术调节与计量局批准的标准化、计量与合格评定官方正式文件的唯一授权出版机构，是组建和管理联邦技术法规与标准信息中心以及技术调节统一信息系统的牵头机构，是国内外标准文献、计量文献收藏机构，是俄罗斯联邦 WTO（TBT/SPS）信息中心，其前身是全俄分类、术语和标准化与质量信息科学研究所（ВН 息中心）。

3. "标准出版社" 出版印刷联合体

"标准出版社" 出版印刷联合体成立于 1924 年，是俄罗斯（以至于全独联体境内）唯一有权出版和销售相关标准化、计量和认证方面标准（建筑标准除外）、指南和条例等官方出版物的出版社。任何俄罗斯企业或国外企业都可以直接向 "标准出版社" 订购俄罗斯在标准化、计量和认证领域的现行官方文件（包括对其进行的所有修改）。

第二章 标准化基础理论和方法

第一节 标准化理论综述

　　标准化作为一门独立的学科，在发展过程中较为侧重于方法运用和实践效果总结，针对性的理论研究较为缺乏。在标准化理论探索历程中，较早的研究是 20 世纪 30 年代美国工程师约翰·盖拉德（John Gailard）发表的专著《工业标准化——原理与应用》，但遗憾的是所传不广。1952 年，国际标准化组织 ISO 成立了标准化原理研究常设委员会（STACO），推动了标准化理论研究的发展，并逐步涌现了一些研究成果。在标准化的理论研究领域有较大影响力的包括英国的桑德斯（T. R. B Sanders）、日本的松浦四郎（Matsura Shiro）、中国的李春田等。其中简单来说桑德斯原理主要提出为了追求更高效率的生活，必须有意识地努力防止生活用品不必要的多样化。标准化从本质上来看，是社会有意识地努力达到简化的行为。松浦四郎原理提出标准化本质上是一种简化，这是社会自觉努力的结果；简化就是减少某些事物的数量；标准化不仅能简化目前的复杂性，而且能预防将来产生不必要的复杂性；当简化有效时它就是好的。李春田综合标准化原理主要提出为了达到确定的目标，运用系统分析方法，建立标准综合体，并贯彻实施的标准化活动。

一、桑德斯"七原理说"理论

　　1972 年，ISO 出版了英国标准化专家桑德斯所著《标准化的目的与原理》一书，内容基本上是对 20 世纪 60 年代以前西方工业国家，主要是英、法两国标准化工作经验的总结。书中提出了标准化的"七原理"，具体内容如下。

　　（1）关于标准化的内涵。

　　为了追求更高效率的生活，必须有意识地努力防止生活用品不必要的多样化，而这必须通过所有相关方的相互协作才能实现，这种协作就是标准化。

因此，标准化从本质上来看，是社会有意识地努力达到简化的行为。而且，标准化不仅要减少当前已存在的复杂性，还要预防将来可能产生的不必要的复杂性。

（2）关于标准化的核心。

标准化不仅是经济活动，而且是社会活动。标准化是通过所有相关方的相互协作来推动工作的，因此标准的制定必须建立在全体协商一致的基础上。仅限于制定、出版标准的标准化工作是毫无意义的，标准化的本质目的是使标准在其相应的范围内得到广泛接受，并予以实施，标准因此而真正具有价值。

（3）关于标准的实施。

在实施标准的时候，为了多数利益而牺牲少数利益的情况是常有的。因此，在不同的情况和条件下，为了取得最广泛的社会效益，需要具有顾全大局的胸怀和意识。

（4）关于制定标准与选择。

在制定标准时，最基本的活动是选择并将其固定。新技术的发展，在萌芽阶段是非常缓慢的，而在开发阶段一般会通过不断地试验和改进而获得快速进展。因此制定标准时要慎重地选择对象和时机，一般认为在开发阶段结束时制定标准为宜。标准是作为制度予以实施的，如果朝令夕改，只会造成混乱而毫无益处。所以标准应该在一定时间内保持相对稳定，以利于实施。

（5）关于标准的修订。

技术进步经过开发和稳步发展阶段后会有新的改进和发展，所以，已经制定好的标准，一定要在规定的时间内复审，并根据需要进行修订，以确保标准的实效性。标准修订的间隔期应根据具体情况而定。先进的标准可以促进社会发展，而落后的标准则会产生相反的作用。

（6）关于标准参数及实验方法的确定。

为了保护消费者和公共社会的利益，制定产品标准时，如果对产品性能和其他特性表述不清，就很难弄清楚产品的特性。因此，标准中必须对有关的性能规定做出能测定或能计量的简要介绍。必要时，还应规定明确的试验方法和必要的试验装备。需要抽样时，应规定抽样方法以及样本的大小和抽样次数等。

（7）关于标准的法律强制性。

国家标准是否以法律形式强制实施，应根据该标准的性质、社会工业化的程度、现行的法律和客观条件等情况，慎重地考虑。

桑德斯的上述原理，是围绕着标准化的目的、作用并从标准的制定、修订到实施的过程进行总结的，其核心理念简要而言就是：简化、协商一致、实施、选择与固定、修订、技术规定和法律强制性。桑德斯的研究对后来的标准化理论的发展具有重要意义。

二、李春田综合标准化理论

综合标准化由苏联引进，最初的定义是"使成为标准化对象的各相关要素的指标协调一致，并使标准的实施日期相互配合以实现标准化，从而保证最全面、最佳地满足各有关部门和企业的要求。使用编制标准化计划的方法来保证综合标准化，计划中包括制品、装配部件、半成品、材料、原料、技术手段、生产准备和组织方法等"。后来在 1985 年，苏联对综合标准化重新给出定义"综合标准化，就是用系统分析方法建立的期限、执行者和以标准化方法作为措施手段的相关综合体，在科学成就的基础上，不断提高满足社会需求的水平。"这个新的定义着重指出要采用系统分析法来建立标准综合体的问题。

20 世纪 80 年代，综合标准化的做法和经验传入中国，国务院批准开展电视机国产化综合标准化试点，并取得了一批试点成果和经验，我国于 1990 年和 1991 年分两批颁布了 5 项"综合标准化工作导则"系列标准（GB/T 12366.1-12366.5）。该标准于 2009 年修订为 GB/T 12366—2009《综合标准化工作指南》，提出给出了综合标准化新的定义："为了达到确定的目标，运用系统分析方法，建立标准综合体，并贯彻实施的标准化活动。"该定义强调了综合标准化的要点：有明确的目标、运用系统分析方法（确定与对象相关的要素）、建立标准综合体并全面实施。

国家标准在总结了大量试点经验的基础上，对开展综合标准化工作提出了如下原则要求：

（1）把综合标准化对象及其相关要素作为一个系统开展标准化工作。

（2）综合标准化对象及其相关要素的范围应明确并相对完整。

（3）综合标准化的全过程应用计划有组织地进行。

（4）以系统的整体效益（包括技术、经济、社会三方面的综合效益）最佳为目标，局部效益服从整体效益。

（5）标准综合体的标准之间，应贯彻低层次服从高层次的要求。

（6）充分选用现行标准，必要时可对现行标准提出修订和补充要求。

（7）标准综合体内各项标准的制定与实施应相互配合。

李春田系统梳理了标准化的多学科理论基础，分析了标准系统的管理原理，为标准理论研究做出了重要贡献。李春田提出标准系统的管理原理包括以下 4 个方面：

　　（1）系统效用原理。

　　（2）结构优化原理。

　　（3）有序原理。

　　（4）反馈控制原理。

三、标准化的基本方法

　　标准化的基本方法，也称为标准化的形式，主要有：简化、统一化、系列化、通用化、组合化和模块化。不同标准化方法（形式）所达到的目的是不同的。

（一）简化

　　简化是指在一定范围内缩减对象（事物）的类型数目，使之在一定时间内满足一般需要的标准化形式。简化是最古老、最基本的标准化形式，揭示了标准化的本质。

　　理解简化的内涵，需关注以下要点。

　　（1）一定范围。缩减对象的数目和类型需要有度，并非越少越好，越简越优。简化的范围是通过对象的发展规模（如品种、规模的数量）与客观实际的需要程度相比较而确定的。要防止简化不足——达不到优化的目的，也要避免过度压缩——损害消费者利益，这是简化的重要原则之一。

　　（2）一定时间。简化是事后进行的，即在事物的多样性发展到一定规模之后，才对事物的类型数目加以缩减。另外，简化不仅要降低目前的复杂性，而且还要预防将来产生不必要的复杂性，以保证标准化成果的生命力和系统的稳定性，因此对简化所涉及的范围以及简化后标准发生作用的范围，都有必要做较为准确的估算。

　　（3）简化的目的。简化的直接目的是控制盲目多样化。简化的最终目的是实现系统"总体功能最佳"。也就是说，简化不是随意缩减，而是要通过简化消除低功能的和不必要的类型，使产品系统的结构更加精练、合理，是一个优化的过程。这不仅可以提高产品系统的功能，而且还为新的更必要的类型的出现，为多样化的合理发展扫清障碍。

（二）统一化

　　统一化是指将同类事物的多种表现形态归并为一种或限定在一定范围内的标准化形式。统一化也是古老的标准化形式，其实质是使对象的形式、功能（效用）或者其他特征具有一致性，并把这种一致性通过标准确定下来。

统一化与简化既有联系也有区别。统一化与简化的联系是：两者的目的都是消除由于不必要的多样性而造成的混乱和低效。统一化与简化的区别是：统一化着眼于事物的共性，即去异存同，其结果是取得一致性，遵循的是"等效"原则；简化着眼于精练，肯定某些个性同时存在，其结果并不是缩减到只有一种，而是通过简化保存若干合理的种类，以少胜多，遵循的是"优化"原则。

统一化的方式主要有选择统一、融合统一和创新统一。

（1）选择统一，是在若干需统一的对象中选择其中的一个作为标准确定下来，并以此来统一其余对象的方式。这种方式适用于那些相互独立、相互排斥的被统一对象。

（2）融合统一，是在若干需统一的对象中博采众长，取长补短，融合而成一个更好的形式作为标准来统一的方式。适于融合统一的对象都具有互补性。

（3）创新统一，是用完全不同于被统一对象的崭新的形式来统一的方式。创新统一主要用于由于某种原因无法使用其他统一方式的情况。

（三）系列化

系列化是对同一类产品中的一组产品进行结构优化，实现整体功能最佳的一种标准化方法和形式。它通过对同一类产品发展规律的研究以及市场需求发展趋势的预测，结合自身的生产技术条件，经过全面的技术经济比较，将产品的主要参数、规格、尺寸等做出合理规划，以协调系列产品和配套产品之间的关系。

通过系列化可以减少不必要的多样性，这与简化的目的是完全一致的，因此系列化是简化的一种具体形式。另外，系列化在对产品结构进行优化时，从市场需求的发展趋势出发，着眼于未来，为企业实现多品种设计、开发、生产、销售及服务提供了科学合理的规划。系列化具有全局性、整体性和预见性。因此，系列化源于简化，但高于简化。

（四）通用化

通用化是指在互相独立的系统中，选择和确定具有功能互换性或尺寸互换性的子系统或功能单元的标准化形式。

通用化的作用主要体现在以下方面：

（1）通用化有利于最大限度地减少重复劳动，消除产品及其元件种类以及工艺形式不必要的多样化。

（2）通用化促进对已有成熟技术的广泛重复利用，在新产品开发过程中有利于降低设计成本，缩短产品开发周期，提高产品创新的工作效率，加快新产品投放市场的速度，降低创新风险。

（3）通过产品设计的通用化可有效地减少元器件的品种，降低采购成本，这有利于物料的认证、管理、元器件质量的控制和稳定，从而保证新产品在大批量生产中的质量控制和产品质量的稳定和提高。

（五）组合化

组合化是指按照标准化的原则，设计并制造出一系列通用性很强且能多次重复应用的单元，根据需要拼合成不同用途的产品的一种标准化形式。组合化是受积木式玩具的启发而发展起来的，所以也称为"积木化"。

组合化的思想基于系统论，通过两个步骤来实现。第一，分解。从系统论的视角，可以把任何一个产品分解为若干具备特定功能的单元。第二，组合。分解后的独立功能的标准单元，可以根据新系统的要求组合而形成新的产品或事物。

（六）模块化

模块化是指以模块为基础，综合了通用化、系列化、组合化的特点的一种标准化形式。模块化主要是针对复杂系统（产品或工程）开展的标准化形式。

模块化的作用主要体现在以下三个方面。

（1）模块化提高了复杂性的"可控"范围。

（2）模块化使大型设计的不同部分可以同时进行设计。

（3）模块化可以包容不确定性。

在实践过程中也充分证明了模块化在缩短设计周期、降低开发成本、保证产品的性能和可靠性、最大限度地利用标准化成果和减少不必要的重复、节约资源等方面具有重要的意义和作用。

第二节　标准编制方法与要求

标准化及基础理论的主要作用是通过编制和执行标准来实现的。如果标准编制的不科学、不合理，不仅不能体现标准的作用，甚至还将产生严重后果。因此我们需要了解标准的编制方法与要求等内容，以便正确地制定标准。

一、标准编制方法

（一）标准化对象

1. 标准化对象的理解

国民经济的各个领域中，凡具有多次重复使用和需要制定标准的具体产品以及各种定额、规划、要求、方法、概念等，都可称为标准化对象，即"需要标准化的主题"。标准化对象一般可分为两大类：一类是标准化的具体对象，即需要制定标准的具体事物；另一类是标准化的总体对象，即各种具体对象的总和所构成的整体，通过它可以研究各种具体对象的共同属性、本质和普遍规律。

这一内涵界定中，有两个关键词。一是"主题"，即回答"针对什么而制定标准"。标准化对象决定了标准的名称、范围以及标准技术要素的选择。当然，在标准的编写过程中，标准的名称将会随着标准内容的进一步明确而调整得更加准确，标准的范围也将随着标准内容的完成而得到补充完善。二是"需要"，即回答了"为什么制定标准"。也就是说，在众多的"主题"中，只有"需要"标准化的，才能成为标准化对象。

2. 确定标准化对象需要考虑的内容

标准化的对象不同，标准的内容也不同，确定标准化对象时，应从以下几个方面考虑：

（1）标准需求分析。标准化对象的确定是标准制定工作的第一项任务。前面已经说明了"需要"是确定标准化对象的关键所在。衡量哪些对象需要标准化是一个十分重要的问题。只有建立对需求迫切性的评估程序，使需求分析充分到位，才能使标准准确及时地反映市场需求。需求分析可以从标准化目的和用途、实施标准的可行性、制定标准的适时性等方面考虑。

（2）考察是否具备标准的特点。从标准的定义可知，标准需要具备"共同使用"和"重复使用"两个特点，因此必须考察所确立的标准化对象是否同时具备了这两个特点，缺少任何一个都不适宜作为标准发布。

（3）了解本领域的技术发展状况。应随时掌握本领域的技术发展动向，尤其是新技术、新工艺、新发明，为确定标准化对象做好充分的技术准备。

（4）考虑与有关文件的协调。要考虑新项目与现行标准、法规、法律或其他文件的关系，并评估它们的特性和水平，判断是否需要在技术上进行协调，在此基础上决定是否开展新的标准项目。

（二）标准编制的方法

标准编写的方法主要有两种，即自主研制标准和采用国际标准。自主研制标准按照 GB/T 1.1—2009《标准化工作导则　第 1 部分：标准的结构和编写》的规定进行编写；采用 ISO 标准、IEC 标准的我国标准的编写除了遵照 GB/T 1.1—2009《标准化工作导则　第 1 部分：标准的结构和编写》的规定外，还要按照 GB/T 20000.2—2009《标准化工作指南　第 2 部分：采用国际标准》的规定进行编写。

1. 自主研制标准

自主研制标准是指我国标准的编写不是以国际标准为蓝本，标准的文本结构框架不以任何一个文件为基础的编制标准的模式。然而，在编写标准之前，收集国内、国外的相关标准、资料是必需的。标准中的一些指标、方法参考一些国际标准、资料也是很正常的事情。因此，只要我国标准文本不是以翻译的国际标准文本为基础形成的，只是其中的一些内容参考了一些国际标准或者相关科研成果和最佳实践经验，包括标准化对象的确定、标准制定的目的、标准所针对的使用对象、标准的类型等内容，在标准编写中仍然需要使用自主研制标准的方法。自主研制标准需要采取以下步骤。

1）明确标准化对象

自主研制标准一般是在标准化对象已经确定的背景下开始的，也就是说标准的名称已经初步确定。在具体编制之前，首先要讨论并进一步明确标准化对象的边界。其次，要确定标准所针对的使用对象：是第一方、第二方还是第三方；是制造者、经销商、使用者，还是安装人员、维修人员；是立法机构、认证机构还是监管机构中的一个或几个适用对象。

上述所有事项都应该事先论证、研究、确定，使标准编写组的每一个成员都清楚将要编写的标准是一个什么样的标准。在编写过程中应经常检查修正，不应脱离预定的目标、想到什么就写什么，也不要认为大家都同意的内容就可以写进标准草案，要辨别一下是否属于预定的内容。

2）确定标准的规范性技术要素

在明确了标准化对象后，需要进一步讨论并确定制定标准的目的。根据标准所规范的标准化对象、标准所针对的使用对象以及制定标准的目的，确定所要制定的标准的类型是属于规范、规程还是指南。标准的类型不同，其技术内容不同，标准中使用的条款类型以及标准章条的设置也会不同。在此基础上，标准中最核心的规范性技术要素也会随之确定。

3）编写标准

标准的规范性技术要素确定后，就可以着手具体编写标准了。

首先应从标准的核心内容——规范性技术要素开始编写。在编写规范性技术要素的过程中，如果需要设置附录（规范性附录或资料性附录），则进行附录的编写。

上述内容编写完毕之后，就可以编写标准的规范性一般要素，该项内容应根据已经完成的内容加工而成。例如，规范性技术要素中引用了其他文件，这时需要编写第 2 章"规范性引用文件"，将标准中规范性引用的文件以清单形式列出。将规范性技术要素的标题集中在一起，就可以归纳出标准的第 1 章"范围"的主要内容。

规范性要素编写完毕，需要编写资料性要素。根据需要可以编写引言，然后编写必备要素前言。如果需要，则进一步编写参考资料、索引和目次。最后，则需要编写必备要素封面。

请注意，这里阐述的标准要素的编写顺序十分重要，标准要素的编写顺序不同于标准中要素的前后编排顺序。编写标准时，规范性技术要素的编写在前，其他要素在后，这是因为后面编写的内容往往需要用到前面已经编写的内容，也就是其他要素的编写需要使用规范性技术要素中的内容。

2. 采用国际标准

所谓采用，是指以相应国际标准和国外先进标准为基础编制，并标明了与其之间差异的国家规范性文件的发布。采用是以国际标准和国外先进标准为基础制定本国标准的一种文本转化形式。这里所讲的"采用"与一般意义上标准的采用具有不同含义。通常所说的标准的采用，实际上指"标准的应用"，即标准在生产、贸易等方面的使用。

我国加入世界贸易组织（WTO）时，承诺我国的标准要符合《WTO/TBT 协议》的规定。《WTO/TBT 协议》附件 3 的 F 条规定"当国际标准已经存在或即将完成时，各标准化机构应以它们或其有关的部分，作为正在起草标准的基础，除非这些国际标准或其有关的部分是无效的或不适用的，例如，因为保护程度不够，或因为气候或地理因素，或基本技术问题等原因"。

各国起草标准要以国际标准为基础，我国也不例外。采用国际标准已成为我国标准化工作的一项重要政策，随着我国市场经济的发展，我国的经济已经逐渐融入世界经济体系。

在采用国际标准时，注重分析研究国际标准的适用性是十分必要的，应准确标示国家标准与国际标准的一致性程度：

等同（IDT）：指国家标准与国际标准的技术内容和文本结构相同，但允许进行诸如标点符号、增加资料性要素、增加单位换算内容等最小限度的编辑性修改。

修改（MOD）：指国家标准与相应的国际标准存在技术性差异，或者文本结构变化，或者以上两种情况都存在，但这些差异均被明确说明。

非等效（NEQ）：指国家标准与国际标准的技术内容和文本结构不同，但这些差异没有在国家标准中清楚地说明；或者国家标准中只保留了少量或者不重要的国际标准的条款。一致程度为"非等效"时，不属于采用国际标准。

1）采用的类别

采用一般可分为以下 3 种情况。

（1）编辑性修改。编辑性修改是指不变更标准技术内容条件下允许的修改，包括为了与现有的标准系列一致而修改标准的名称、增加资料性要素、页码改变、删除或修改国际标准的资料性要素、删除或替换国际标准的参考文献中的文件等。

（2）技术性差异。技术性差异是指国家标准与相应的国际标准在技术内容上的不同。包括修改、增加或删除技术内容，如改变标准的范围、技术要素等。这种技术差异需要被明确标示和说明。

（3）结构变化。结构是指标准的章、条、段、表、图和附录的排列顺序。结构变化包括顺序前后的调整、删除或增加标准中的章、条、段、表、图或附录等。文本机构变化需要有清楚的比较。

2）采用的要点

（1）关注国际标准的版权。在计划经济时代，采用国际标准时很少考虑到国际标准的版权问题。我国加入 WTO 以后，关于知识产权保护的规定也同步实施了。因此采用国际标准时，需要关注各个国际标准组织有关出版物的版权、版权使用权和销售的政策文件规定。

WTO 提倡以国际标准为基础起草本国的国家标准，没有提出"采用"的概念。"采用"国际标准的概念来源于 ISO/IEC 指南 21。该指南对成员团体如何采用 ISO、IEC 发布的国际标准及出版物给予了指导。

ISO 关于 ISO 出版物的版权、版权使用权和销售的政策和程序（ISO PO-COSA 2012）的原则是：在世界上最大限度地传播 ISO 标准；ISO 标准的文本使用权属于 ISO；各成员团体要保护 ISO 标准版权的完整性；各成员团体要预防非法复印和（或）非法销售现象的发生。ISO 通过把 ISO 标准转化为各国国家标准的方式把文本使用权转让给成员团体。我国作为 ISO 的成员团体，将 ISO 发布的标准采用为国家标准是免费的，但 ISO、IEC 只能规定各自的版权政策，它们无权对其他国际标准组织发布的标准和出版物的版权做出规定。因此，我国在采用 ISO、IEC 之外的其他国际标准组织发布的标准或出版物时，需要关注相关组织有关出版物的版权、版权使用权和销售的政策文件规定。

（2）关注国际标准的特殊用途。ISO、IEC 发布的标准或出版物，绝大部分是提供给成员团体使用的，成员团体可以将它们转化为国家标准。但是 ISO、IEC 发布的文件中有一些是为满足它们自身开展工作的需要制定的，也有一些是为其他组织专门制定的，这些都不适合转化为我国标准，所以，采用国际文件之前需要认真研究和分析国际文件的特殊用途。

（3）关注国际标准内容的性质。ISO、IEC 是国际性的非政府组织，它们发布的标准中的有些内容，在我国可能属于强制性国家标准的内容。因此，在采用时需要特别注意国际标准的内容：凡是相应的内容在其他强制性国家标准中已经明文规定的，在采用国际标准的我国推荐性国家标准中，不论指标如何都不应再保留，实施时应按照强制性国家标准的规定执行；只有在强制性国家标准中没有规定的，即我国法律、法规不涉及的内容，在采用国际标准的我国推荐性国家标准中可以结合国情采用。

3）采用国际标准编写我国标准的必要步骤

采用国际标准编写我国标准需要采取以下步骤。

（1）准确翻译。在采用国际标准编制我国标准时，首先应准备一份与原文一致、正确的译文。译文的准确性在这一阶段需要重点把握。因此，翻译要以原文为依据，力求正确传达原文的意图，并保证没有差错。

（2）分析研究。有了一份与原文一致、正确的译文，我们就可以以此为基础结合我国国情进行研究。研究的重点集中在国际标准对我国的适用性，如原标准中的指标、规定对我国是否适用，必要时要进行实验验证。在《WTO/TBT 协议》规定的正当目标 1 范围以内的内容，结合国情做出的修改是合理、合法和必需的；在《WTO/TBT 协议》规定的正当目标范围以外的内容，也可以结合国情做出相应的修改。

在分析研究的基础上，要确定出以国际标准为基础制定的我国标准与相应国际标准的一致性程度。也就是说，要按照 GB/T 20000.2 的规定确定是等同、修改采用国际标准，还是非等效于国际标准。

这里需要强调的是，在采用国际标准的程度方面，等同于修改没有谁优谁劣之分。修改采用国际标准形成的我国标准并不意味着其水平比国际标准差，有些修改后的技术指标完全可能比国际标准高。因此，不应简单地从等同、修改判断标准的技术水平，要看标准中的具体技术指标。

（3）编写标准。在分析研究的基础上，应以译文为蓝本按照 GB/T 1.1 和 GB/T 20000.2 的规定编写我国标准。编写的我国标准应符合 GB/T 1.1 的规定，有关采用国际标准的规则应符合 GB/T 20000.2 的规定。

二、标准编制要求

确定了标准化对象，选择了编写标准的方法后，就要开始着手编写标准了。具体编写标准需要掌握许多知识。首先，在起草标准之前要清楚地认识到标准起草人员应具备的基本素质，制定标准所需要遵循的目标、基本要求和原则等，只有这样才能使编制出的标准真正起到应有的作用。

（一）目标

制定标准最直接的目标就是编制出明确且无歧义的条款，并且通过这些条款的使用，促进生产、管理、研发、贸易和交流。

（二）基本要求

1. 标准起草人员要求

标准起草人员的专业知识、知识结构、业务经验、工作方法与态度等，在一定程度上影响标准的质量以及标准研制工作的效率。通常，标准起草人员应具备以下 5 个方面的基本素质。

（1）有较丰富的专业知识。

首先，标准起草人员应掌握起草标准所在领域的专业知识。因为，在制定标准时，所规定的各项内容都应在充分考虑技术发展的最新水平之后确定，同时还要为未来技术发展提供余地，以避免标准阻碍技术发展。这就要求标准起草人员要充分掌握该领域的专业技术。

同时，标准起草人员应具备扎实的标准化专业知识，具有深厚的标准化理论修养，熟知标准化基本工作原理和方法，明晰标准制定程序，具有一定的实际工作经验。

（2）有必要的标准化和相关法律法规知识。

标准要遵循相关法律法规，不能与现行的法律法规相冲突。因此，作为标准起草人员，必须熟知标准化领域的法律法规以及所起草标准领域中的相关法律法规、部门规章和其他规范性文件等。

（3）有良好的协调能力。

标准起草人员除了应具备必要的专业知识、法律知识，还应掌握一定的工作方法，尤其要具备良好的组织、控制和沟通协调能力。因为在起草标准中的一些关键技术内容时，往往需要广泛征求标准利益相关方（包括政府监管部门、生产商、销售商、使用方、科研部门、消费者等）的意见，从而确保标准技术内容在最大范围内协调一致。因此，良好的组织协调能力将为标准制定修订工作顺利推进提供有力保障。

此外，从标准开始起草到最终报批发布的整个过程中，需要标准起草人员组织召开多轮研讨会，听取标委会委员和标准所在领域专家的意见，这也需要标准起草人员具有相应的组织协调能力。

（4）有维护全局利益、听取不同意见的精神。

制定标准的一条重要原则是协商一致。所谓协商一致是指普遍同意，即对于实质性问题，有关重要方面没有坚持反对意见，并且按照程序对有关各方的观点均进行了研究，对所有争议进行了协调。

在标准起草过程中，标准的不同利益相关方势必会基于自己的立场表达不同的观点，为了确保标准的协商一致，标准起草人员必须具有虚心听取不同意见的能力，必须按照规定程序进行研究，维护全局利益。

（5）有较好的文字表达能力。

标准文本应做到简洁准确，这就要求标准起草人员应具有娴熟驾驭语言的能力，既能够运用高度概括性的词语，清晰地表达需要阐释的内容，避免冗余和重复，又能够用词精确、条理清晰、逻辑严谨、避免歧义，防止不同的人从不同的角度对标准内容产生不同的理解。而且，标准的起草有其固定的语言风格。例如，针对不同的要求性条款，标准应使用"应、宜、可、能"等不同的助动词，标准起草人员应熟练掌握标准起草的文风和固定文辞用法。

2. 标准起草的要求

起草标准时应满足的普适性要求和方法，具体包括起草标准应满足的统一性、协调性、适用性、一致性、规范性、目标性等基本要求，以及确定标准技术要素时应遵循的三项原则。

1）统一性

统一性是对标准编写及表达方式的最基本的要求。统一性有三个层次：第一，一项单独出版的标准或部分的内部统一；第二，一项分成多个部分的标准的内部统一；第三，一系列相关标准构成的标准体系的内部统一。无论是上述三个层次中的哪一层次，统一的内容都包括三个方面，即标准的结构、文体和术语。三个层次上三个方面的统一将保证标准能够被使用者无歧义的理解。

（1）结构的统一。

标准的结构即标准中的章、条、段、表、图和附录的排列顺序。标准结构的统一适用于上述三个层次中的第二、三个层次，在起草分成多个部分的标准中的各部分或系列标准中的各项标准时应做到：

① 各个标准或部分之间的结构尽可能相同。

② 各个标准或部分中相同或相似内容的章、条编号尽可能相同。

（2）文体的统一。

文体的统一适用于上述全部三个层次。在每个部分、每项标准或系列标准内，类似的条款应由类似的措辞来表达；相同的条款应由相同的措辞来表达。

（3）术语的统一。

与文体的统一一样，术语的统一也适用于上述全部三个层次。在每个部分、每项标准或系列标准内，对于同一个概念应使用同一个术语。对于已定义的概念应避免使用同义词。每个选用的术语应尽可能只有唯一的含义。

2）协调性

统一性强调的是一项标准或部分的内部统一，或一系列的标准的内部统一，而协调性是针对标准之间的协调，它是"为了达到所有标准的整体协调"。这里，将标准系统作为一个"整体"来看，如果从企业的角度，那么所有的企业标准应该是协调的；如果从行业的角度，那么所有行业标准应该是协调的；如果从国家的角度，那么所有的国家标准应该是协调的。标准是成体系的技术文件，各有关标准之间存在着广泛的内在联系。标准之间只有相互协调、相辅相成，才能充分发挥标准体系的功能，获得良好的系统效应。

3）适用性

适用性指标准便于使用的特性。这里强调两个方面：第一，标准中的内容便于直接使用；第二，标准中的内容应易于被其他标准或文件引用。

4）一致性

一致性指起草的标准应以对应的国际标准文件（如有）为基础并尽可能与国际标准文件保持一致。

（1）保持与国际文件一致。

起草标准时，如有对应的国际标准文件，首先应考虑以这些国际标准文件为基础制定我国标准，在这一前提下，还应尽可能保持与国际文件的一致性。

（2）明确一致性程度。

如果所依据的国际标准文件为 ISO 或 IEC 标准，则应按照 GB/T 20000.2 的规定，确定与相应国际标准文件的一致性程度，即等同、修改或非等效。

5）规范性

规范性是指起草标准必须遵守与标准制定有关的基础标准。实现规范性要做到以下 3 个方面。

（1）预先设计。

在起草标准之前，应首先按照 GB/T 1.1 有关标准结构的规定，确定标准的预计结构和内在关系，尤其应考虑内容和层次的划分，以便对相应的内容进行统一的安排。如果标准分为若干个部分，应预先确定各个部分的名称。

（2）遵守制定程序和编写规范。

为了保证一项标准或一系列标准的及时发布，起草工作的所有阶段均应遵守 GB/T 1.1 规定的编写规则。根据所编写标准的具体情况还应遵守 GB/T 20000《标准化工作指南》、GB/T 20001《标准编写规则》和 GB/T 20002《标准中特定内容的起草》相应部分的规定。

起草标准时，还需要遵守与标准制定有关的法律、法规及规章，例如：国家标准管理办法、行业标准管理办法、地方标准管理办法、企业标准化管理办法等。

（3）特定标准的制定须符合相应基础标准的规定。

在起草特定类别的标准时，除了遵守国标以外，还应遵守指导编写相应类别标准的基础标准。例如，术语（词汇、术语集）标准、符号（图形符号、标志）标准、方法（化学分析方法）标准、产品标准、管理体系标准的技术内容确定、起草、编写规则或指导原则应分别遵守 GB/T 20001.1—2001《标准编写规则　第 1 部分：术语》、GB/T 20001.2—2015《标准编写规则　第 2 部分：符号》、GB/T 20001.4—2015《标准编写规则　第 3 部分：分类标准》、GB/T 20001.5—2017《标准编写规则　第 5 部分：规范标准》和 GB/T 20000.7—2006《标准化工作指南　第 7 部分：管理体系标准的论证和制定》的规定。

6）目标性

制定标准的目标是规定明确且无歧义的条款，以便促进生产、管理、研发、贸易和交流。为此，标准应：

（1）在其范围所规定的界限内按需要力求完整。

（2）清楚和准确。

（3）充分考虑最新技术水平。

（4）为未来技术发展提供框架。

（5）能被未参加标准编制的专业人员理解。

第三节　标准实施与监督

标准的实施是整个标准化活动的一个十分重要的环节，标准实施的好坏直接关系到标准化效果。标准实施是一项有计划、有组织、有措施的贯彻执行标准的活动，是将标准贯彻到企业生产（服务）、技术、经营、管理工作中的过程。

一、标准实施的重要性

企事业标准化工作最重要的任务是实施标准，不仅要实施本企业制定的各类标准，还要实施与本企业有关的各级标准。而且，实施标准的工作涉及企业生产、技术、经营、管理各个方面和管理者、操作者等各类人员。应让企业全体员工都能认识到实施标准的重要性，实施标准能够给企业带来效益，以增强员工实施标准的主动性。

（一）标准在实践中实施，才能产生作用和效益

标准化的目的是获得最佳秩序和社会效益，如果制定出大量标准而不去认真实施，标准是不可能自发地产生作用的，也不可能获取最佳秩序和社会效益。如企业花了好多人力建立了标准体系，却不去进行大量细致的标准宣贯工作，使广大技术人员和工人都能理解、掌握标准，认真地去实施，那么，就不可能发挥标准体系的作用。

（二）标准的质量和水平，只有经过实施才能做出正确的评价

标准规定的内容、指标是不是科学合理，只能通过实践来检验。有些标准是企业制定的，企业认为可行，比如某个产品标准，按这些标准生产出来的产品，却不受顾客欢迎，产品卖不出去，实践证实，这不是一个好的标准。有些标准是由国家或行业制定的，在科学、技术方面标准本身的质量和水平都没有什么问题，但由于我国地域辽阔，地理、气候、资源条件、技术水平差异很大，也难以实施，实践证明这样的标准也没有使用价值。

（三）标准只有经过实施，才能发现存在的问题，为修订标准提供依据

标准化过程是制定标准、实施标准、修订标准这样一个循环向上发展的过程。在实施环节还是发现问题和积累有关信息的过程，为评价和修订标准提供可靠的依据，通过修订，把新的科学技术补充到标准中去，纠正标准中的不足之处，这样就能使标准水平不断提高。

二、标准实施的方法

（一）标准实施的基本原则

（1）国家标准、行业标准和地方标准中的强制性标准和强制性条款，企

业必须严格执行；不符合强制性标准的产品，禁止生产、销售和进口。

（2）推荐性标准，企业一经采用，应严格执行。

（3）纳入标准体系的标准都应严格执行。

（4）出口产品的技术要求，依照进口国（地区）的法律、法规、技术标准或合同约定执行。

（二）标准实施的程序

实施标准是一项复杂细致的工作，涉及生产、使用、经营、管理等许多部门，在企业内涉及科研、设计、工艺、生产、检验、供销、财务、计划等各个方面。因此，实施标准必须有组织、有计划，各方面协调一致地进行。一般说来，标准实施工作大致可分为计划、准备、实施、检查、总结5个步骤进行。

1. 计划

在实施标准之前，根据实施标准的具体领域或单位的实际情况，制订出实施标准的计划。

实施标准计划的内容主要包括：实施标准的方式、内容、步骤、负责人员、起止时间、应达到的要求等。

2. 准备

准备工作是贯彻标准过程的一个重要环节，是顺利实施标准的保证。如果准备工作不好或过于简单，一旦标准实施过程中出现问题，就不能及时解决，还会严重影响标准实施工作。实践证明，准备工作做得扎实细致，即使出现问题，也能很快得到解决，保证标准实施工作顺利进行。

实施标准的准备工作一般是从思想、组织、技术和物资四个方面去做。

3. 实施

企业在做好了各项标准实施的准备工作以后，就要正式组织标准的贯彻实施。这一阶段的中心工作就是把标准规定的内容，在生产、经营、管理、流通、使用等各个领域加以贯彻执行。实施时，可根据标准适用范围及工作任务的不同，灵活采用不同的方法，对实施过程中可能遇到的各种情况，有针对性地采用积极有效措施，保证标准的实施。标准实施的方式主要有直接采用、选用、补充实施、配套实施、提高实施。

4. 检查

检查工作是标准实施过程中不可缺少的环节。通过检查，可以发现标准实施中存在的问题，以便及时采取纠正措施；通过检查，还可以发现标准本身存在的问题，为以后的标准修订工作积累依据。

对标准实施的检查可分为两方面。一是对实施标准准备工作的检查，主要是检查准备工作的情况和质量能否满足标准实施的要求，提出实施工作是否可以转入实施阶段。二是对标准实施情况的检查，即对生产、技术、经营、管理、使用等过程中标准实施情况的检查，检查中发现的问题，要督促实施标准的单位或人员，采取措施进行改进。在企业实施标准整个过程中，这样的检查可能需要反复进行多次，才能使标准得到全面、深入的贯彻。

5. 总结

在标准实施工作告一段落时，应对标准实施情况进行全面总结，特别是对存在的问题采取了哪些措施及取得的效果进行分析和评价。总结工作主要为五个方面：技术方面、方法方面、标准实施过程中遇到的问题和意见、对下一步实施工作的建议和对标准的修改意见和建议。

在总结过程中，有关人员应深入实际了解情况，应对标准实施的重点部门、单位和环节加强联系，具体指导，及时交流情况、总结经验，以推动标准的全面实施。

三、标准实施监督

对标准实施的监督是指对标准贯彻执行情况进行监督、检查和处理的活动，是促进标准贯彻执行的有效手段，也是提高产品（服务）质量和经济效益的一种措施，是标准化工作的重要组成部分。

标准实施的监督检查主要包括：各级政府标准化行政主管部门及有关行政主管部门依法对标准贯彻执行情况的监督检查和企业自身的监督检查。一般为企业自身的监督检查要求，企业对其标准实施的监督检查，是整个企业标准化工作的重要环节，通过监督检查可以全面了解标准实施情况，发现问题，以便对不执行标准的单位和个人进行督促，采取措施，及时加以处理。

（一）监督检查的内容

企业对标准实施的监督检查，应包括企业所实施的所有标准的监督检查，既包括新贯彻实施的标准，也包括正在企业执行的标准。企业监督检查的内容如下：

（1）已实施的标准贯彻执行情况。

（2）企业内技术标准、管理标准和工作标准贯彻执行情况。

（3）企业研制新产品、改进产品、技术改造、引进技术和设备是否符合标准化法律、法规、规章和强制性标准的要求。

（二）监督检查的管理体制

企业标准实施的监督检查还没有形成统一的管理体制，采取什么样的管理体制，对这项工作能不能顺利开展有很大关系。目前，在企业内部对标准实施的监督检查工作没有普遍开展起来，这与缺乏健全的监督检查管理体制有很大的关系。推荐采用企业内统一领导和分工负责相结合的管理体制，不要求企业建立新的机构，只是需要明确标准化机构和各职能部门的监督检查职责，并发挥他们在监督检查工作中的作用。

（三）监督检查的方式

企业在生产、经营、管理活动中贯彻执行各类标准，对这些标准实施监督检查的方式有以下几种。

（1）对产品标准（包括原材料、零部件、元器件、外购件、半成品等），由企业质量检验机构、采购部门等按有关标准规定的技术要求、试验方法、检验规则进行监督检查和处理。

（2）对生产过程和各项管理工作实施有关技术标准和管理标准情况的监督检查，可按专业分工和标准化机构的要求进行，并对违反标准的行为进行纠正和处理。

（3）对各部门工作标准执行情况的监督检查。工作标准由企业领导组织考核，各类人员岗位工作标准执行情况，由所在部门的负责人组织考核。工作标准的考核结果应与企业的奖罚制度挂钩。

（4）标准化审查。

标准化审查是指对企业在新产品研制、老产品更新改进、技术改造以及技术引进和设备进口过程中是否认真贯彻了国家有关标准化法律、法规、规章和强制性标准的要求而进行的监督检查工作。

标准化审查是标准实施监督检查的一项重要任务，应由企业标准化机构统一组织有关部门一起进行审查。

（5）监督抽查。

标准实施监督抽查是标准实施监督检查的一种方式。通常由企业主管部门组织，首先对企业标准化管理工作进行检查，同时对某项重点标准实施的情况进行抽查，其结果以科学的方式量化打分，其中标准化基础管理分值占50%，重点标准实施情况占50%，分值比例可视企业情况酌情调整，从中评价企业标准化管理和标准实施的情况。

2002年，中国石油天然气股份有限公司第一次发布了《标准实施监督抽查管理规定》，2007年进行了确认，并于2009年修订后发布了Q/SY 3—2009

《标准实施监督抽查规范》，开展了标准实施监督抽查工作。这项工作，在提高企业标准化管理水平、贯彻标准的实施、反馈标准中的问题等方面起到了良好的作用。下面将详细介绍了这种方法。

（四）标准实施监督抽查

标准实施监督抽查是进行标准实施监督活动的一种形式。依据《中华人民共和国标准化法》《企业标准化管理办法》和《中国石油天然气集团公司标准化管理办法》，以系统科学和系统工程理论为基础，运用80/20法则（即"关键的少数、次要的多数"）、过程方法和统计控制方法，针对重点实施标准，采取监督抽查评审的方式，对一个组织实施标准的能力和水平进行量化的综合性评价，以促进组织通过持续改进不断提高实施标准的有效性，并通过信息反馈提高标准的质量与水平。

1. 标准实施监督抽查的基本原理

标准实施监督抽查就是通过对标准化活动过程要素和资源要素的考核，对一个组织实施标准的能力和水平进行量化的综合性评价，并通过信息反馈提高标准的质量与水平，促进标准的有效实施。这个过程也遵循质量管理的PDCA循环，如图2-1所示。

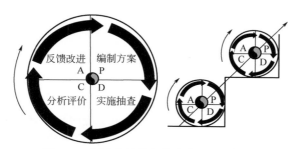

图2-1 标准实施监督抽查的PDCA循环

2. 标准实施监督抽查制度的主要特点

（1）明确的针对性。标准实施监督抽查是针对重点实施标准的关键技术要求，对受检单位的主要或重要检查单元进行的有计划的监督检查活动。

（2）广泛的适用性。标准实施监督抽查是一种基于系统科学理论的管理方法，普遍适用于各种类型、各种规模、各种专业的组织。

（3）灵活的开放性。标准实施监督抽查规范对监督的重点标准的实施检查要求和方法留有较为灵活的确定空间，保证了监督抽查方法对个性标准的适应能力和动态特征。

（4）相关的兼容性。标准实施监督抽查是一种管理方法，在其运用中可以鼓励与其他相关的管理方法相兼容，如质量体系审核、产品质量监督抽查、实验室计量认证、能力验证与认可等。

（5）评价的定量化。《标准实施监督抽查规范》建立了一个量化的评价模型，并用以评价一个组织实施抽查标准的资源状况和能力水平。

3. 标准实施监督抽查的具体实施方法

1）抽查的内容及要求

在开展标准实施监督抽查前，要明确标准实施监督抽查的内容及要求。它包括了标准化管理考核项和标准实施考核项的要求。一般具体要求如下。

（1）标准化管理考核项目。

① 机构与职责。

② 工作计划与经费。

③ 文本与信息管理。

④ 持续改进。

（2）标准实施考核项目：

① 标准配备。

② 标准宣贯。

③ 标准实施。

④ 信息反馈。

2）监督抽查程序

（1）准备。

① 抽查计划。

② 组成检查组，在确定检查组的规模和组成时，应考虑以下几个方面：抽查的对象、范围、地域以及预计的检查时间；检查组成员合作的能力，以最大程度地发挥其技能；检查组有效开展检查所需的知识、能力和个人素质的综合要求；保证检查组的独立性；检查组对检查期间所获得的任何有关文件的内容和信息以及标准实施监督抽查报告的保密要求。

③ 编制抽查方案，检查组组成后，应召开检查组内部会议，针对抽查标准，在学习、分析研究的基础上确定抽查方案，补充编制《检查单元标准实施监督抽查评定表》和《检查单元标准实施考核评定表》的内容。

④ 抽查标准考核内容（以抽查标准要求为主）的选定原则：抽查方案中要求抽查的必检项目和技术要求；抽查标准中对产品质量和 HSE 有重要影响的技术要求和指标；选定的考核内容应具有现场可检测性或可查证性。

⑤ 考核方法可以采用座谈、查看及现场检测等多种方式，但应遵循以下

原则：对不同检查单元的同一考核项，考核方法应具有一致性；考核方法应有助于对考核结果的判定。

⑥ 抽查标准考核内容的判定条件是判定执行岗位作业的程序和结果是否达到标准相应的技术要求或指标。

⑦ 在确定了抽查标准考核内容的考核方法、判定条件后，应根据考核内容的重要程度分别确定其不同满分分值。

（2）检查实施。

① 首次会议，检查组组长主持召开首次会议，受检单位标准化主管部门领导和相关标准化人员参加。

② 检查的实施，检查组按日程安排和监督抽查的要求，对标准化管理考核项和标准实施考核项中的所有要素进行逐项检查和评定，并填写有关表格。

③ 内部评议，末次会议之前，检查组应进行内部评议。内容如下：对检查情况交换意见，并进行综合评议；对检查单元的考评情况进行汇总；对不合格项进行评议，并开具整改通知单；达成一致性的监督抽查结论和综合评定结果，形成书面材料。

④ 沟通，检查组应与受检单位标准化主管领导和标准化管理部门就内部评议的结果进一步交换意见，以确保监督抽查结论得到受检单位理解和确认。

⑤ 末次会议，由检查组组长主持末次会议，受检单位的标准化主管领导、标准化管理部门的相关标准化人员和检查单元的代表参加会议。

3）报告

检查组在检查结束前，应编制完成对受检单位某项标准的实施监督抽查报告。检查组组长负责组织抽查报告的编制，并对报告的准确性和完整性负责。

当标准实施监督抽查活动结束后，检查组应将标准实施监督抽查报告上报组织抽查单位。

4）评定

监督抽查的综合评定分为 A，B，C，D 四级，评定标准如下。

A 级：符合标准实施要求，综合考评分在 90 分以上（含 90 分）。

B 级：基本满足标准实施要求，综合考评分在 80 分至 90 分（含 80 分）之间。

C 级：标准实施工作存在问题，综合考评分在 70 分至 80 分（含 70 分）之间。

D 级：标准实施工作存在较大问题，综合考评分低于 70 分。

4. 标准实施监督抽查与其他管理方法的结合

作为标准实施监督的一种方法，标准监督抽查还可与其他方法同时开展活动。例如：当抽查标准是产品标准时，它可与产品质量监督抽查工作同时开展；当抽查标准是方法标准时，可与计量认证、能力验证同时进行；当抽查标准是过程标准或行为标准时，可与体系审核工作同时进行；当抽查标准是条件标准时，可与检验、监测、测试等活动同时进行。

　　石油工业标准实施监督抽查制度是在我国现有特定的条件下，针对中国石油天然气集团公司的生产、科研、经营和管理的实际需要，在总结标准化定级升级的历史经验和借鉴质量体系审核和实验室计量认证等科学先进的现代化管理方法的基础上的一个探索和创新。同时这也是由于个别地方目前还存在标准实施不落实的现象，采取的一种不可缺少的手段。随着标准实施的全面落实，以及标准信息反馈渠道的建立，标准实施监督抽查作为一种促进标准实施的管理方法，监督抽查工作或某些形式将逐步被替代或取消。

第三章　油气管道标准管理体系

第一节　我国管道标准化管理机构

一、国家层面和行业层面的标准化管理机构

标准化行政管理体制是标准化管理系统的核心。随着社会和经济的发展，标准化管理体制机制也在不断完善和发展，尽管管理体制机制各种各样，但基本上可以分为两类，一类是由政府标准化行政机构管理，其特点是集中统一、法制性强；另一类是以民间标准化协会管理为主，政府给予一定的支持、授权或干预，其特点是分散和集中结合、集中统一性差。

（一）国家层面的标准化管理机构

我国标准化工作实行"统一领导"与"分工负责"相结合的管理体制。"统一领导"就是改变标准分口管理、政出多口的现状，建立一个高度集中、统一的有权威的国家标准化行政部门。统一全国的标准化方针、政策；统一标准化规划和计划；统一标准的编号和发布；统一对外参加国际标准化活动等。"分工负责"就是避免标准化行政部门"一家包打天下"的做法，简政放权，在加强宏观管理的基础上，充分发挥各地各部门以及各企事业单位积极性，放手让大家一起做好标准化工作。

对石油天然气领域而言，国标委批准成立的国家层面的标准化技术组织主要有全国石油天然气标准化技术委员会、全国天然气标准化技术委员会、全国石油钻采设备和工具标准化技术委员会等，其中与油气管道相关的有全国石油天然气标准化技术委员会、全国天然气标准化技术委员会。

全国石油天然气标准化技术委员会（SAC/TC355）是在 2008 年 4 月 17 日，由国家标准化管理委员会批准成立的，其主要任务是在国家标准化管理委员会的领导下，负责石油地质、石油物探、石油钻井、测井、油气田开发、采油采气、油气储运、油气计量及分析方法、石油管材、海洋石油工程、安

全生产、环境保护等领域的标准化工作。其中和石油天然气管道相关的专业标准化技术委员会有油气储运、油气计量及分析方法、石油管材、安全生产、环境保护等 11 个分技术委员会。正在组建海洋工程、油田化学剂和环境保护等 3 个分技术委员会，秘书处挂靠单位是石油工业标准化研究所。

全国天然气标准化技术委员会于 1999 年 9 月 6 日成立，专业范围是从事天然气（包括井口天然气、管输天然气、车用压缩天然气、煤层气）及天然气代用品从生产（井口）到用户全过程的术语、质量、测量方法、取样、试验和分析方法的标准化工作，还承担国际标准化组织天然气技术委员会（ISO/TC193）对口的标准化技术工作。秘书处挂靠单位是中国石油西南油气田分公司天然气研究院。

值得说明的是，除国家标准化管理委员会管理的国家标准外，还有其他领域的标准，包括国务院建设行政主管部门住房和城乡建设部负责的工程建设标准；国务院环境保护行政主管部门负责的环境保护标准；国务院卫生行政主管部门负责的医药、食品卫生标准；中央军委标准化主管部门统一负责的军工标准。

（二）行业层面的标准化管理机构

我国的行业标准是由国务院有关行政主管部门和国务院授权的有关行业协会分工管理的，其中，国家能源局负责石油行业标准管理。

石油行业标准化工作的发展是伴随着石油工业的发展而发展起来的。早在 1948 年，玉门油田的石油科技工作者就开始接触美国石油学会（API）标准。20 世纪 50 年代初期，主要是在部分石油机械制造的零部件加工上执行国外标准和部分工厂标准。1963 年，原石油工业部组织制定了油气输送钢管的第一个部颁标准。从 20 世纪 70 年代末开始，随着我国改革开放的不断深入，石油行业标准化工作取得了实质性进展。

1984 年 11 月 4 日，原石油工业部组建了石油工业标准化技术委员会，随后陆续成立了石油设备材料、石油工程建设、石油仪器仪表、石油地质、石油管材、采油采气、油气田开发、石油钻井和石油计量等专业标准化技术委员会。石油行业标准化工作进入了一个新的阶段。1991 年 5 月，油气储专业标准化技术委员会成立。到 1999 年底，石油行业共有国家标准和行业标准 1787 项，其中国家标准 66 项，石油天然气行业标准 1680 项，海洋石油行业标准 41 项，基本满足了石油勘探开发生产、科技进步和经营管理的需要。

1998 年 8 月，在政府机构改革和石油石化行业重组中，中国石油集团、中国石化集团和中国海洋石油总公司的有关国家标准和行业标准管理的政府职能交由国家石油和化学工业局负责之后，中国石油集团决定不再保留石油工业标准化技术委员会。2000年9月8日，原国家石油和化学工业局批准成立新一届石油工业标准化技术委员会（以下简称"油标委"），于2000年10月31日召开成立大会暨第一次年会。油标委是由中国石油天然气集团公司、中国石油化工集团公司、中国海洋石油总公司等石油企业的有关领导、标准化管理人员、科研单位专家、各专业标准化技术委员会的负责人组成的行业性标准化技术组织，目前在国家能源局领导下，主要负责石油工业上游领域石油天然气行业标准的制定修订工作，目前下设石油地质、石油物探、石油测井、石油钻井、油气田开发、采油采气、油气储运、石油计量、石油节能、石油安全、石油管材、石油仪器仪表、石油信息、工程建设、劳动定额、海洋石油工程、油田化学剂和环境保护等18个行业性专业标准化技术委员会（以下简称"专标委"）和1个直属标准化工作组计量校准规范工作组。

油标委同时负责协调全国石油钻采设备和工具标准化技术委员会、全国天然气标准化技术委员会涉及石油天然气行业标准的制定修订工作及相关事宜。

为了加强石油工业标准化工作的统一协调管理，在认真履行全国石油天然气标准化技术委员会职责的同时，为充分发挥石油工业标准化技术委员会的作用，有效利用资源，提高工作效率，在组织机构上，全国石油天然气标准化技术委员会及其分技术委员会与石油工业标准化技术委员会及所属专业标准化技术委员会实行"一个机构，两块牌子"的工作模式，即两个标委会及相同专业委员会的委员相同，秘书处统一设置，有关标准化活动统一进行。两个标委会委员由中国石油天然气集团公司、中国石油化工集团公司、中国海洋石油总公司、中化集团公司等石油企事业单位的委员组成，统称"油标委"，负责石油天然气工业国家标准和行业标准制定过程的计划项目申报、起草、技术审查、报批、备案、行业标准出版等具体管理工作。

（三）与油气管道相关的行业标准化技术组织简介

1. 油气储运专业标准化技术委员会

全国石油天然气标准化技术委员会油气储运分技术委员会（SAC/TC355/SC8）暨石油工业标准化技术委员会油气储运专业标准化技术委员会（以下简称"油气储运专标委"），主要负责油气管道输送系统（包括储罐、站、库）的投产、运行、维护；负责油气管道系统的检测、完整性管理及维修领域的国家标准和行业标准制定修订工作。委员单位包括中国石油天然气集团有限公司、中国石油化工集团有限公司、中国海洋石油集团有限公司、各石油大学、地方石油企业等。秘书处挂靠在中国石油管道科技研究中心。

目前油气储运标准体系表分为 5 个门类：通用基础、管道运行、管道完整性管理、检测评价与修复、机电设备仪表自动化，涉及的领域包括运行工艺、管道化学添加剂、腐蚀与防护、管道及站场检测评价与维护、设备仪表自动化等。这是保障油气管道输送系统安全、平稳、经济运行的基础。

2. 石油工程建设专业标准化技术委员会

石油工程建设专业标准化技术委员会成立于 2003 年 9 月，归口范围为石油天然气工业上游领域有关陆海通用的石油工程建设、设备安装、储罐容器安装工程、管道工程、防腐保温工程、焊接及无损检测、工程抗震、滩海工程、工程质量管理等方面的国家标准和行业标准制定修订工作。石油工程建设专业标准化技术委员会承担的国家标准由住建部归口管理。

石油工程建设专业标准化委员会下设工程施工、工程设计两个分标委和防腐工作组。

3. 石油管材专业标准化技术委员会

全国石油天然气标准化技术委员会石油管材分技术委员会（SAC/TC355/SC9）暨石油工业标准化技术委员会石油管材专业标准化技术委员会，负责石油天然气工业上游领域有关陆海通用的油气输送管、油井管、玻璃纤维管和其他焊接钢管及其连接件的制造、采购、试验与检验、质量评价、使用与维护，以及油气压力管道的安全评价标准。秘书处挂靠单位：中国石油天然气集团有限公司石油管工程技术研究院。

4. 石油工业安全专业标准化技术委员会

石油工业安全专业标准化技术委员会于 1992 年 5 月成立，负责组织全国石油天然气（含 LNG、LPG、CNG、煤层气天然气、成品油）勘探、开发和储运中生产安全技术、安全管理和安全产品的通用性、专业性和综合性国家标准和行业标准制定修订工作。秘书处挂靠单位：中国石油化工集团股份公司胜利油田分公司安全环保处。

5. 油气计量及分析方法标准化技术委员会

全国石油天然气标准化技术委员会油气计量及分析方法分技术委员会（SAC/TC355/SC9）暨石油工业标准化技术委员会油气计量及分析方法专业标准化技术委员会，主要负责石油、天然气、稳定轻烃计量方法，油气田及管道计量工艺，石油、稳定轻烃、油气田液化石油气分析测试方法等方面国家标准和行业标准制定修订工作。下设油气计量和原油试验方法两个分技术委员会。秘书处挂靠单位：中国石油天然气股份有限公司计量测试研究所。

二、企业层面的标准化管理机构

（一）中国石油天然气集团有限公司标准化管理机构介绍

企业是标准化工作的主体，中国石油天然气集团有限公司（以下简称集团公司）历来重视标准化工作，经过多年的发展，集团公司标准化组织机构健全，标准化管理制度完善，标准化工作的基础和支撑作用日益显现。

目前的集团公司标准化管理机构是于 2007 年 12 月 18 日成立的集团公司标准化委员会，目前标准化委员会办公室设在集团公司科技管理部。

集团公司标准化委员会职责是研究决定集团公司标准化政策和发展战略；审议批准集团公司标准化发展规划和年度工作计划；决定专业技术委员会的设置或撤销；指导集团公司标准化工作有序有效开展。

标委会办公室的职责：一是组织贯彻国家标准化法律法规、方针政策，组织制订集团公司标准化工作有关规章制度；二是组织编制和实施集团公司标准化工作规划和年度计划，组织建立和完善集团公司企业标准体系；三是组织集团公司企业标准制定修订和复审工作；四是指导所属单位和各标准化技术机构开展标准化工作；五是承担国家、行业标准化技术委员会秘书处归口管理工作，承担国际标准化技术委员会国内技术归口单位的管理工作；六是组织重点标准的宣贯实施和监督抽查，指导所属单位的标准配备工作；七是组织参加国际、国内标准化活动；八是组织开展标准化研究和信息化工作，组织标准化业务培训、技术交流和推广普及工作；九是组织集团公司标准化科技成果评选和标准化工作的表彰奖励。

为更好地开展集团公司标准化工作，按照专业分工，集团公司标准化委员会下设 25 个专业标准化技术委员会、直属工作组、专项工作组等专业标准化技术组织，包括勘探与生产、石油工程技术、天然气与管道、炼油与化工、石油产品销售及润滑剂、工程建设、设备与材料、健康安全环保、节能节水、信息技术、劳动定员定额、油田化学剂及材料、海洋石油工程、计量、矿区服务、保密工作组、法律事务工作组、审计工作组、内部控制工作组、物资采购工作组、效能监察工作组、ISO/TC67/SC2 工作组等。下面重点介绍与油气管道相关的几个专标委。

1. 天然气与管道专标委

天然气与管道专标委，全称是中国石油天然气集团公司标准化委员会天然气与管道专业标准化技术委员会，于 2008 年 4 月 14 日，由中国石油天然气集团公司标准化委员会标准委〔2008〕2号文件批准成立，是集团公司首批批准成立的8个专业标准化技术组织之一，文件中明确了天然气与管道专标委的工作范围和组织机构。主要负责制定修订集团公司原油、成品油、天然气（含液化天然气及城镇燃气）管道及相关储运设施的工程建设技术管理、生产运行、操作维护等方面的技术规程和作业规范。

专标委委员单位涵盖了集团公司天然气与管道业务技术标准制定修订和执行中涉及集团、股份公司相关机关部门、专业公司、地区公司、上市和未上市企业以及科研院所。委员均为从事长输油气管道生产、安全、科研、管道管理、标准化管理，并具有较高理论水平和较丰富的实践经验的技术或管理人员。专标委秘书处挂靠在中国石油管道科技研究中心，负责专标委日常标准化工作。

2. 石油石化工程建设专标委

石油石化工程建设专标委主要制定修订集团公司油气田和炼化企业陆海通用的地面设施、石油天然气储存设施、输送管道、炼化装置及配套设施的设计、施工、防腐等技术规程或规范。归口单位为中国石油天然气股份有限公司规划计划部，秘书处挂靠单位为中国石油天然气股份有限公司规划总院。

3. 石油石化设备与材料专标委

石油石化设备与材料专标委主要制定修订集团公司钻采设备、管材、炼化设备、仪器仪表、工程用材料等产品标准和操作维护技术规范。归口单位为中国石油天然气股份有限公司装备制造分公司，秘书处挂靠单位为集团公司标准化研究所。下设石油钻采设备、石油管材、石油石化仪器仪表等3个分技术委员会。

4. 健康安全环保专标委

健康安全环保专标委主要制定修订集团公司通用安全、环保与健康方面的标准。归口单位为集团公司安全环保部，秘书处挂靠单位为安全环保技术研究院，下设油气田及管道、石油化工及销售2个分技术委员会。

5. 其他技术组织（略）

除了集团公司层面的标准化管理机构外，各地区公司也根据需要基本建立了本企业的标准化管理组织、机构、管理办法等，在集团公司和各地区公司的领导小组下，开展本企业的标准化工作。

（二）中国石油天然气集团有限公司标准化管理办法主要内容介绍

为加强集团公司标准化工作，提高企业标准化能力，促进企业规范化管理，提升发展质量和效益，集团公司出台了作为指导集团公司标准化工作的纲领性文件《中国石油天然气集团公司标准化管理办法》，并随着国家相关政策和管理要求的变化，不断进行完善修订，目前执行有效的是 2014 年发布的管理办法。由于近几年国家出台了一系列标准化文件以及新标准化法的实施，目前正在修订管理办法，尚未发布执行。本文仍主要介绍 2014 版管理办法的主要内容。

1. 集团公司标准化工作原则

集团公司标准化工作原则，是管理办法第一章的核心内容，主要包括三项原则：

（1）标准先行、共性为主。扩大经营规模、拓展业务领域，首先确立科学有效的标准体系；在建设、生产、经营、管理中使用统一标准，促进产品、工程和服务质量的一致性。

（2）源头入手、面向国际。突出设计和采购源头的标准化管理，从产业链角度系统推进标准化作业与标准化产出；采用国际标准提高国际化起点，通过自有技术输出逐步主导国际标准。

（3）执行有力、注重实效。把标准的内容要求落实到岗位，对标准执行进行监督考核；以需求为导向制定标准，形成标准、规范性文件、管理体系相互协调的最佳秩序。

2. 组织机构与职责

管理办法规定了各级标准化机构的工作职责，主要包括确定标准化政策和发展战略；制订标准化发展规划和工作计划；制定、建立和维护本业务领域标准体系；组织企业标准项目立项、计划编制、制定修订过程管理；组织各级标准宣贯、实施监督和检查评价工作；组织承担国际标准及国外先进标准、国家标准、行业标准制定修订和复审任务；组织开展标准化研究、信息化和培训，组织参加国际、国内标准化活动及交流，组织评选表彰标准化优秀成果等。

3. 企业标准体系建设

企业标准体系是集团公司和所属企业实施和制定标准的基本依据。企业标准体系应紧密结合当前生产经营实际，并兼顾中长期业务发展需要，具有扩展性。

企业标准体系建设应运用系统工程理论和综合标准化方法，覆盖生产经营全过程，各专业、各门类、各层次间的标准相互配套，与制度体系、流程体系相互衔接，充分体现标准体系的科学性、先进性和有效性。

集团公司企业标准体系内的标准是集团公司统一要求实施的各级标准，

包括现行有效和待制订的国际标准、国家标准、行业标准和集团公司企业标准。

三家及以上所属企业均需要使用的企业标准应制定为集团公司企业标准，体现集团公司市场主导力的企业标准应制定为集团公司企业标准。

4. 企业标准的制定

办法中明确了集团公司和所属单位企业标准的制定范围，提出了制定企业标准的总体要求，给出了企业标准标识代号和编号方法，提出了企业标准的备案要求、企业标准制定的一般程序、企业标准定期复审的要求等。

办法规定，企业标准的内容应符合以下要求：

（1）积极采用国际标准，适应国际合作和国际接轨的需要。

（2）与重点工程、科研项目相结合，优先将科研和管理成果转化为标准，促进自主创新。

（3）遵循国家和行业有关法律法规，有利于保障人体健康、人身财产安全和环境安全。

（4）与国家标准、行业标准相协调，符合生产经营实际并具有可操作性，有利于提高集团公司发展质量和效益。

（5）涉及商业秘密时应遵守集团公司相关保密管理要求。

5. 标准实施、监督

标准的实施和监督是标准制定修订过程的重要一环。办法要求，已纳入企业标准体系和符合条件拟纳入企业标准体系的标准，应在集团公司和所属企业相应范围内严格执行，任何单位和个人不得擅自降低标准要求。

集团公司和所属企业执行各级标准的总体要求是：

（1）及时建设、更新、改造标准实施所需的配套生产设施、工艺装备，培训标准实施所需的生产操作人员。

（2）将所使用的相关标准纳入或转化为管理体系文件，提高标准实施的实效性。

（3）各种产品出厂时应在其说明书、标签、包装物的显著位置清晰标注所执行的标准，作为对产品质量的明示保证。

（4）不符合标准的产品不得生产、销售和采购、使用，不符合标准的研发、设计、建造、生产、作业等方案不得实施。

各级标准化主管部门和相关业务部门应依据有关标准化法律法规，组织对应执行标准的落实情况进行监督检查。标准实施监督检查可采取专项检查，或者结合检验、验收、抽查、监造、监理等工作实施。组织标准实施监督检查的单位应发布监督检查结果，对不符合标准实施要求的应督促整改。

各级标准化主管部门和相关职能部门应对标准实施效果进行分析评价，使标准实施成效显性化和量化，促进标准实施。

6. 标准国际化

集团公司和所属企业应积极跟踪研究国际标准化动态，系统采用国际标准，利用后发优势加强自主创新，参与和主导制定国际标准，促进集团公司国际化战略的实施。集团公司和所属企业应及时研究和转化国际标准，推进标准国际趋同。

采用国际标准应按照国家和集团公司相关规定进行，并结合集团公司实际对重大技术指标进行试验和验证。

集团公司和所属企业应根据国际化业务需要，及时向相关国际标准组织提出国际标准制定修订提案，及时向相关主管部门提出外文版国家标准、行业标准制定修订需求。

集团公司和所属企业应与国际标准组织、国际大石油公司加强标准化交流，建立标准化合作机制，积极推动标准国际互认。

第二节　标准规划与制定修订程序

一、油气管道标准规划研究

（一）规划的背景

规划是指个人或组织制订的比较全面长远的发展计划，是对未来整体性、长期性、基本性问题的思考、分析和设计未来整套行动的方案。根据规划的定义可以看出，规划与计划彼此紧密联系，规划的基本含义由"规"（法则、章程、标准、谋划，即战略层面）和"划"（合算、刻画，即战术层面）两部分组成。从内容范畴上说，规划侧重战略层面，重指导性或原则性，而计划一般指开展某项工作前所拟定的具体内容、步骤和方法，重执行性和操作性；从时间尺度来说，规划侧重于长远和未来，而计划一般侧重于近期或短期。通常，计划是规划的延伸与展开，规划与计划是一个子集的关系，即"规划"里面包含着若干"计划"，如图3-1所示。

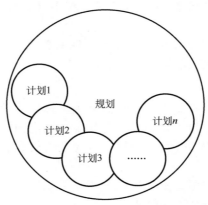

图 3-1　规划与计划的关系

（二）规划体系的组成

1. 我国规划体系的组成

我国的规划体系由三级、三类规划组成。三级规划包括：国家级规划、省（自治区，直辖市）级规划和市县级规划；三类规划包括：总体规划、专项规划和区域规划。

2. 我国标准规划体系的组成

标准是经济活动和社会发展的技术支撑，是国家治理体系和治理能力现代化的基础性制度。近年来，随着我国标准化事业的快速发展，标准体系初步形成，应用范围不断扩大，水平持续提升，国际影响力显著增强，全社会标准化意识普遍提高。但是，与经济社会发展需求相比，我国标准化工作还存在较大差距。因此，标准化发展规划也成为标准化工作的重要组成部分之一。我国标准规划体系与我国规划体系的层级关系类似，也可以从三级、三类的角度进行描述，此外，近年来随着企业对标准化发展的重视，很多企业也开展了标准规划研究和制定工作。

1）三级标准规划体系

从国家层面说，2015 年 12 月 17 日，为贯彻落实《中共中央关于制定国民经济和社会发展第十三个五年规划的建议》和《国务院关于印发深化标准化工作改革方案的通知》（国发〔2015〕13 号）精神，推动实施标准化战略，加快完善标准化体系，提升我国标准化水平，国务院办公厅印发了《国家标准化体系建设发展规划（2016—2020 年）》。

随后省、市、自治区分别发布了相应的标准化发展规划，各地方政府也陆续针对各地的标准化发展现状制定了相应的标准规划。

2）三类标准规划体系

从总体层面说，2016 年 8 月，质检总局、国家标准委、工业和信息化部印发《装备制造业标准化和质量提升规划》，本规划是为落实《中国制造 2025》的部署和要求，切实发挥标准化和质量工作对装备制造业的引领和支撑作用，推进结构性改革尤其是供给侧结构性改革，促进产品产业迈向中高端，建设制造强国、质量强国。本规划对于装备制造业具有总体引导的作用。

从专项（行业）层面说，2016 年 9 月，国家海洋局和国家标准化管理委员会联合发布《全国海洋标准化"十三五"发展规划》。本规划依据国务院《深化标准化工作改革方案》和《国家标准化体系建设发展规划（2016—2020年）》，编制目的是为加快完善海洋标准化体系，使海洋工作获得最佳秩序和效益，更好地服务于海洋强国和 21 世纪海上丝绸之路建设。2015 年，为贯彻落实《国务院关于印发深化标准化工作改革方案的通知》（国发〔2015〕13号）《国务院关于加快发展现代保险服务业的若干意见》（国发〔2014〕29号）等有关文件精神，深入推进保险业标准化改革，确保"十三五"期间各项标准化工作的有序开展，中国保监会正式印发了《中国保险业标准化"十三五"规划》（以下简称《规划》）。

从区域层面说，2015 年 10 月，由推进"一带一路"建设工作领导小组办公室发布的《标准联通"一带一路"行动计划（2015—2017 年）》可以理解为区域层面的标准化发展规划。该规划全面深化与沿线国家和地区在标准化方面的双多边务实合作和互联互通，积极推进标准互认，有利于推动中国标准"走出去"，有利于提升标准国际化水平，有利于更好地支撑服务我国产业、产品、技术、工程等"走出去"。

3）企业标准化发展规划

在三级、三类标准规划之外，还有企业开展的标准化发展规划。例如近年来，国家电网公司深入开展技术标准体系研究，构建了各级标准有机协调的体系架构，实现了技术标准在公司主营业务范围内的全面覆盖。通过开展标准化战略研究，并积极探索综合标准化和业务连续性标准化方法，完成公司中长期战略布局，实现了公司主营业务与标准紧密耦合。

3. 企业战略发展和专项发展规划

随着现代管理学的发展，制定企业战略发展规划也成为企业发展的必要工作。企业战略发展规划是对企业战略的规划。战略一词来源于希腊词语"Strategos"，最早应用于军事，在现代管理学中，美国哈佛大学教授安德鲁斯将其定义为"目标、意图或目的，以及为达到这些目标而制订的主要方针和计划的一种模式。"它具有下列特点：

（1）注重长远目标，长远利益整体发展模式和可持续发展思路。

（2）强调战略策划的系统性和整体性。

（3）注重现有规则的突破和创新。

通常在进行企业战略规划时，遵循明茨伯格（Henry Mintzberg）提出的 5P 模型（Mintzberg's 5Ps for Strategy），即企业战略是一种计划（Plan）、企业战略是一种行为模式（Pattern）、企业战略是一种定位（Position）、企业战略是一种对未来的期望（Perspective）、企业战略是一种计谋（Ploy）。

企业是一个由若干相互联系、相互作用的局部构成的整体。整体有整体性的问题，局部有局部性的问题。例如整体问题包括对环境重大变化的反应、对资源的开发利用与整合、对生产要素和经营活动的平衡、对各种基本关系的理顺等。谋划好整体性问题是企业发展的重要条件。同时企业也面临很多局部性问题，例如科技发展、知识产权发展、标准化发展、人力资源发展等不同方面的问题，通常为更好地谋划企业发展，企业在制定整体发展规划的同时也会针对各方面局部问题进行专项规划的制定。

（三）规划编制程序

规划编制程序可简单划分为前期工作阶段、起草论证阶段、批准发布实施阶段和评估修订阶段，如图 3-2 所示。

前期工作阶段 → 起草论证阶段 → 批准发布实施阶段 → 评估修订阶段

图 3-2　规划编制程序

前期工作是指规划编制组织在规划编制前应做好的基础调研、信息搜集、课题研究以及纳入规划的重大项目论证等。前期课题研究包括两方面工作：一是对正在实施的规划进行评价和总结，包括规划目标和任务完成情况的预测；二是对当前面临的形势、需要解决的主要问题、重大措施等开展课题研究。

起草论证是指规划编制组织根据前期工作的输出进行规划的起草和论证。在规划起草过程中要注意规划与方针政策、发展目标、措施手段、重大建设项目、不同层次规划对象的衔接；同时也需要提高规划的参与度，使更多的人参与规划的起草和论证过程。

批准发布实施是指相关部门对规划进行审核后，进行批准发布和实施。

评估和修订是指针对规划的执行情况进行密切跟踪，分析其实施情况，及时向规划编制单位反馈意见。综合规划的评估一般采用定性分析，专项规划的评估一般是基于客观数据的分析。

1. 传统规划计划指标确定方法

传统的规划计划指标确定方法包括系数法、定额法、速度比例法和因数分析法。

系数法：这种方法主要用于编制规划中出现的计划指标，通过设立一个比例系数，确定未来指标的发展程度。尽管在实际应用过程中会考虑各种因素的影响而调整系数，但这种调整主要是凭主观意愿或经验进行的，因此系数的不确定性会对整个计划产生负面影响，这是系数法的弊端所在。

定额法：一般是指在一定技术经济条件下，人力、物力、财力的利用或消耗所达到的标准，定额是编制计划的基础，计划的计算方法实际上都要建立在科学定额的基础上，定额法不是一种独立的计算方法，而是其他各种计算方法的基础。

速度比例法：这是目前我国规划编制中运用较多的方法，尤其是在制定单项指标时，得到更多的应用。这种方法采用某项单项指标在过去的计划期的动态速度来估算规划期的动态速度，并根据计划期的条件和其他有关计划指标予以适当调整，得出计划指标。这种方法的特点是可操作性强，局限性是在于其依据的是过去的动态指标，尽管经过调整，但是这种调整依然带有经验或主观意愿的特性。

因数分析法：这种方法把质的分析与量的计算有机结合，用以确定计划指标的方法。这一方法尽管操作复杂，但是由于考虑了其他因素对计划指标的影响，并根据关系进行了量的计算，因而这种计划指标方法具有较高的实际应用价值。

2. 现代规划编制技术方法

1）基于 IPO 图的规划方法

IPO 图是 IBM 公司发展完善起来的一种图形工具，是"输入（Input）—处理（Process）—输出（Output）"关系图的简称，这种方法能够方便地描绘输入数据、对数据的处理和输出数据之间的关系，是计算机结构化程序设计的一种常用分析方法，其简单模型如图 3-3 所示。

图 3-3　IPO 图

如在某企事业单位档案工作"十三五"发展规划中运用了这种方法，IPO 方法的分析过程分为：（1）确定输入哪些数据；（2）对输入数据采用什么操作或处理；（3）确定经过处理后能产生哪些结果。具体的规划方法如图 3-4 所示。

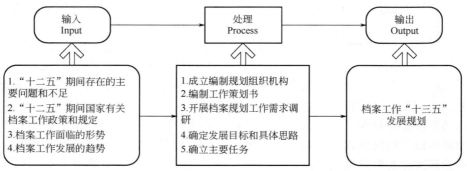

图 3-4　基于 IPO 图的档案发展规划方法

2）基于系统动力学的规划方法

系统动力学理论建立在系统论、自动控制理论和信息论的基础上。这种方法依靠系统论分析系统的结构和各个层次，结合自动控制论中的反馈和调节原理，采用信息论中信息传递原理来描述系统。系统动力学（System Dynamic）通过分析社会经济系统内部各变量之间的反馈结构关系，来研究整个系统整体行为。系统动力学方法研究复杂问题要求从系统整体角度出发，进行定性分析和定量分析，结合实际进行推理，它采用实验的方法针对社会科学问题进行模拟和研究，然后根据仿真模拟的结果对政策进行调整。

系统动力学的特点具有以下特点：

（1）区别于传统的按经济变量之间的关系建立均衡模型，系统动力学根据事物的因果关系建立"头脑模型"，即根据人的思维建立因果关系。

（2）系统动力学运用软件解决资料不完整等问题。

（3）系统动力学主要关注系统的结构及其行为而不是强调数据的分析和预测，尽管可能存在一定的误差，但是只要模型能够反映真实世界的状况就算作是成功。

系统动力学方法把所研究的对象看作复杂的反馈结构，是随时间变化的动态系统，通过系统分析绘制表示系统结构和动态的流程图，然后把各个变量之间的关系定量化，建立系统的结构方程式，以便用计算机进行模拟，从而预测系统的未来。系统动力学的具体步骤如图 3-5 所示。

目前常用的软件是 Vensim 软件。Vensim 软件是由美国 Ventana Systems 公司研发的可视化建模软件，具有强大的图形编辑环境，通过使用该软件可以对建立的系统动力学模型进行仿真、分析和检验。

图 3-5　采用系统动力学的基本步骤

3）基于灰色模型的规划方法

灰色系统是既含有已知信息，又含有未知信息或非确知信息的系统，这样的系统普遍存在。如果一个系统具有层次及结构关系的模糊性、动态变化的随机性、指标数据的不完备或不确定性，则称这些特为灰色性。具有灰色性的系统称为灰色系统。

研究灰色系统的重要内容之一是如何从一个不甚明确的、整体信息不足的系统中抽象并建立起一个模型，该模型能使灰色系统的因素由不明确到明确，由知之甚少发展到知之较多提供研究基础。灰色系统理论是控制论的观点和方法延伸到社会、经济领域的产物，也是自动控制科学与运筹学数学方法相结合的结果。

在灰色系统理论中，利用较少的或不确切的表示灰色系统行为特征的原始数据序列作生成变换后建立的，用以描述灰色系统内部事物连续变化过程的模型，称为灰色模型。

灰色模型具有以下几项特点：

（1）不需要大量样本。

（2）样本不需要有规律性分布。

（3）计算工作量小。

（4）定量分析结果与定性分析结果不会不一致。

（5）可用于近期、短期、中长期预测。

（6）灰色预测准确度高。

灰色模型的建立步骤如图 3-6 所示。

图 3-6　灰色模型建立的基本步骤

4）基于大数据规划方法

近年来，随着互联网的普及和传感网、物联网、云计算等信息技术的快速发展，大数据方法和技术也成了规划编制过程中的一种重要手段。大数据技术主要应用于数据获取途径中，大数据技术的应用使得输入数据具有广泛性和多维度特征，不再是片面的或单一的；同时基于大数据的数据采集分析方法也日益增多，采用网络数据挖掘与分析方法、行为数据采集与分析以及数据分析与可视化技术都可以在规划中深入应用。

如在基于大数据研究城市规划编制方法时，基于多维度的数据成为规划方法的有效输入，见表3-1。

表3-1 规划编制过程中的多维大数据

数据类型	数据来源	数据内容	获取方式	成本	数据描述
政府开放数据	政府门户网站政府相关部门	统计数据、经济发展数据、年鉴、人口普查、社区资料等	网站直接下载向有关政府部门申领	较低	属于传统数据，数据精度低，失效差
行业开放数据	行业主管部门公开数据：如规划局、规划设计院、规划信息中心	各行业开放数据，如规划行业，各类规划公示公告、一书三证、规划控制指标等	向相关行业主管部门直接申领	较低	行业专项开放数据，部分数据精度高
企业网站共享数据	网站直接下载网站平台提供付费服务	包括街道、POI等在内的地理空间数据；如百度地图、谷歌地图、众源地理空间数据	网站免费下载；网站开放接口程序，用户根据需要付费	较高	多为基础地理信息数据，精度高
网络社交媒体数据	网站直接抓取网站提供API接口	从微博、推特等社交网站上抓取关注的个人用户的签到、点评等数据	开发网络爬虫软件直接抓取感兴趣数据，需要具备专业网络抓取、存储和分析技术	较高	多为居民活动数据，涵盖范围较广，精度较高
智能移动终端数据	交通管理部门第三方平台付费服务	从移动终端、公交卡、停车卡等智能设备上提取的车辆和居民的实时位置、停车场等数据	交通部门申领；第三方平台收费提供服务	高	某一段时间内全样本数据，数据精度高
移动手机信令数据	移动通信企业（三大移动运营商）	移动手机的定位、通信、归属地等数据	购买运营商数据	很高	某一段时间内全样本数据，数据精度高

数据类型	数据来源	数据内容	获取方式	成本	数据描述
科研团体共享数据	研究团体通过网络等方式共享其科研成果和数据	以上类型数据都有可能成为共享数据，但数据内容和范围受研究团体关注的限制	网站直接下载	免费	特定范围和时间的数据，精度较高
特定类型数据	实地调研、文件调查	为满足特定要求进行的实地调研等需求	需要进行实地调研和后期分析	较高	小样本数据

（四）标准规划现状

1. 标准规划的定义和内涵

标准规划并不是一个清晰的概念，它往往可以泛指标准化活动中的各种规划活动。尽管标准与标准化的定义截然不同，但是在日常使用中，标准规划往往既指广义的标准化规划，又指狭义的标准体系规划。

狭义的标准规划。标准体系是指"一定范围内的标准按其内在联系形成的有机整体"。从定义可以看出这里规划的对象仅仅是标准以及其组成的有机整体，狭义的标准规划即指对标准体系和标准制定修订项目的规划。

广义的标准规划。标准化的定义是"为了在既定范围内获得最佳秩序，促进共同效益，对现实问题或潜在问题确立共同使用和重复使用的条款以及编制、发布和应用文件的活动"。在定义中，活动主要包括编制发布和实施标准的过程，根据定义可知，标准化规划的对象是标准化的整个过程，不仅包括标准制定修订的过程，还包括实施和反馈的过程。在日常使用中，广义的标准化规划又可分为标准化发展规划和标准化工作规划。

标准化发展规划。侧重标准化发展战略，例如，企业标准化发展规划往往包括以下内容：（1）企业标准化工作现状分析；（2）企业标准化战略规划编制原则和依据；（3）企业标准化战略方针与目标。

标准化工作规划。侧重标准化工作规划和计划，例如，对于企业来说，标准化工作规划可包括以下内容：（1）企业标准制定修订计划；（2）采用国际标准计划；（3）企业标准化培训计划；（4）标准化科研计划；（5）标准宣贯实施计划；（6）标准实施有效性检查计划等。

标准体系规划。对标准体系进行规划，侧重对技术标准的研究与规划。研究的重点包括：（1）技术标准现状研究与分析；（2）技术标准存在的问题分析；（3）标准体系的建立与标准体系表的编制与完善；（4）标准制定修订

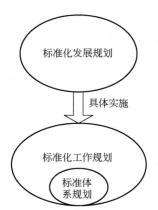

图 3-7　各种标准规划之间的关系

计划序列的确立。

标准化发展规划层次最高，范畴最大；标准化工作规划是标准化发展规划的实施途径；标准体系规划可以看作标准化工作规划的子集，彼此之间的关系如图 3-7 所示。

2. 标准化发展规划

1）ISO

ISO 是国际上权威性最高、影响最大的标准化机构，为了适应国际贸易对标准化的客观需求，从 20 世纪末至今发布了五个发展标准化战略，见表 3-2。

表 3-2　ISO 标准化战略规划

序号	战略名称	发布时间
1	进入新世纪——1999—2001 年战略	1999 年
2	21 世纪战略	2002 年
3	ISO 2005—2010 年战略规划	2004 年
4	ISO 2011—2015 年战略规划	2011 年
5	ISO 2016—2020 年战略规划	2015 年

在《ISO 2016—2020 年战略规划》中，详细部署了 ISO 未来 5 年的战略发展方向。由于技术、经济、法律、环境、社会和政策因素对标准制定和实施的持续影响，该文件在 ISO 成员、合作组织以及其他利益相关者的共同努力下制订完成，将成为 ISO 协调各方利益相关者及满足消费者需求的行动指南。主要包括以下 6 个战略方向：

（1）通过全球各地 ISO 成员的共同努力制定高质量标准。提升 ISO 技术委员会的工作能力，建立来自不同国家、文化背景和分类领域利益相关者之间的共识。

（2）获得各利益相关者和合作者的支持。提升 ISO 成员和利益相关者在标准制定中的投入；吸收相关主题领域的最好专家，解决领域内不同战略之间的全球性挑战。

（3）人与组织的发展。为 ISO 成员提供各种机会，更好地指导他们参与 ISO 的各项工作；促进合作关系的建立与改善，促进 ISO 成员之间的国家知识共享和发展，促进 ISO 成员之间的紧密合作。

油气管道标准化技术与管理

（4）技术战略实践。提升资源的利用率，通过网络途径为 ISO 成员提供相关服务。

（5）传播。利用媒体关系、传播技术和社交网络实现 ISO 团体利益。

（6）制定全球通用国际标准。通过实施标准提升企业绩效，制定国际标准相关补充内容，为 ISO 成员提供更多信息。

2）美国

2005 年 12 月，美国推出了《美国标准战略》，该战略分为引言、必须开展的行动、标准制定原则、战略愿景、近期目标以及更长远的规划等 6 个部分，战略愿景为：

（1）根据统一的全球认可的原则，制定全球标准。

（2）政府在管理和采购中，应尽可能采用自愿协商一致标准，而不要创造另外的管理要求。

（3）整个体系应该丰富多样，能支持灵活的标准方案。

（4）美国致力于满足全球需要的标准化，具体由行业根据自身能力开展。

（5）为优化全球标准制定，方便标准在全球经济中的传播，有效使用电子工具。

（6）推广美国标准战略，如 ANSI 作为 ISO 和 IEC 的美国代表，在公约组织中，美国国务院及其具备程序要确保提出美国观点。

3）日本

日本在 20 世纪 50 年代提出质量立国战略后，一直把标准化作为质量管理的基石，十分重视技术标准化，而且还重视管理标准化和工作标准化，尤其在企业标准化工作方面，创新卓绝，走在世界前列。2001 年 9 月，日本提出技术标准立国战略思想，发布标准化战略，确定了 3 个标准化战略的重点课题和 4 个标准化战略的重点领域，12 项政策，46 项措施。

3 个标准化战略的重点课题为：确保标准市场适应性和及时性、加强国际竞争力、加强标准化政策和研发政策的协调统一性。

四个标准化战略的重点领域为：信息技术、环境保护、消费者利益、制造技术。

2006 年 12 月，日本又制定了国际标准综合战略，该战略通过以下 4 方面措施致力于提升日本的国际标准化水平：转变企业管理高层的意识、加大重点支持国际标准提案的力度、培养国际型标准专家、加强亚太区域合作。

4）德国

德国标准化协会（DIN）是欧洲历史悠久的重要国家标准化团体，具有很高的权威性和影响力，DIN 的标准化战略目标包括以下 5 项：

（1）标准化保证德国作为经济强国的地位。

（2）标准化是支撑经济和社会取得成功的战略工具。

（3）标准化减轻国家立法工作。

（4）标准化及标准化机构促进技术整合。

（5）标准化机构提供有效的程序和工具。

5）中国

近年来，我国处于标准化改革期，国家制定和发布了一系列标准化改革的相关政策文件，总体上国家层面的标准化发展需求主要体现在以下几个方面：

（1）建立新型标准体系。

（2）实现强制性标准整合精简。

（3）发挥市场主体作用，发展团体标准。

（4）提升标准国际化水平。

3. 标准化工作规划

1）标准化工作规划步骤和内容

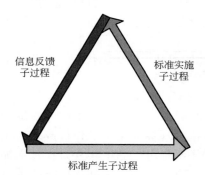

图 3-8　标准化的基本过程

标准化工作规划是对标准制定、实施和监督的整个标准化的过程（如图 3-8 所示）进行的规划，也是标准化战略规划具体实施的规划和计划。

以企业标准化工作规划为例，一般按以下步骤进行。

（1）认真学习，了解和掌握国家行业或地方标准化行政部门对企业标准化工作的方针政策、相关法规及规范性文件。

（2）调查研究企业标准化工作的环境形势及发展需求，了解企业标准化工作的现状，找出薄弱环节，明确工作方向。

（3）确定企业标准化工作方针，目标及任务。

（4）研究确定并实施企业标准化工作方案，实现企业标准化工作目标，完成企业标准化工作任务的具体措施。

（5）进一步确定完成企业标准化的工作任务、实施相关措施所需的人力物力和财力资源，并确定归口部门或责任人工作进度和完成期限。

（6）编写企业标准化工作规划，交付论证后修订完善，报递企业最高管理者审批发布实施。

在企业标准化工作规划的实施过程中，可以根据实际需要进行增补修改，并注意规划与计划之间的衔接，采取滚动计划实现，企业标准化规划，提升企业生产管理水平。

企业标准化工作规划一般可包括以下六个部分，见图3-9。

图 3-9　标准化工作规划的组成

2）信息化技术的应用

随着信息化技术的发展，相关信息化技术也逐步应用于标准化工作规划中。例如，某企业基于面向服务架构（SOA）的数字规划集成平台设计开发了一套标准化规划管理信息系统。标准化规划管理信息系统架构体系由四部分组成，包括集成的数据管理、共享的平台框架、分布的应用模块以及单一的登录门户。具体架构如图3-10所示。

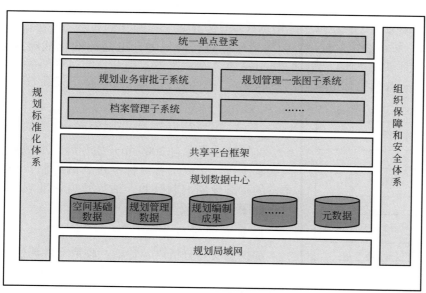

图 3-10　标准化工作规划管理信息系统总体架构

4. 标准体系规划

标准体系规划包括两层含义，一层是对标准体系架构进行规划，是采用综合标准化的思想，对整个标准体系进行架构和规划，形成标准综合体；另一层是对构成标准体系的标准制定修订项目进行规划。

1）标准体系架构规划

采用综合标准化理念进行标准体系架构规划，首先要确定目标，再根据确定的目标进行标准体系架构的规划。

（1）确定目标。

确定目标就是确定综合标准化的主攻方向，也就是要达到的目标，目标一旦经过确定便成为各项活动的依据和出发点，因此要做好必要的调查研究和分析论证，并且目标应尽可能量化。

（2）标准体系架构规划。

标准体系架构规划一般采用以下方法。

首先，对综合标准化对象的系统分析。运用系统分析方法，找出所确定目标的相关要素，明确中和标准化对象与相关要素，以及相关要素之间的内在联系与功能要求。

其次，进行目标分解。将综合标准化的目标分解为各相关要素的目标，分解的目标，应该能够保证实现所确定的综合标准化目标，应对各种可能的目标分解方案进行论证，从中选择最佳方案。

2）标准制定修订项目的规划

对标准制定修订项目的规划以标准体系架构为基础，同时继承综合标准化思想，在研究标准现存问题和生产需求的基础上，进行标准制定修订项目的规划。

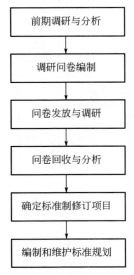

图 3-11　油气管道标准化规划编制过程

（五）油气管道标准规划编制过程

油气管道行业自 2009 年开始开展标准规划研究与编制工作，完成了各级标准规划的编制，积累了丰富的标准规划编制经验。油气管道标准规划编制过程如图 3-11 所示。

1. 前期调研与分析

前期调研与分析内容包括：政策文件调研分析、相关规划调研分析、现状与发展趋势分析、油气管道标准化发展需求分析等。

政策文件调研分析。例如，标准化相关政策文件分析、油气管道相关政策文件调研分析等。

相关规划调研分析。例如，油气管道业务发展规划调研分析、油气管道科技发展规划调研分析。

现状与发展趋势分析。例如，油气管道行业现状与发展趋势分析、油气管道标准化现状与发展趋势分析。

油气管道标准化发展需求分析。研究油气管道标准化现状存在的问题，提出标准化发展需求。

2. 调研问卷编制

调研问卷编制是获取标准化发展需求的重要手段，也是油气管道标准化发展规划编制过程中的重要环节。油气管道标准化调研问卷通常结合标准体系的架构进行编制，编制思路如图 3-12 所示。

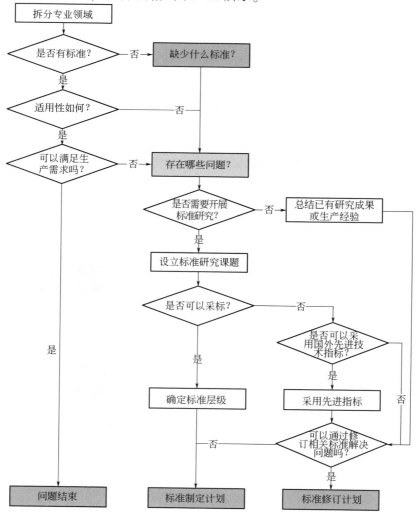

图 3-12　油气管道标准化调研问卷设计思路

3. 问卷调研

问卷调研的过程包括使用电子邮件发放和回收问卷、通过现场访谈填写和回收问卷、通过电话调研填写和回收问卷。同时，由于某些调研过程中可能存在一次沟通理解不足的问题，还需要进行多次调研和沟通，以明确油气管道标准化存在的问题，为确定油气管道标准制定修订需求提供准确的基础，调研过程见图3-13。

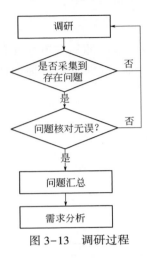

图 3-13　调研过程

4. 问卷分析

目前在问卷分析的过程中主要通过使用 Excel 软件进行分析和统计，主要包括汇总和分析问卷调研过程中存在的问题、对存在的问题进行梳理和归纳、结合前期调研结果进行标准化发展需求分析。

5. 编制标准制定修订计划

在以上调研分析的基础上明确标准制定修订计划。

6. 编制和维护标准规划

编制油气管道标准化规划草案，经过研讨和评审后形成油气管道标准规划，并根据年度标准化实施情况进行滚动维护和更新。

（六）我国油气管道标准化规划现状

随着我国油气管道行业的蓬勃发展和油气管道标准体系的逐步完善，企业标准化在企业生产、经营、管理等活动中具有十分重要的作用，是企业管理的重要组成部分和技术基础，它既是长期的又是日常的，因此集团公司于"十一五"末期开始系统开展标准化规划工作，并将这一工作逐年滚动实施。中石油油气管道标准化规划包括三级规划层次，分别为集团公司标准化发展规划、天然气与管道标准化发展规划以及中国石油管道公司标准化发展规划。

以《天然气与管道标准化"十二五"规划》为例，其主要内容框架见图3-14。通过图3-14可以看出，天然气与管道标准化"十二五"规划主要内容包括：

（1）标准体系结构调整。

（2）标准制定修订项目。

（3）标准国际化与国外先进标准采标对标。

（4）标准信息化建设。

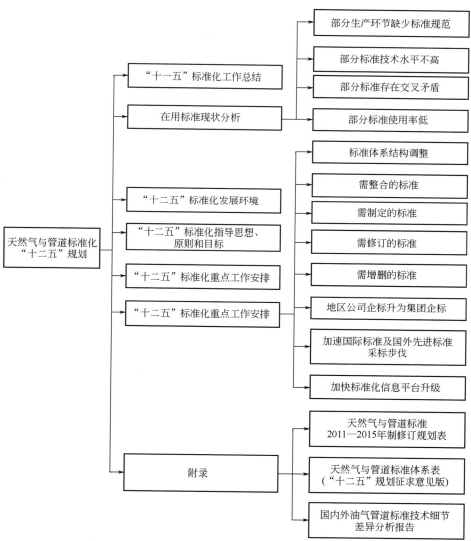

图 3-14　《天然气与管道标准化"十二五"规划》框架

标准体系和标准制定修订项目则是标准规划的核心内容，"国内外油气管道标准技术细节差异分析报告"是保证核心内容科学的必要基础工作。

（七）油气管道标准规划内容

规划研究内容一般包括：回顾过去一段时间内的标准化工作、总结经验、查找问题、分析发展环境、理顺发展思路、明确目标、规划方向、提出未来一个时期标准化工作的主要任务并提出相应的保障措施。

油气管道标准规划分为企业级标准化发展规划、行业级标准化发展规划。以中国石油天然气与管道公司标准化发展规划为例，中国石油集团公司天然气与管道专标委持续开展了标准滚动规划研究，已经陆续完成"十二五""十三五"标准发展规划及历年的滚动规划。其主要内容如下。

1. 前五年标准化工作总结

对重要技术标准支撑主营业务发展、标准化组织和制度管理、标准技术水平提升、标准国际化工作、标准信息化等进行系统总结及阐述。由此引出标准化工作对天然气与管道业务快速发展、油气管道安全高效运行提供基础保障。

2. 标准化发展形势

首先论述国际社会标准化总体趋势，其次说明国家层面标准化总体任务和指导思想，之后引出集团公司质量计量标准化规划的新要求，结合天然气与管道公司业务发展及安全形势对标准化工作提出的要求。分析新的发展形势下，在标准体系完善与理论研究、标准对比分析研究、标准化与技术有形化协同推进、安全环保标准配套、国际标准化和标准信息化等方面对标准化工作提出的要求。

3. 标准化发展需求

针对标准化工作面临的新形势和需求，针对公司业务发展及新的安全形势全面部署未来 5 年标准化重点工作。

一是标准体系建设理论与方法完善；二是进一步加强国内外先进企业对标工作；三是标准化与技术有形化协同推进需进一步加强；四是安全环保系列标准急需配套完善；五是标准国际化工作和标准信息化还需进一步促进。

4. 油气管道标准规划总体思路

采用综合标准化思想，结合天然气与管道业务发展，以保证天然气与管道业务安全环保生产、提升发展质量效益为总体要求，按照综合、系统、科学、适用的原则，建成一体化标准体系，加快科研成果转化，大力提升标准质量，推进标准国际化，强化标准贯彻实施，努力提高标准管理水平与核心竞争力，为管道业务又快又好发展提供良好的基础保障。

5. 油气管道标准发展目标

设定未来 5 年标准化发展的目标。

6. 规划部署

围绕标准化发展需求及标准化重点工作，分别论述若干项规划部署的工作，如：

（1）标准制定修订任务。

（2）标准体系建设理论研究。

（3）标准对比分析研究。

（4）标准化与技术有形化推进。

（5）标准国际化推进。

（6）标准信息化建设。

7. 保障措施

提出相应的保障措施，如加强标准化人才队伍建设、加强标准化人员培训、加大标准研究力度、开展标准创新或优秀标准化人员评奖工作、推进标准化全生命周期管理创新、提高标准宣贯实施有效性。

二、石油工业国家及行业标准制定修订程序

标准制定（包括修订）是标准化工作的重要内容。制定标准是一项政策性、技术性和经济性都很强的工作，不仅包含大量的技术工作，还包含大量的组织和协调工作。一个标准制定的是否先进合理、切实可行，直接影响标准的实施效果和社会经济效益，由于标准是相关方广泛参与的产物，因此，制定标准时必须严格按照标准制定修订程序，这是保障标准编写质量，提高标准技术水平，缩短标准制定周期，实现标准制定过程面向需求、公平公正、公开透明、协调一致的基础和前提。

石油天然气工业标准包含石油天然气相关的国家标准和行业标准，其中国家标准的制定修订遵循国家相关程序，石油行业标准的制定修订目前执行的是 2013 年修订出台的《石油天然气工业标准制定程序》。

（一）标准制定修订程序的阶段划分

标准制定修订程序分为正常程序和快速程序。国家标准和行业标准制定修订正常程序主要包括立项阶段、起草阶段、征求意见阶段、审查阶段和报批阶段。快速程序是指在正常程序的基础上直接将标准草案作为征求意见稿或送审稿的简化程序。

国家标准 GB/T 16733—1997《国家标准制定程序的阶段划分及代码》规定国家标准制定程序的阶段划分采用 ISO/IEC 导则的九个阶段，即预阶段、

立项阶段、起草阶段、征求意见阶段、审查阶段、批准阶段、出版阶段、复审阶段和废止阶段。

该标准规定国家标准制定程序的阶段划分采用 ISO/IEC 导则的九个阶段的工作任务、主要工作起始点、阶段成果和阶段代码，见表 3-3。

表 3-3　国家标准制定程序的阶段划分

阶段名称	阶段任务	主要工作开始	主要工作结束	阶段成果	ISO/IEC 对应阶段
预阶段	提出新工作项目建议提案	审查新工作项目建议提案	通过新工作项目建议提案	PWI（新工作项目建议）	00
立项阶段	提出新工作项目	审查和协调新工作项目建议	通过新工作项目建议	NP［新工作项目（计划）］	10
起草阶段	提出标准草案征求意见稿	组成工作组，起草标准草案征求意见稿	提出标准草案征求意见稿	WD（标准草案征求意见）	20
征求意见阶段	提出标准草案送审稿	发送标准草案征求意见稿	提出意见汇总处理表	WD（标准草案征求意见）	20
审查阶段	提出标准草案报批稿	初审	提出审查意见和结论	CD（标准草案送审稿）	30
批准阶段	提供标准出版稿	部门审核	国家标准技术审查机构提出审核意见和结论	DIS（标准草案报批稿）	50
出版阶段	提供标准出版物	印刷国家标准	国家标准正式出版	GB、GB/T、GB/Z	60
复审阶段	定期复审	国家标准定期复审	发布复审结果	确认、修改、修订	90
废止阶段				废止	95

（二）标准制定修订的正常程序

1. 标准的先导性研究

（1）标准制定修订项目立项前一般均应进行前期研究。制定项目可结合编制标准体系表时待制定项目的设置进行，修订项目可结合复审进行。前期研究的重点在于标准制定或修订的必要性评定。

（2）对于采用国际标准或国外标准的项目以及方法标准项目尤其需要进行前期研究，并于立项时提供研究报告。

① 采用国际标准或国外标准的项目，需有标准原文和中文翻译稿，以及国内实施可行性论证报告。

② 检验、测试、校准方法标准项目须有研究报告或试验验证报告。

2. 标准的立项

1）计划项目申报立项条件

制定修订标准的重点（优先立项的项目）如下。

（1）国家标准项目计划应紧密围绕产业发展、科技创新和社会事业重大需求，落实国家重大政策与规划，重点安排关系国计民生和重点产业发展的项目。

（2）优先安排促进贸易、保障安全的采用国际标准或国外先进标准的项目。采用国际标准或国外标准的项目，需有标准原文和中文翻译稿，以及国内实施可行性论证报告。

（3）优先安排行业规划中确定的重点领域、重点产品、重大装备及先进设计、工艺等，推动行业技术进步的标准项目。

（4）突出做好资源节约、保护环境，高新技术推广应用和科研成果产业化，推动产业升级、自主创新的标准项目。

（5）优先安排建立安全保障体系所需的标准项目。

（6）《石油工业标准体系表》中所列项目或虽未列入《石油工业标准体系表》，但确属石油工业发展急需的项目，需作特别说明。

（7）优先支持符合体系优化的整合修订项目，鼓励申报将新技术、新工艺补充到现有标准的项目，严格控制新制定项目。

（8）优先安排经过复审需要修订的标准项目。

应充分论证标准项目的必要性和可行性，注重标准项目系统性和完整性，强化与法律法规及现行标准的协调性。

只要符合上述条件，任何组织和个人都可以向有关专业的标准化技术委员会提出标准制定修订计划项目的申请。

2）计划项目申报程序

拟承担标准制定项目的组织或个人，首先应提出标准起草工作组组成方案（一般应包含两个以上单位）并填报《推荐性国家标准项目建议书》或《行业标准项目任务书》。申报项目时，还应提交相应的标准草案或标准编制提纲。采用国际标准、国外先进标准的项目应提交相应的原文和中文翻译稿。检验、测试、校准方法标准项目应提交相应的研究报告或实验验证报告。《项目建议（任务书）》需经单位审核（盖章）。建议书、任务书和草案或标准编制提纲应分别以纸质文件和电子文件方式申报，所有申报材料的电子版与纸质版内容应相同。

专业标准化技术委员会或分技术委员会（或技术归口单位）收到立项申请后，应进行初审，并经专标委或分标委审查通过后，在立项报告上签署意见并填写《标准项目计划汇总表》，连同其他申报材料一并报送油标委秘书处。

专标委或分标委秘书处在办理申报标准计划项目的审核过程中，应注意标准负责起草单位和起草人的资格审查。标准主要起草人应具备以下条件：

（1）从事此项科技、生产及专业技术工作的骨干，有较扎实的理论基础和实践经验。

（2）了解国内外相关科技的水平和标准信息。

（3）经过标准化知识的培训，有起草标准的能力，持有油标委统一颁发的《标准化资质证书》。

3）项目计划草案的编制

油标委和全国油气标委秘书处收到专标委或分标委（或技术归口单位）申报的国家标准、行业标准制定修订计划立项的有关材料后，应组织进行立项规范性审查、项目汇总和计划草案编制工作。其间应进行计划草案初审，并可召开秘书长联席会议进行计划草案的协调。油标委和全国油气标委秘书处应于油标委和全国油气标委年会前完成计划草案的编制工作，以提交油标委和全国油气标委年会审查。

4）项目计划的审批和下达

石油天然气国家标准和行业标准制定修订项目计划经油标委和全国油气标委年会审查通过后，分别报送国务院标准化主管部门和国务院石油行业行政主管部门批准。

经批准的年度《标准制定修订项目计划》，以油标委和全国油气标委文件发送各专标委或分标委实施，并抄报中国石油、中国石化和中国海洋石油三大集团公司。

5）项目计划执行情况的检查

专标委或分标委应于每年12月底向石油工业标准化技术委员会秘书处函报计划执行情况。

6）项目计划的调整

对标准项目计划根据实际情况需要调整的应以负责起草单位名义向相应专业标准化技术委员会提出书面申请，由专标委或分标委向油标委和全国油气标委秘书处提交书面报告，并附《标准项目计划调整申请表》，说明要求延期或撤销项目的理由。撤销计划项目必须以计划下达部门的正式文件为准，不得自行撤销或用其他项目顶替。

每年1月底以前，油标委和全国油气标委秘书处将上年度计划执行情况和项目计划调整申请报送国务院标准化主管部门和国务院石油行业行政主管部门。

3. 标准的起草

（1）标准起草工作组应于起草前研究标准编写的工作分工，讨论提出执行计划的措施及办法。

（2）起草工作组在调研、试验验证的基础上，编写标准征求意见稿和编制说明。

编制说明主要包括以下内容。

① 任务来源、起草工作简要过程、主要参加单位和工作组成员等。

② 编写原则和确定标准主要内容的依据（如主要技术指标、性能、试验验证报告、经验总结、文献资料等）；若为修订标准，还应列出对前版技术内容修改情况的说明及新旧标准水平对比情况等。

③ 技术经济分析论证和预期的经济效益，或主要试验验证情况和预期达到的效果。

④ 采用国际标准和国外先进标准情况（说明采用程度及版本、与采用对象的技术差异及理由）及水平对比。

⑤ 与现行法律、法规、政策及相关标准的协调性。

⑥ 贯彻实施标准的措施和建议。

⑦ 需要修订或废止其他标准的建议及说明。

⑧ 其他应予说明的事项。

4. 标准的征求意见

标准起草工作组在完成标准征求意见稿及编制说明等有关附件后，经技术委员会主任委员同意，由专标委或分标委秘书处（或委托负责起草单位）行文，送专标委或分标委委员、专家以及相关生产、销售、科研、检测等有关单位和相关专业标准化技术委员会广泛征求意见，同时通过石油工业标准化信息网广泛征求意见。收到征求意见稿的单位和个人应按规定的时间将修改意见返回专标委或分标委秘书处。专标委或分标委委员有义务对征求意见稿提出修改意见。征求意见的回函周期为一个半月。

标准起草工作组应将返回意见进行研究、汇总处理，准确填写《征求意见稿意见汇总处理表》，并对征求意见稿进行修改，形成标准送审稿（技术审查稿）。若根据回复意见对征求意见稿进行了重大修改，则应再次征求意见。

5. 标准的审查

1）标准草案审查的步骤和形式

专标委或分标委秘书处认为标准送审稿具备审查条件时，应组织技术审查并进行投票表决。技术审查和投票表决可分为会议和函审两种形式。技术审查一般采用会议审查，对强制性标准以及技术、经济和社会意义重大，涉及面广，分歧意见较多的标准送审稿应当进行会议审查。委员审查可在年会上进行，亦可以函审的方式进行。

2）标准送审稿的技术审查

专标委或分标委秘书处应于审查会前一个月行文通知参加会审的专家、委员、相关专业标准化技术委员会和有关单位，同时抄报油标委和全国油气标委秘书处。行文通知时，需附标准草案送审稿、征求意见稿意见汇总处理表及编制说明等有关附件。

审查会由专标委或分标委秘书处组织召开。参加会审的专家应对所审查的标准技术内容负责。对审查的标准送审稿（技术审查稿）经专家讨论修改后，原则上应一致通过。对于有争议条款，应以到会专家四分之三以上同意为通过。

技术内容的审查应从标准的协调一致性、科学先进性、完整配套性、可操作适用性等方面进行审查。

协调一致性是指标准的技术内容应符合相关法律、行政法规、部门规章和石油行业政策的规定，标准内容符合相关强制性标准的要求。所制定的标准应与国家标准和行业标准的基本要求不相违背，与上层的方法标准、基础标准等相协调。所制定的标准应与同层级标准相协调，制定的企业标准应与现行基础标准和管道技术领域有关标准内容相协调。标准与其他领域标准存在需要协调处理的内容，应提供相关标准并详细介绍需协调处理问题的具体内容，同时提出需要协调的技术意见。充分考虑所制定的标准与相关标准在适用范围上相协调。

科学先进性是指标准的研制过程应符合公认的科学原理与技术要求，设计严密、技术内容和数据准确可靠，资料完整。标准的技术内容应有利于促进技术进步、生产管理，应尽可能反映科学技术的先进成果和生产中的先进经验。方法类标准应经过三家以上机构的验证。标准中所规定的技术指标、试验方法、操作步骤、工作原理等内容应有充分的试验数据、科学合理的出处等作为标准所确立内容的依据。所制定的标准应充分考虑本领域中的最新技术水平，保证所制定的标准可推动该领域的技术发展。

完整配套性是指标准的编写应考虑标准要素、内容的系统性。标准各要素所规范的内容应清楚、准确、相互协调，标准内容完整，逻辑严密。系列标准、部分标准的结构和要素应相互配套。

可操作适用性是指标准的技术内容应符合企业的需求，在实际工作中有较强的实用性和操作性，可被企业接受，并能在企业得到充分的应用。标准内容应符合公司现有的技术条件、设备情况、人员水平、资金投入等，符合公司的工作特点。标准应便于实施。标准的内容应便于被其他文件所引用。标准的条款设置要合理，各术语、图、表、公式、附录应编号，要利于其他标准所引用。

对标准送审稿（技术审查稿）审查后，需形成会议纪要，提出审查结论和《会（函）审意见汇总处理表》，必要时还应同时提出"标准发布后的实施建议"。上述要求，均需由与会代表讨论通过。

审查会议纪要主要内容包括：会议概况、会议代表名单、标准送审稿的修改意见、有争议条款的各方意见及处理结论、标准审查结论、相关专业标准化技术委员会的认可意见、下一次审查安排及需继续协调处理的有关事宜等。

标准审查结论应至少包含两个内容，一是对标准的水平进行客观评价；二是对标准通过与否做出结论。通过与否的结论可分别用以下规范用语表述：一致通过、四分之三多数通过、需重新审查。

3）标准送审稿的委员审查

标准送审稿（技术审查稿）经技术审查形成标准送审稿（表决稿）后，应送专标委或分标委委员进行会审并投票表决。表决时，需有全体委员的四分之三以上同意，方为通过。

特殊情况对标准送审稿进行函审时，应由专标委或分标委秘书处行文通知全体委员，除应附标准送审稿、征求意见稿意见汇总处理表及编制说明等有关附件外，还应随文附《行业标准送审稿函审单》一份。采用函审时，应符合下列要求。

（1）函审应规定回函期限，一般要求在通知发出之日起的一个半月内返回专标委或分标委秘书处。

（2）函审结束，应根据回函情况，整理并如实填写《会（函）审意见汇总处理表》和《标准送审稿函审结论表》。函审以全体委员的四分之三同意为通过，否则，负责起草单位应按函审返回意见修改后，交专标委或分标委秘书处重新组织审查。

（3）《标准送审稿函审结论表》的填写主要由专标委或分标委秘书处完成；《会（函）审意见汇总处理表》的填写及标准草案的修改，应由负责起草单位完成。为便于汇总、整理和修改，专标委或分标委秘书处应及时将返回的所有意见复制一份，并提出原则性处理意见，一并送负责起草单位。函审返回意见的原件，由专标委或分标委秘书处留存，以备标准报批审核时查对。

若标准送审稿（表决稿）未能一次通过，需进行修改并由专标委或分标委秘书处再次组织表决。

会议审查时未出席会议，也未说明意见者，以及函审时未按规定时间投票者，按弃权计票。

6. 标准的报批

标准审查通过后，负责起草单位应按审查通过的修改意见在要求的期限内（一般不超过一个半月）整理完成标准报批稿及编制说明。

负责起草单位按有关附件要求签署意见盖章后，行文上报专标委或分标委秘书处办理报批。随文附件包括：（1）标准报批稿；（2）标准编制说明；（3）标准送审稿；（4）征求意见稿意见汇总处理表；（5）会（函）审意见汇总处理表；（6）行业标准申报单；（7）采用的国际标准或国外先进标准原文（复印件）和译文；（8）墨线图。以上文件的电子文档应同时上报。

专标委或分标委秘书处在收到报批文件材料后，应对报批材料进行认真审阅。审阅工作一般应在一个月内完成，确认无误后履行下列手续。

（1）将上述要求上报附件的（1）~（7）各留一份备案。

（2）在《标准申报单》的相应栏目签署审核意见，经专标委或分标委主任（或副主任）委员签字，并加盖专标委或分标委印章。

（3）按要求在标准报批稿封面的相应位置上标注国际标准分类号（ICS）和中国标准文献分类号。

（4）行文报油标委和全国油气标委秘书处（或技术归口单位）复核。报批材料除应附负责起草单位上报的附件外，还应按规定份数提交下列附件：标准审查会议纪要，附参加会审代表名单；委员投票表决结论表；报批行业标准项目汇总表。

（5）油标委和全国油气标委秘书处（技术归口单位）在收到专标委或分标委的报批材料后，应在报批公文上签字验收，并返回有关专标委或分标委秘书处一份。标准报批稿的复核工作，一般应在2个月内完成。

（6）标准复核主要进行形式和规范性审查，审查内容：

① 报批材料及附件是否齐全并符合有关规定。

② 标准的编写是否符合国家标准化工作导则的有关规定。

③ 与国家有关法律、法规有无抵触。

④ 与其他行业标准之间或本标准内各项规定之间是否协调一致。

⑤ 计量单位是否符合法定计量单位的要求。

（7）在办理标准报批时，对不符合报批要求的标准草案或其他附件，油标委和全国油气标委秘书处、专标委或分标委秘书处均应行文退回，一般要求负责起草单位或专标委或分标委秘书处自收到之日起 30 日内完成修改，合格后重新报批。

（8）标准复核工作完成后，国家标准由油标委秘书处填写《国家标准申报单》相关栏目后按要求报送国家标准审查部。行业标准由油标委秘书处统一编号，填写《行业标准申报单》相关栏目后经"行业标准化管理机构"中国石油天然气集团公司按要求报送国家能源局。

7. 标准的公布

国家质量监督检验检疫总局和中国国家标准化管理委员会批准发布；行业标准由国家能源局批准发布。

8. 标准的出版发行

送交出版的标准出版稿应符合编辑出版要求。如在出版过程中发现有问题，需要对标准的技术内容进行更改，需由有关技术归口的专标委或分标委行文申请，油标委和全国油气标委秘书处行文报请主管部门批准后方可更改。

行业标准的出版周期应控制在 3 个月以内。

（三）标准制定修订的快速程序

制定修订标准的快速程序是在正常标准制定程序的基础上省略起草阶段或省略起草阶段和征求意见阶段的简化程序。

符合下列情况之一的项目，可申请采用快速程序：

（1）等同采用国际标准和国外先进标准制定行业标准的项目，可在正常标准制定程序的基础上省略起草阶段。

（2）现行国家标准、行业标准的修订项目。

（3）现行企业标准转化为行业标准或其他标准转化为国家标准的项目。

（4）国家标准转化为行业标准的项目。

采用快速程序的项目，应在《标准项目任务书》中说明理由。

在执行标准制定修订项目计划过程中，如需由快速程序转为正常程序，或由正常程序转为快速程序时，应按要求填写《标准计划项目调整申请表》，并按有关计划项目调整的规定办理。

（四）标准的复审与废止

标准实施后，专标委或标准技术归口单位应根据科学技术发展和经济建设的需要对标准定期进行复审。国家标准和行业标准的复审周期一般不超过五年。

油标委秘书处于每年的年初下达当年标准的复审计划。各专业标准化技术委员会对负责归口的复审项目均应按当年复审计划（并可根据需要补充复审项目），组织复审。各专标委应成立复审项目专业审查组，一般应有原起草单位的人员参加。

复审结束后，专标委应填写《标准复审结果报表》。复审结论建议应明确填写：继续有效、修订、废止或修改。

（1）不需要修订的标准应确认为继续有效，确认继续有效的标准，不改年号。当标准再版时，在标准封面的标准编号下写明"××××年确认有效"字样。

（2）经复审确定需修订的标准，可按标准立项申报的要求，提出修订申请，列入下一年度计划。

（3）对应予以废止的标准，由审批部门批准废止。

（4）当因个别技术内容影响标准使用，需要对标准的技术内容只作少量修改时，可以采用"标准修改单"的方式修改，由专标委秘书处行文，用标准修改单的形式填写修改事项，报油标委秘书处复核，由审批部门批准并行文发布，同时在指定的刊物上刊登公布。

负责组织复审的专标委（技术归口单位）在复审结束后，应写出复审报告（内容包括复审简况、复审结论及处理意见），复审报告经委员会通过后，将复审报告连同规定的有关附件，报油标委秘书处，由油标委秘书处办理审批手续。

第三节　油气管道标准体系现状

一、国内油气管道标准体系现状

（一）标准总体情况

油气管道行业目前形成了以全国石油天然气标准化技术委员会为主体的国家标准、行业标准和企业标准共存发展的局面。目前，我国管道已经构建起了涵盖设计、施工、验收到运行管理、维修维护、报废封存的全生命周期范围，涉及工艺、防腐、完整性、机电、自动化、计量、信息到安全、环保等近20个专业技术领域的技术标准体系，在生产管理实践中发挥了巨大的指导和保障作用。在国标和行标层面，有油气管道相关国行标696项，包括336项国标，占比约为48%，255项石油天然气行业标准，以及105项其他行业标准。

从专业角度看，油气管道标准包括建设与运行总则、管道线路、穿跨越、总图及运输、站场工艺、仪表自动化、通信、电气、防腐保温、建筑与结构、机械设备、供热、通风、给排水、焊接、节能、HSE、消防和完整性等 18 个专业方向，其中站场工艺专业标准最多，为 111 项，其余标准数量较多的专业主要有机械设备、电气和防腐保温专业等。

1. 国家标准

油气管道相关国家标准主要包括 GB/T 标准、GB 标准、JJG 标准和 JJF 标准，其中 GB/T 标准有 194 项，GB 标准有 123 项，JJG 标准有 11 项，JJF 标准有 8 项，共 336 项。可以看出我国油气管道国家标准还是以推荐性标准为主，占所有国家标准的 58%。

GB/T 是推荐性国家标准，GB 是强制性国家标准，根据我国标准化法规定：保障人体健康，人身、财产安全的标准和法律、行政法规规定强制执行的标准是强制性标准，其他标准是推荐性标准。强制性标准具有法律效应，规定的技术内容和要求必须执行，不允许以任何理由或方式加以违反、变更。否则对造成恶劣后果和重大损失的单位和个人，要受到经济制裁或承担法律责任。

JJG 是国家计量检定规程，规定计量检定时对计量器具的适用范围、计量特性、检定项目、检定条件、检定方法、检定周期以及检定数据处理等技术要求，是判定计量器具是否合格的法定技术条件，也是计量监督人员对计量器具实施计量监督、计量检定人员执行检定任务的法定依据。JJF 是国家计量技术规范，指国家计量检定系统和国家计量检定规程所不能包含的其他具综合性、基础性的计量技术要求和技术管理方面的规定。油气管道 JJG 标准有 11 项，主要分布在站场工艺、仪表自动化、电气和 HSE 专业。JJF 标准有 8 项，主要分布在站场工艺和仪表自动化专业。

2. 行业标准

油气管道相关行业标准共有 360 项，其中包括 255 项石油天然气行业标准，以及 105 项电力、安全、邮电等其他行业标准。

（二）油气管道标准问题分析

我国油气管道技术标准整体存在的问题主要表现在以下几方面。

1. 标准体系的建设理念有待转变

标准技术水平与国际先进水平相比存在差距，国内油气储运标准化理念机制落后的问题，突出表现在两个方面：一是采用落后的"标准集合"的方式建设企业标准体系，导致标准间的协调、衔接容易出现障碍；二是企业标准体系与生产管理体系脱节，导致标准化对生产管理的促进作用难以充分发挥。

我国油气管道企业现有标准体系由国家标准、行业标准和企业标准按照大类分类组成，标准的编制及技术归口多为不同单位和部门，企业往往在其标准体系中直接纳入其他行业编制的标准。企业标准化工作也大体按专业领域划分为不同专标委进行管理。这样构建的"标准体系"实际上是一个"标准集合"，很难做到系统配套、协调统一，重复、交叉和矛盾的问题不可避免，这正是造成我国油气储运行业工程建设和运行管理标准水平不一致、协调性差的根本原因。

我国油气管道企业标准体系与企业内部 HSE 管理体系、内控体系、规章制度等相对独立，标准体系主要由技术标准组成，与管理相关的内容则分散在 HSE 管理体系、内控体系、规章制度中。标准与生产管理体系的脱节导致两种后果：一是标准的执行处于一种不明确、不受监督的状态，是否需要执行标准，执行什么标准，有没有执行标准均成为未知；二是标准化工作没有成为企业内部业务部门的工作职责，使得内部人员参与标准化工作几乎成为一种业余行为，远远没有发挥出标准化的主体作用。

2. 标准化技术水平与国际先进水平存在差距

受本身技术水平、基础研究和编写理念的限制，目前我国油气储运行业很多较高水平的标准均直接采用国际先进标准，根据自主研究成果编制的技术标准偏少，部分自主编制标准的技术水平也与国际先进标准存在差距，部分标准没有经过充分的理论研究和实践验证，可能存在技术上保守或激进的不合理情况。油气储运行业所执行的工程建设标准，在工程设计标准中体现安全第一、风险预控和完整性管理的认识有待提高；油气站场设计标准在科学性、细节优化以及安全性、人性化考虑方面与国外存在一定差距。很多事故的发生，是因为从源头上就没有做到本质安全。施工阶段的环境保护和生态恢复标准方面存在缺口。新建管道投产运行和工程交接的相关管理和技术标准不够完善，使得工程建设问题往往延续到运行管理阶段才解决，导致安全隐患的存在和大量人力、物力和财力的浪费。此外，针对一些较新的领域，如大型地下储气库建设、天然气液化和 LNG 接收终端的工程设计和施工等，尚需在引进、消化、吸收国外先进标准的基础上，建立适合我国国情的配套系列标准体系。我国油气储运工程建设标准一定程度上还无法满足企业尤其是运营企业的需求，需要尽力通过对标、采标工作提升工程建设标准的水平，实现工程建设标准与运行管理标准的同步协调发展。

我国油气储运行业的运行管理标准近年虽取得显著进步，但在整体技术水平及标准的系统配套性方面，与国外先进企业还有一定差距，运行维护标准的滞后、落后、覆盖不全等问题仍然存在，远未建成完整的、高水平的标准体系。油气储运行业需紧跟业务和科技的发展步伐，在风险评价、在线检（监）测、工艺优化运行与控制、新型防腐材料、管道维抢修、人员防护、环境保护以及管道的数字化、信息化、智能化等方面进一步提升标准的技术水平，完善标准体系，满足整个行业不断发展的需要。此外，有必要在国家层面推动建立健全法律手段、技术法规和配套标准体系，为油气储运设施的安全管理和防止第三方破坏提供坚实保障。

3. 标准的实际应用存在偏差

国外在应用标准时，以满足标准为最低要求，以管道的安全和经济运行为设计、施工和运行的最高目标，企业外部标准多作为基本准则和参考，在满足所有标准要求的前提下，再开展很多专项研究，以实现安全、经济运行的目标。而国内多以达到标准要求为最高目标，甚至将符合国标、行标的最低要求作为企业的最高目标；只考虑部分专项指标是否达到标准要求，而不考虑整体综合性能是否能够满足生产管理需求。虽然随着国内管道法和安全法的颁布，要求工程建设和运行管理都要本着"安全第一"的目标，但从标准上看，实际情况与之存在较大差距。

此外，基于现有标准编写管理体制，鲜有标准是基于专项研究成果结合应用实践编写而成，这直接限制了标准的编写水平和内容的先进性。标准的执行力、技术水平、影响力以及现有标准化管理体制也难以将国内高水平的专家直接吸引到标准编写工作中，导致标准的整体水平较低，适用性不强，不能适应油气储运行业快速发展的需求。

二、油气管道工程建设标准现状

（一）工程建设标准总体情况

油气管道工程建设标准指对油气管道工程建设中各类工程的勘察、设计、施工、安装、验收等需要协调统一的事项所制定的标准，是为在工程建设领域内获得最佳秩序，对建设工程的勘察、设计、施工、安装与验收等活动和结果需要协调统一的事项所制定的共同的、重复使用的技术依据和准则，对促进技术进步，保障工程的安全和质量，实现最佳生产效率、经济效益和社会效益等，具有直接作用和重要意义。工程建设专业标准体系架构如图 3-15 所示。

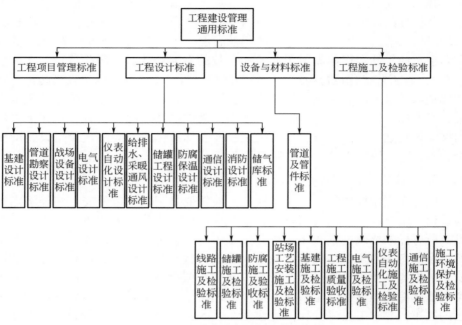

图 3-15　工程建设专业标准体系架构

（二）工程项目管理标准

工程项目管理标准的范围包括油气管道工程项目管理、监理、文件归档安全评价以及竣工验收等方面，是所有工程建设项目管理的通用性标准。

1. GB/T 50319—2013《建设工程监理规范》

适用于新建、扩建、改建建设工程监理与相关服务活动，是各种工程建设项目监理的通用标准。标准规定了在工程建设过程中监理机构及人员的职责、监理工作要求、工程质量控制、工程造价控制、工程进度控制、安全生产管理等工作的要求，以及各种工程变更情况下的处理措施。

2. GB/T 50326—2017《建设工程项目管理规范》

适用于新建、扩建、改建等建设工程有关方面的项目管理，规定了项目管理中各个环节的内容和要求，是建立项目管理组织、明确企业各层次和人员的职责与工作关系，规范项目管理行为，考核和评价项目管理成果的基础依据。主要规定了项目范围管理、项目管理规划、项目管理组织、项目经理责任制、项目合同管理、项目采购管理、项目进度管理、项目质量管理、项目职业健康安全管理、项目环境管理、项目成本管理、项目资源管理、项信息管理、项目风险管理、项目沟通管理、项目收尾管理等内容。

3. SY/T 4116—2016《石油天然气管道工程建设监理规范》

适用于新建、扩建、改建的石油天然气管道建设工程的监理工作，规定了石油天然气管道工程的勘察、设计、设备制造、施工等各阶段的监理工作。本标准结构上与 GB/T 50319 基本保持一致，内容上规定了石油天然气管道工程等级划分，并针对油气管道工程建设中如勘察设计等环节的监理进行了详细规定。

4. SY/T 4124—2013《油气输送管道工程竣工验收规范》

适用于油气长输管道工程项目及其配套设施工程项目的竣工验收，和 SY 4208—2016《石油天然气建设工程施工质量验收规范——长输管道线路工程》的主要区别在于：SY 4208 主要规定了质量验收的技术方法和要求，而 SY/T 4124 侧重于工程项目竣工验收的程序和职责要求；SY 4208 标准的范围小，仅限于工程项目的质量检验，但深度较高，而 SY/T 4124 规定了竣工验收的各个环节，范围较大。标准规定了油气长输管道工程项目竣工验收的条件、竣工验收依据、竣工验收组织、竣工验收准备工作、竣工验收程序、专项验收、项目文件编制要求、竣工验收文件等方面的要求。

（三）工程设计标准

工程设计标准分为基建设计标准、管道勘察设计标准、站场设备设计标准、电气设计标准、仪表自动化设计标准、给排水标准、采暖通风设计标准、储罐工程设计标准、防腐保温设计标准、通信设计标准、消防设计标准等 11 个标准。

1. GB 50016—2014《建筑设计防火规范》

作为 GB 50183—2004 石油天然气工程设计防火规范的补充，GB 50016 通常和 GB 50183 配套使用。GB 50016 适用于厂房、仓库、民用建筑城市交通隧道的建筑的新建及改扩建工程，规定范围更广，包括厂房和仓库、甲乙丙类液体、气体储罐和可燃材料堆场、民用建筑、建筑构造、木结构建筑、城市交通隧道的防火要求，以及灭火救援设施、消防设施、暖通及空调设施、电气设施等设施的技术要求。

2. GB 50251—2015《输气管道工程设计规范》

输气管道工程设计方面的纲领性标准，适用于陆上新建、扩建和改建输气管道的工程设计。规定了输气管道的工艺、线路、管道及管道附件结构、输气站、地下储气库地面设施、仪表与自动控制、通信、辅助生产设施设计以及输气管道焊接与检验、清管与试压、干燥与置换等方面的设计原则与技

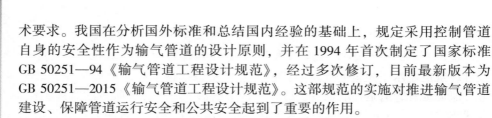

术要求。我国在分析国外标准和总结国内经验的基础上，规定采用控制管道自身的安全性作为输气管道的设计原则，并在 1994 年首次制定了国家标准 GB 50251—94《输气管道工程设计规范》，经过多次修订，目前最新版本为 GB 50251—2015《输气管道工程设计规范》。这部规范的实施对推进输气管道建设、保障管道运行安全和公共安全起到了重要的作用。

3. GB 50253—2014《输油管道工程设计规范》

输油管道工程设计方面的纲领性标准，适用于陆上新建、扩建和改建的输送原油、成品油、液化石油气管道工程的设计。规定了输油管道的输送工艺、线路、管道及管道附件和支撑件、输油站、管道监控系统、通信以及输油管道的焊接、焊接检验与试压等方面的设计原则与技术要求。我国在 1994 年首次制定了国家标准 GB 50253—94《输油管道工程设计规范》，经过多次修订，目前最新版本为 GB 50253—2014《输油管道工程设计规范》。最初规范只适用于原油管道的工程设计，新版标准新增了成品油和液化石油气（LPG）的输送工艺。这部规范的实施对于推进输油管道建设、保障管道运行安全和公共安全起到了重要的作用。

4. GB 50423—2013《油气输送管道穿越工程设计规范》

油气输送管道穿越工程设计规范适用于油气输送管道在陆上穿越天然或人工障碍的新建和扩建工程设计，规定了挖沟法穿越、水平定向钻穿越、隧道法穿越、铁路公路穿越等穿越方式所适用的情况和方法，并且规定了焊接、试压和防腐的技术要求。

5. GB 50459—2017《油气输送管道跨越工程设计规范》

油气输送管道跨越工程设计规范适用于地震动峰值加速度小于或等于 0.4g 地区的新建或改扩建输送原油、成品油、天然气、煤气、常温输送液化石油气等钢制管道跨越工程的设计。规定了管道跨越工程测量与勘察、结构分析、结构设计、地基基础、构造要求、抗震设计、跨越管道施工要求等内容。规范用于指导油气管道跨越工程的勘察测量与结构设计，通过结构分析计算确定跨越的形式。

6. GB 50074—2014《石油库设计规范》

适用于新建、扩建和改建的石油库设计，不适用于油气田的油品站场、地下石油库。主要规定了石油库的库址选择、库区布置、储罐区、可燃液体泵站、可燃液体装卸设施、工艺及热力管道、消防、给排水、电气、自动化、采暖通风设施等方面的设计要求。

7. SY/T 6968—2013《油气输送管道工程水平定向钻穿越设计规范》

适用于陆上油气输送管道采用水平定向钻穿越人工或天然障碍物的工程设计，规定了水平定向钻穿越位置选取、工程勘察、场地布置、穿越曲线设计、底层处理、管道应力校核、防腐与防护、焊接与试压等方面的工作流程与要求。

8. GB 50341—2014《立式圆筒形钢制焊接油罐设计规范》

立式圆筒形钢制焊接油罐设计规范适用于储存石油、石化产品及其他类似液体的常压和接近常压立式圆筒形钢制焊接油罐的设计，不适用于埋地、储存毒性程度为极度和高度危害介质、人工制冷液体储罐的设计。主要内容包括了储罐材料、罐底设计、管壁设计、固定顶、内浮顶、浮顶罐、附件的设计，以及预制、组装、焊接及检验的技术要求。

9. GB/T 50538—2010《埋地钢质管道防腐保温层技术规范》

《埋地钢质管道防腐保温层技术规范》适用于输送介质温度不超过120℃的埋地钢制管道外壁防腐层与保温层的设计、预制及施工验收。主要规定了防腐保温层的结构、材料技术要求、防腐保温管道预制、质量检验要求、标识、储存与运输、补口及补伤、安全卫生与环保以及竣工文件等内容的技术要求。本标准不包括防腐层选型以及运行维护管理等内容。

10. GB 50183—2015《石油天然气工程设计防火规范》

由于2016年6月24日住建部发布了暂缓实施《石油天然气工程设计防火规范》（GB 50183—2015）的通知，因此目前执行的版本仍为GB 50183—2004。规范适用于新建、扩建、改建的陆上油气田工程、管道站场工程和海洋油气田陆上终端的防火设计。规定了照常内部区域布置、石油天然气站场总平面布置、石油天然气站场生产设施、油气田内部技术管道、液化天然气站场的布置要求和防火要求，以及消防设施、电气等系统的防火技术要求。

11. GB 50351—2014《储罐区防火堤设计规范》

适用于地上储罐区的新建、改建、扩建工程中的防火堤、防护墙的设计，不适用于非液态储罐区的设计。规定了防火堤、防火墙的布置、选型与构造以及防火堤强度计算及稳定性验算方法等内容。标准中推荐使用土筑防火堤，同时也对钢筋混凝土防火堤、砌体防火堤、夹芯式防火堤的构造和技术要求进行了规定。

（四）设备与材料标准

设备与材料标准主要包括钢管及法兰、快开盲板等管件的技术标准。

1. GB/T 2102—2006《钢管的验收、包装、标志和质量证明书》

标准适用于钢管的验收、包装、标志和质量证明书，不适用于产品标准有特殊规定的情况。规定了钢管的验收、包装、标志和质量证明书的一般技术要求。标准主要为钢管生产企业的通用性标准，管道企业可以参考本标准进行钢管的验收与检验。

2. GB/T 9711—2017《石油天然气工业管线输送系统用钢管》

标准适用于石油天然气输送用的无缝钢管和焊接钢管，不适用于铸铁管。标准使用重新起草法，修改采用自 ISO 3183—2012《石油天然气工业管线输送系统用钢管》，规定了石油天然气输送管道的钢管等级、交货状态、验收检验、涂层、记录保存以及装载等方面的技术要求。

（五）工程施工及验收标准

1. SY 4200—2007《石油天然气建设工程施工质量验收规范通则》、SY 4201～4213—2007《石油天然气建设工程施工质量验收规范》

SY 4200～4213 是石油天然气建设工程施工质量验收规范系列标准，适用于油气长输管道、站场工艺管道以及各类附属设施的施工工程质量验收。石油天然气工程质量验收标准从 1988 年以前的《石油工业施工验收标准》，到 1988～1993 年期间试行的《石油工程建设质量检验评定标准》，1993 年正式发布了 SY 4024—93《石油工程建设质量检验评定标准》，直到 2007 年集中发布的石油天然气建设工程施工质量验收系列标准，经历了从无到有，逐渐完善的过程。系列标准采取了验评分离、强化验收、完善手段、过程控制的十六字方针，将"施工及验收规范"及"质量检验评定标准"两类标准规范中的"验收"方面的内容集中起来，形成"验收规范"，而将其中属于施工技术、检查评定的内容分离出来作为非强制性的标准，这样强化了验收环节，以确立其重要作用。石油天然气建设工程施工质量验收规范系列标准的实行有利于提高石油天然气工程建设质量水平，促进与国际接轨。

2. GB 50540—2009（2012 版）《石油天然气站内工艺管道工程施工规范》

适用于新建或改（扩）建原油、天然气、煤气、成品油等站内工艺管道工程的施工，不适用于炼油化工厂等场内管道以及设备本体内部的管道。规定了站内工艺管道施工的准备、材料、管道附件、撬装设备的检验与储存、下料与加工、管道安装、焊接、管道开挖、下沟与回填、吹扫与试压、防腐和保温、健康、安全与环境、工程交工等方面的内容与要求。

3. GB 50128—2014《立式圆筒型钢制焊接储罐施工规范》

标准适用于储存石油、石化产品及其他类似液体的常压和接近常压的立式圆筒形钢制焊接储罐罐体及与储罐相焊接附件的施工，不适用于埋地、储存极度和高度危害介质、人工制冷液体的储罐。内容主要包括了储罐材料的验收、预制、组装、焊接、检查及验收等内容的技术要求。

4. GB 50424—2015《油气输送管道穿越工程施工规范》

标准适用于新建或改（扩）建的输送原油、天然气、煤气、成品油等管道穿越障碍物工程的施工，标准中规定了定向钻法穿越、顶管法穿越、盾构法穿越、竖井施工、开挖穿越和矿山隧道法穿越的具体方法和技术要求，以及穿越工程施工中的施工准备、材料准备、管道安装、管道清管以及交工验收各个环节的具体内容和技术要求。

5. GB 50460—2015《油气输送管道跨越工程施工规范》

标准适用于新建或改扩建的油气输送管道跨越人工或天然障碍物工程的施工，不适用于沿既有桥梁敷设的管道施工。规定了油气管道跨越工程的施工前准备、材料、配件供应及检验、测量与放线、基础施工、塔架施工、跨越管道安装就位、焊接检验、试压清管、防腐保温等环节的施工技术要求，以及悬索式跨越施工、斜拉索式跨越施工、桁架式跨越施工和其他形式的跨越施工方法。标准规定了管道跨越施工工程的各个环节的内容和技术要求，不包括各种跨越施工方式的选择方法。

6. GB 50235—2010《工业金属管道工程施工规范》

标准适用于设计压力不大于42MPa，设计温度不超过材料允许使用温度的工业金属管道工程的施工及验收，规范适用的工业金属管道主要是指利用金属管道元件配制而成的用于输送工艺介质的工艺管道、公用工程管道以及其他辅助管道，并不包括油气长输管道。工程现场使用的工业金属管道标准不得低于该规范的规定。规范最初版本为GB 50235—1997，经过多次修订目前最新版本为GB 50235—2010。规范规定了工业金属管道的分级、管道元件和材料的检验、管道加工、管道焊接和焊后热处理、管道安装管道检查检验及试验、管道吹扫与清洗等方面的施工过程和技术要求。通常与GB 50184—2011《工业金属管道工程施工质量验收规范》配合使用。

7. GB 50369—2014《油气长输管道工程施工及验收规范》

油气长输管道工程验收的通用标准，内容涵盖全面。适用于新建或改、扩建的陆地长距离输送石油、天然气、成品油管道线路工程的施工及验收，不适用油气站场内部的工艺管道、油气田技术管道以及城镇燃气输配管网的改造、大修工程的施工及验收，目前最新版本为 GB 50369—2014。本规范规定了油气长输管道的施工准备、材料、管道的组建验收、交接桩及测量放线、施工作业带清理及施工便道修筑、材料、防腐管道的运输及保管、管沟开挖、布管及现场坡口加工、管口组队、焊接及验收、管道的防腐和保温、管道下沟及回填、管道的穿跨越和同沟敷设、管道的清管测径及试压、输气管道干燥、管道附属工程、工程交工验收等方面的施工过程和技术要求。

8. GB 50517—2010《石油化工金属管道工程施工质量验收规范》

标准适用于设计压力不超过 42MPa、设计温度不低于−196℃的石油化工金属管道工程的施工质量验收。规范规定了管道分析、管道材料验收、管道预制、管道焊接、管道安装、管道焊接检查和检验、管道试验、管道吹扫以及管道交工等方面的施工流程和技术要求。规范与 GB 50235—2010《工业金属管道工程施工规范》的主要区别在于，GB 50235 的适用范围为除核能、矿井、动力、公用、长输管道以外的所有工业管道，而 GB 50517 使用范围仅为石油化工金属管道，很明显两个标准对应的管道范围是不一样的，GB 50235 的范围广泛，GB 50517 针对性强且更为严格，很大程度上该标准和 SH 3501《石油化工有毒、可燃介质钢制管道工程施工及验收规范》有许多相似之处。一般石化行业的工程上，设计会将 GB 50517 和 SH 3501 写在设计说明书中，施工单位应按较严格的标准执行。

9. GB/T 31032—2014《钢质管道焊接与验收》

标准非等效采用 API Std 1104：2010《钢质管道焊接及验收》，适用于原油、成品油、燃气、二氧化碳、氮气等介质的新建管线、在役管线和返修管线的焊接。适用的焊接方法为焊条电弧焊、埋弧焊、熔化极及非熔化极气体保护电弧焊、药芯焊丝电弧焊、等离子弧焊、气焊或其组合、焊接方式包括手工焊、半自动焊、机动焊、自动焊或其组合。使用的焊接位置为固定焊、旋转焊或其组合。标准还规定了射线检测、磁粉检测、渗透检测和超声检测的工艺及采用破坏性试验或采用射线、磁粉、渗透、超声和外观检测的现场焊缝验收标准。

10. GB 50236—2011《现场设备、工业管道焊接工程施工及验收规范》

标准适用于碳素钢、合金钢、铝及铝合金、铜及铜合金、钛及钛合金（低合金钛）、镍及镍合金、锆及锆合金材料的焊接工程的施工，适用的焊接方法包括气焊、焊条电弧焊、埋弧焊、钨极惰性气体保护电弧焊、熔化极气体保护电弧焊、自保护药芯焊丝电弧焊、气电立焊和螺柱焊。标准主要应用于工程建设施工现场设备和工业金属管道的焊接，不适用于施工现场组焊的锅炉、压力容器的焊接，不适合钎焊的焊接，通常与 GB 50683—2011《现场设备、工业管道焊接工程施工质量验收规范》配合使用。主要内容包括了焊接工艺评定、焊接技能评定、碳素钢及合金钢、铝及铝合金、铜及铜合金、钛及钛合金、镍及镍合金、锆及锆合金焊接的工艺要求、焊接检验及焊接工程交接等内容。

11. SY/T 0452—2012《石油天然气金属管道焊接工艺评定》

标准等效采用自 ASME IX《锅炉及压力容器规范 焊接和钎焊评定》，适用于陆上石油天然气工程（不含炼油工程）中各类金属管道气焊、焊条电弧焊、钨极气体保护焊、熔化极气体保护焊、自保护管状药芯焊丝自动及半自动焊、埋弧自动焊及其组合等方法的焊接工艺评定，规定了石油天然气工程建设中的金属管道焊接的工艺的评定规则、试验方法和合格标准。工程上大多采用本标准进行油气站场、压力站、泵站管网等方面的焊接工艺评定。

12. SY/T 4125—2013《钢制管道焊接规程》

标准适用于输送介质为气体、液体和浆体的长输管道及油气田集输管道的安装焊接，管道材质为碳素钢、低合金钢、奥氏体不锈钢、不锈钢复合管，焊接方法为钨极氩弧焊、焊条电弧焊、熔化极气体保电弧焊（包括自保护半自动焊、气体保护半自动焊和气体保护自动焊）、埋弧焊以及上述方法相互组合的方法。内容主要包括了管道焊接的通用规程和专项规程，是在 GB/T 31032 基础上的深入和细化。

13. SY/T 4109—2013《石油天然气钢质管道无损检测》

标准适用于石油天然气长输、集输及其站场的钢质管道工程焊接街头的射线检测、射线数字成像检测、产生检测、磁粉检测和渗透检测等五种检测方法及质量分级。内容包括了上述 5 种检测方法各自的特点、适用的情况、检测方法、技术要求、质量分级等。

三、油气管道运行维护标准现状

（一）运行维护标准总体情况

油气管道运行维护标准是指为明确油气管道运行管理与维护项目与技术要求，对油气管道设施的运行维护操作实施有效的控制所制定的标准，油气管道运行维护标准对保障油气管道的安全高效运行具有重要意义。油气管道运行维护标准体系包含了油气管道运行管理标准和维抢修标准，运行维护专业标准体系架构如图 3-16 所示。

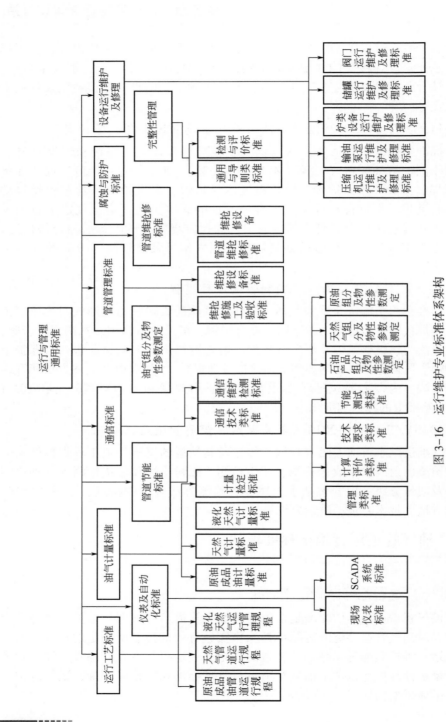

图 3-16 运行维护专业标准体系架构

（二）运行工艺标准

运行工艺标准包括原油、成品油管道运行规程、天然气管道运行管理规程和液化天然气运行管理规程，除通用的运行管理标准之外，还包括针对各条管线特点制定的运行规程。

1. GB/T 24259—2009《石油天然气工业管道输送系统》

标准修改采用自 ISO 13623：2000《石油天然气工业管道输送系统》，适用于陆上及近海管道系统的设计、材料、施工、试验、操作、维护及报废等方面的要求。主要内容包括管道系统设计、管道及主要配管设计、站场和终端设计、材料和涂层、腐蚀管理、施工、试压、投产、操作维护及报废等方面的技术要求。标准规定涵盖的范围全面。内容主要是原则性条款，规范了油气管道从设计施工到运行维护各个阶段的因素和内容。

2. SY/T 5536—2016《原油管道运行规范》

标准规定了原油输送管道的投产、运行中的技术与管理及安全性要求。内容主要包括工艺参数、管道投产、运行与控制、站场管理、站外管道、应急预案等方面的技术和管理要求。标准的内容主要在 GB 50253 的基础上进行了进一步要求和细化，对原油管道运行管理中的各个环节提出了具体的要求。

3. SY/T 5922—2012《天然气管道运行规范》

标准规定了输送经净化后的天然气管道的气质要求、试运投产、运行管理、维护等方面的技术要求。内容主要包括天然气管道的气质要求、管道运行管理、管道线路管理以及在役管道的压力试验等方面的技术要求。标准的内容主要在 GB 50251 的基础上进行了进一步要求和细化，对天然气管道运行管理中的各个环节提出了具体的要求。

4. SY/T 6695—2014《成品油管道运行规范》

标准规定了陆上成品油管道试运、投油、运行和维护的一般技术要求，适用于输送汽油、柴油、喷气燃料的陆上成品油管道的运行。主要内容包括生产准备、投油技术要求、运行维护一般要求、工艺运行操作、经济运行、设备操作与维护、管道管理、应急计划等方面的技术要求。本标准的内容主要在 GB 50253 的基础上进行了进一步要求和细化，对成品油管道运行管理中的各个环节提出了具体的要求。

（三）管道管理标准

管道管理标准规定了管道标记设置、公众警示程序以及安全预警等方面的技术和管理要求。

1. SY/T 6827—2011《油气管道安全预警系统技术规范》

标准适用于主要针对油气管道被第三方破坏所用的油气管道安全预警系统的选择、安装、施工、测试、验收及维护管理，规定了各类预警技术的选择原则和适用范围、安装施工与技术指标、现场测试与验收、维护管理等方面的技术要求。

2. SY/T 6828—2017《油气管道地质灾害风险管理技术规范》

标准适用于陆上长距离输送原油、成品油、天然气、煤层气和煤制气管道的管道地质灾害风险管理。地质灾害包括岩土类灾害、水力类灾害和构造类灾害。不适用于油气站场内的工艺管道、城镇燃气管道和炼化企业内部的管道。

（四）管道维抢修标准

管道维抢修标准包括维抢修施工及验收标准和管道维抢修设备标准。

1. SY/T 6649—2006《原油、液化石油气及成品油管道维修推荐作法》

标准是修改采用自 API RP 2200：1994《原油、液化石油气及成品油管道的维修》，强调安全和环境问题，并根据我国国情做了技术性的修改，主要加强了与原材料、产品及运行相关的社会团体沟通等要求，适用于原油、液化石油气及成品油管道维修的安全指导工作。

2. Q/SY 1671—2014《长输油气管道维抢修设备及机具配置规范》

标准适用于新建、在役长输油气管道工程维抢修机构的设备和机具配置工作。规定了长输油气管道维修队、维抢修队和维抢修中心功能和维抢修设备机具基本配置要求。

（五）管道腐蚀与防护标准

管道腐蚀与防护标准规定了油气管道及储罐的防腐和阴保技术要求及试验方法。

1. GB/T 23258—2009《钢质管道内腐蚀控制规范》

标准为非等效采用腐蚀工程师国际协会标准 NACE SP 0106—2006《钢制管道和管道系统的内腐蚀控制准则》，适用于输送石油、天然气、水等介质的钢制管道的内腐蚀控制，规定了钢制管道的内腐蚀控制设计准则、控制内腐蚀的方法、腐蚀检测和监测效果评定等内容的基本要求。

2. GB/T 21447—2018《钢制管道外腐蚀控制规范》

标准适用于陆上新建、改扩建的输送介质温度低于100℃的油、气、水的管道的外腐蚀控制，输送其他介质或介质温度在100℃以上的油、气、水管道也可参照本标准。标准规定了钢质管道的外腐蚀工程设计、施工及管理等应遵循的最低要求，主要内容包括防腐层设计设计、阴极保护设计、干扰电流控制、施工与验收、运行维护及管理的技术要求。该标准与 GB/T 50538—2010《埋地钢质管道防腐保温层技术标准》的主要区别在于该标准规定了防腐层的选型设计要求，且该标准中的施工与验收部分内容为纲领性要求，主要内容为施工与验收的责任要求和各环节应符合的标准，未规定施工验收的详细做法，并且规定了外防腐层的运行维护及管理要求。

3. GB/T 21448—2017《埋地钢质管道阴极保护技术规范》

标准为非等效采用了 ISO 15589—1：2015《管道输送系统的阴极保护第 1 部分：陆上管道》，标准在 ISO 15589—1：2015 的基础上，将 SY/T 0019—1997《埋地钢质管道牺牲阳极阴极保护设计规范》和 SY/T 0036—2000《埋地钢质管道强制电流阴极保护设计规范》两项标准中的相关内容纳入了该标准，同时结合我国管道阴极保护的实践。标准适用于埋地钢质油、气、水管道的外壁阴极保护，规定了埋地钢质管道的阴极保护设计、施工、测试与管理的最低技术要求。

4. GB 50393—2017《钢质石油储罐防腐蚀工程技术标准》

标准对钢结构表面处理、涂装论述详细，在同类行业中有明显的先进性，具有指导性。标准适用于新建储罐的防腐工程，规定新建钢制石油储罐的防腐工程的设计、施工、验收、运行维护与检测等内容的基本规定和技术要求。

5. SY/T 0320—2010《钢质储罐外防腐层技术标准》

标准适用于储存介质温度不超过60℃且无保温层的地上储罐外防腐层、低于100℃的保温储罐保温层下的防腐层，以及洞穴储罐外防腐层的设计、施工及验收。主要内容包括了防腐层材料要求、防腐层材料要求、防腐层施工、防腐层质量检验、防腐层修补、复涂及重涂、交工资料等内容的技术要求。标准对于储罐外防腐层施工过程中的技术要求规定较为详细，未规定防腐层的选型设计及运行维护管理等要求。标准中的储罐防腐层施工部分内容与 GB 50393—2017 中的防腐层施工内容的主要区别在于，GB 50393—2017 中的防腐层施工内容主要规定了施工的基本原则和要求，而该标准则在 GB 50393—2017 的基础和原则上进一步规定了施工的详细技术要求。

6. SY/T 6964—2013《石油天然气站场阴极保护技术规范》

标准适用于石油天然气站场的埋地钢质管道、金属设施的阴极保护设计、施工、验收及运行管道，不适用于大型罐区、油气田井场和 LNG 厂的阴极保护。主要内容包括阴极保护电流计算、辅助阳极地床设计、牺牲阳极设计、深井阳极地床施工、牺牲阳极施工、阴极保护运行调试以及工程验收、运行管理等内容的技术要求。

7. SY/T 5918—2017《埋地钢质管道外防腐层、保温层修复技术规范》

标准适用于陆上埋地钢质管道的外防腐层修复及硬质聚氨酯泡沫保温结构的局部修复，规定了陆上埋地钢质管道外防腐层和保温层的材料选择、局部修复、大修、工程管理、数据管理、HSE 要求和竣工验收等方面的技术、质量和安全保障要求。

（六）管道完整性管理标准

管道完整性管理标准包括完整性管理通用与导则类标准、检测与评价标准和数据管理标准。

1. GB/T 27699—2011《钢质管道内检测技术规范》

标准适用于输送介质为气体或液体的陆上钢质管道内检测，规定了实施钢质管道几何变形检测和金属损失检测的技术要求，对监测周期、检测器的适用范围、检测准备、检测程序控制、检测报告内容和验收方法进行了规定。标准内容涵盖了检测周期和设备的选择、检测器投运、数据处理、交工等环节，内容侧重于各环节的基本流程和要求。

2. SY/T 6889—2012《管道内检测》

标准适用于输送天然气、危险液体（包括含无水氨的液体）、二氧化碳、水（包括盐水）、液化石油气的钢制管道系统，以及对内检测器功能与稳定性无害的其他系统的内检测项目计划、组织、实施等相关活动的过程和内检测数据管理的数据分析等方面的方法及要求，适用于介质驱动式的内检测器，不适用于有缆或遥控的检测装置。标准修改采用自 NACE SP 0102：201《管道内检测》，并存在一定技术性差异，针对国内实际情况进行了修改，加强了适用性。

3. SY/T 6830—2011《输油站场管道和储罐泄漏的风险管理》

输油站场管道和储罐泄漏的风险管理为非等效采用 API Publ 353：2006《管理终端（站场）和储罐装置系统的完整性》，适用于输油站场管道和储罐泄漏风险管理，主要内容包括泄漏危害识别、风险识别方法、风险削减与控制、审核、效能评价等方面的技术要求。

4. SY/T 6597—2014《钢质管道内检测技术规范》

标准适用于陆上输送介质为气体液体的钢质管道内检测，规定了实施钢质管道几何变形检测和金属损失检测的技术要求，对施工准备、施工程序控制、检测报告的内容和验收方法做出了规定。标准的内容总体上和 GB/T 27699 保持了一致，但侧重点有所不同，标准的内容侧重于内检测实施的职责和具体方法。

5. SY/T 6621—2016《输气管道系统完整性管理规范》

标准适用于陆上钢制管道系统的完整性管理，规定了管道完整性管理的原则和程序、数据收集检查和综合、风险评价、完整性评价、对完整性评价的响应和维修、完整性管理方案、效能测试方案等方面的技术要求，该标准使用重新起草法修改采用自 ASME B31.8S：2014《输气管道系统完整性管理》，针对国内实际情况进行了修改，提高了适用性，给出了管道企业制定和执行有效的完整性管理程序所需的信息、经过证实的行业做法和过程指南。

6. SY/T 6648—2016《输油管道完整性管理规范》

标准适用于原油和成品油管道线路的完整性管理，标准规定的流程和方法可应用于所有管道设施，包括管道站场、库区和分输设施，液化石油气和其他危险液体管道也可参照使用。标准规定了原油和成品油管道实施完整性管理的内容方法及要求，包括识别管道泄漏对高后果区的影响、数据收集、审查与整合、风险评估、完整性评价与相应、再评价周期、保障管道完整性的预防和减缓措施、站场的完整管理、程序评估等内容。该标准使用重新起草法修改采用自 API RP 1160：2013《危险液体管道的完整性管理》，并结合 GB 32167—2015《油气输送管道完整性管理规范》对 ST/T 6648—2006 进行了修订。

7. SY/T 10048—2016《腐蚀管道评估推荐作法》

标准等同采用挪威船级社 DNV-RP-F101—2015《腐蚀管道评估推荐作法》，并进行了编辑性修改。适用于碳钢管道的腐蚀缺陷评估，适用的缺陷包括木材的内外腐蚀、纵焊缝和环焊缝的腐蚀以及打磨修复导致的金属损失缺陷等。

第四章　油气管道标准一体化理论

第一节　标准一体化概述

一、背景及意义

企业是市场的主体，作为企业核心技术的载体，标准成为企业参与竞争抢占市场的武器。覆盖企业全部生产业务的所有技术标准构成的企业标准体系，是企业核心竞争力的集中体现。企业标准体系建设模式是企业标准体系水平高低的重要决定因素之一，一套科学合理的标准体系的建设需要理论的支撑，而我国对于标准化的基本原理研究却较少。一方面在开展企业标准体系建设过程中，缺少专业理论的指导，而另一方面，却给了研究建立企业标准体系建设理论的空间。

（一）我国企业标准体系建设模式

社会的飞速发展形成了庞大复杂的现代产业体系，目前的标准化发展也十分繁杂，且区分了多个细分方向。结合标准分类可以看出，无论是国际标准、区域标准、国家标准、行业标准、地方标准、企业标准，还是产品标准、服务标准、监督标准等，都形成了相应的研究群体。其中企业标准应作为标准化发展的重点方向开展研究，一方面企业标准化水平的普遍提升是行业乃至国家标准化水平提升的基础；另一方面，企业是市场的主体，企业的标准化需求和发展最能体现市场和社会发展的方向。新的国家标准化法中明确了"企业是国家标准的主体，要充分发挥其对提升标准化管理水平的积极作用，考虑发挥市场机制下企业主体责任的作用"。如何发挥企业在国家标准化中的主体作用，关键在于企业标准体系建设。与产品标准、服务标准等特点不同，企业标准体系建设具有很大的复杂性，这是由企业自身的复杂性决定的。

　　长期以来我国企业的标准体系建设主要是使用国家标准、行业标准和企业标准混编在一起而成的"标准集合"，标准体系呈扁平式结构，水平参差不齐。国家标准更多是针对需要在全国范围内统一的技术要求而制定，在一定程度上技术要求偏低，但是企业认可度高。行业标准主要针对没有国家标准而又需要在全国某个行业范围内统一制定技术要求，具有行业的权威性。国家鼓励企业制定严于国家标准或者行业标准的企业标准，在企业内部使用，但我国企业标准体系中大多依赖并直接使用国行标，在代表企业先进技术水平的企标制定方面下力气不够，特别是工程建设标准少之又少，使得企业标准没有充分发挥提升企业技术水平的作用。同时国标、行标、企标的混合使用，标准数量多，内容繁杂，给标准的执行过程造成不便，也容易产生重复、交叉、不一致甚至矛盾等问题。具体表现在以下方面。

　　一是标准交叉重复矛盾，不利于统一市场体系的建立。标准是生产经营活动的依据，是重要的市场规则，必须增强统一性和权威性。目前，现行国家标准、行业标准、地方标准中仅名称相同的就有近 2000 项，有些标准技术指标不一致甚至冲突，既造成企业执行标准困难，也造成政府部门制定标准的资源浪费和执法尺度不一。特别是强制性标准涉及健康安全环保，制定主体多，28 个部门和 31 个省（区、市）制定发布强制性行业标准和地方标准；另外，数量庞大，强制性国家、行业、地方三级标准有万余项，缺乏强有力的组织协调，交叉重复矛盾难以避免。

　　二是标准体系不够合理，不适应社会主义市场经济发展的要求。国家标准、行业标准、地方标准均由政府主导制定，且 70% 为一般性产品和服务标准，这些标准中许多应由市场主体遵循市场规律制定，而国际上通行的团体标准在我国没有法律地位，市场自主制定、快速反应需求的标准不能有效供给。

　　三是我国标准化发展水平相对不高。GB/T 13017 给出了企业标准体系的定义：企业已实施及拟实施的标准按其内在联系形成的科学的有机整体。这种模式存在一定弊端，例如：标准化计划不能充分反映企业的需要，制定或纳入了大量不重要甚至无用的标准，不仅易于产生轻重不分、主次混淆的弊病，还会助长片面追求标准数量而忽视标准质量的倾向。标准体系的整体水平较低，国标、行标是在国家和行业范围内的统一规定或要求，以达到国家标准和行业标准要求为目标，企业的整体标准技术水平必然较低；由不同部门、不同行业、不同标委会制定的标准组成的标准体系，容易造成标准间不协调、不统一的问题。2004 年国家标准委对 21575 项现行国家标准进行全面复审和清理，经过清理后国家标准总数减少了 23%。这是由于标准的制定未考虑整体，而是单个、分散、孤立进行导致的。这种模式已经落后，需要探索新的模式。

2015年3月，国务院印发《深化标准化工作改革方案》，其中就提到国家当前企业标准体系建设模式存在的弊端：一是标准缺失、老化、滞后，难以满足经济提质增效升级的需求。现代农业和服务业标准仍然很少，社会管理和公共服务标准刚刚起步，即使在标准相对完备的工业领域，标准缺失现象也不同程度存在。特别是当前节能降耗、新型城镇化、信息化和工业化融合、电子商务、商贸物流等领域对标准的需求十分旺盛，但标准供给仍有较大缺口。我国国家标准制定周期平均为3年，远远落后于产业快速发展的需要。标准更新速度缓慢，"标龄"高出德、美、英、日等发达国家1倍以上。二是标准整体水平不高，难以支撑经济转型升级。我国主导制定的国际标准仅占国际标准总数的0.5%，"中国标准"在国际上认可度不高。

企业是由众多要素组成的复杂系统。复杂系统的特征之一是元素数目很多，且其间存在着强烈的耦合作用。复杂系统由各种小的系统组成，例如生态系统是由各个种群、各种生物组成的。管理学中，经常把一个公司看作是复杂系统。因此，基于目前企业标准体系调研情况，企业标准体系不能是由若干单项标准简单机械组成，而是必须覆盖企业所有的要素，并且标准之间应形成由企业内在耦合作用决定的关联关系，才能有效地指导企业运营。我们必须清晰地认识到，标准对产业的支撑作用不体现在标准的数量上，而体现在标准之间相互关联形成协调合力对产业发展形成有力支撑。有机关联关系正是构建企业标准体系过程中最值得探索之处，然而目前的标准化理论的探索多集中于应用层面以及简单的思想认识层面，比如企业标准体系表的构建、标准文本的编制等，对于如何从企业系统本身出发研究其标准化特性和标准化规律，通过建立合理的标准化过程进而建立有内在关联关系的标准体系，尚属空白。尤其是针对工程类大型企业，如油气管道企业，结合企业实际业务、标准化现状及改革需求，探索企业标准体系构建的内在标准化规律，建立一套适用于复杂系统类企业标准体系建设的理论，具有重要的意义。

（二）油气管道企业标准体系建设模式

油气管道标准化是一个复杂的系统工程，涉及工艺、防腐、自动化、通信、机械、电力、计量、安全、材料等多个专业，同时管道从设计、采办、施工、投产、运营、维护到报废全生命周期中均需要用到不同领域的标准。油气管道企业标准体系中，使用石油行业以外的其他行业标准比例占到了50%以上，企业标准中使用其他专业标准化委员会归口管理标准的比例占到了约25%。标准的制定和使用分属不同的部门，在没有建立有效协调机制并涉及部门利益的前提下，必然会出现标准内容不统一、不协调的问题。

1. 标准间的协调性差

标准之间协调性差突出表现为工程建设与运行管理标准的协调衔接问题，主要表现为以下三方面。

（1）设计不能满足实际生产需求。例如部分油气管道在管道设计、站场选址中缺乏对沿线地势及周边环境情况的充分考虑，设计地区等级不能满足实际需要，为后期施工、运行均带来不良影响；维抢修站队布点不能满足实际运行管理需求；线路阀室设计不利于管道的运行维护；放空管设计存在安全隐患等。

（2）施工验收标准的缺失或者低要求造成施工质量问题。例如现行管道施工后内检测标准要求低于运行时的检测标准要求，对某油气管道公司运营管理的418km管道进行了漏磁检测，将检测数据与行业标准《石油天然气钢制管道无损检测》（SY/T 4109）对照分析后，发现有376处环焊缝存在不符合规范的缺陷，给管道的安全平稳运行带来了极大的隐患。

（3）设备质量标准低造成管道运行管理的障碍和不便。例如运营单位在运行中发现设备采购标准低、质量性能方面不达标、安装不符合规范要求以及设备的操作方向、操作位置、维护修理空间不能满足运行管理需要等。

2. 标准国际化程度低

近些年来，标准国际化已经成为世界的主流。英国石油公司BP每年投入200多万美元购买与本公司业务相关的国际标准，在400余项企业标准中有200余项基于国际标准而制定。而我国在主导国际标准化技术组织、主导国际标准制定、进行国际标准化合作等方面，还属于刚刚起步。我国油气管道标准中采用国际及国外标准比例仅占19.4%，且大多数为国家标准和行业标准采标，远远低于发达国家50%~80%的标准采标比例，也低于我国标准整体采标约44%的比例。分析近年来我国油气管道标准采标情况，虽然我国每年都在跟踪国外先进管道标准的发展，且已采用了一定数量的国外标准，但采标总量不高，国内油气管道标准发展成为国际标准的数量更是为数甚少，充分表明与国外先进发达国家相比我国油气管道行业在自主技术创新、国际标准化经验等方面存在较大的差距。

中国石油天然气与管道分公司对比国内外标准体系建设模式差异，建立有相对完善的在用标准体系，积累了一定的标准体系建设经验。由天然气与管道专标委组织建立了包含工程建设管理通用标准、运行与控制通用标准、资产管理通用标准、综合类通用标准四大类、900余项标准构成的天然气与管道专业的标准体系。

虽然目前天然气与管道专业标准体系已相对完善，从顶层设计来说，目前标准体系缺少统筹性的基础通用型标准，难以形成构建大型管网的全局意识，导致管道设计、建设、运行时部分环节存在不协调，不能很好体现集团公司归一化管理。从单个标准来说，由于管理理念及公司各专标委设置交叉导致目前集团公司标准较多，管道设计、施工和运行标准均分开编写，存在大量标准内容重复甚至矛盾的问题，并且部分标准发布后使用极少，存在大量"僵尸"标准，难以纳入标准体系。

这就需要建立一套协调优化的、在企业内部执行的、覆盖全面的一体化标准体系，而一套科学严谨的标准体系需要理论和方法的支撑，体现标准体系的协调最优、全覆盖、框架的合理性。因此，要从标准化的本质出发，探索标准体系建设理论与方法，明确建立协调优化的一体化标准体系的流程，从而全面指导企业标准体系的建立工作。

（三）国外企业标准体系构建理念

1. Enbridge 公司

Enbridge 管道公司企业标准体系是在外部标准（如国际标准、国家标准和协会标准等）基础上，结合自身业务需求，进行引用、摘录、补充、修订从而形成一套企业内部的标准手册和规范，同时应遵守国家法规和地方法规的规定。Enbridge 标准体系建设模式如图 4-1 所示。

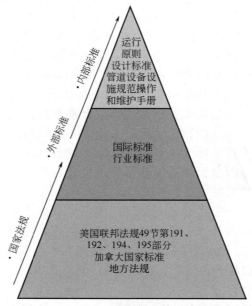

图 4-1　Enbridge 公司标准体系建设模式

Enbridge 公司除了执行必要的法律法规之外，其他标准的执行完全是自主的，除非是法律法规中特别提出的，否则企业完全自主决定（根据业务和市场的需要）执行哪些标准或哪些内容。从其标准手册构架和内容来看，Enbridge 管道公司完全打乱了一项项标准的条条框框，公司内部只执行一套标准手册，并且每年进行更新和完善。

2. 荷兰皇家壳牌（Shell）公司

Shell 公司技术标准化工作由标准化指导委员会全面统一管理，该委员会包括了炼化、勘探生产、天然气与发电、HSE、团体采购与全球项目等各领域的高级代表，这些代表都是相关业务领域的权威，该委员会在 Shell 公司建立了包括 339 项设计与工程作法（DEP）、500 项标准程序和 200 项电子需求表格的内部标准系统，有超过 100 项的 DEP 是在外部标准的基础上进行修订形成的，Shell 公司标准体系建设模式如图 4-2 所示。

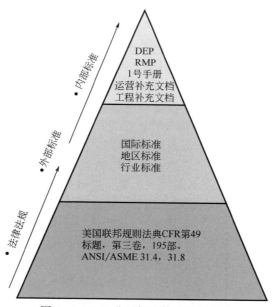

图 4-2　Shell 公司标准体系建设模式

Shell 公司企业标准架构包括 4 个部分：管道开发规划、管道工程、管道营运以及管道废弃。

从以上描述可以看出西方国家企业标准体系建设的特点，与中国管道企业标准体系由国家、行业、企业标准堆积的模式不同，西方能源企业或管道公司采用的是集成基础上的标准手册模式，在企业内部构建了系统完整、协调统一的全生命周期的标准体系，对应建立有完整的工程建设技术规范和运行维护手册，其中包括在国家层面建立完善的针对工程建设和运行管理的最低要求，同时在企业层面由企业自身建立完整适用的标准体系，企业内部只执行自己编制的标准手册，企业内部执行的标准具有唯一性，并根据需要随时更新完善。

二、标准一体化探索与建设

油气管道一体化标准体系建设是企业标准化发展到一定阶段的产物，是国内外企业标准体系建设经验的总结与再创新。油气管道标准一体化既是新型标准体系构建的过程，也是企业标准体系建设模式、理念革新的过程。自2011年由一体化建设实践到一体化建设理论的提出，一体化标准体系的建立经过了反复尝试、持续优化、层层深入的过程。

（一）"一体化"探索历程

2011年，中国石油天然气与管道分公司（以下简称"公司"）在深入分析当前标准体系存在问题基础上，结合中石油标准化的国际化战略，提出开展油气管道标准一体化研究，构建新型企业标准体系的设想。这是石油行业乃至国内企业标准体系建设模式改革的创新之举，具有重要意义。

2012年，公司正式启动了油气管道标准一体化建设与研究，开展了大量基础性研究。一是全面收集了国内外油气管道相关标准近3000余项，其中包括中国石油天然气与管道分公司体系表中标准1000余项、中国石油工程建设体系表标准1000余项，以及Enbridge手册、壳牌DEP等国外知名石油管道企业标准在内的国外标准1000余项，作为一体化建设的重要基础；二是全面开展了国内标准体系现状调研，包括30余条新建及改扩建管道工程建设及运行维护中存在的问题，以及管道分公司、西气东输管道分公司、西南管道分公司、西部管道分公司、北京天然气管道有限责任公司等在标准研制及标准管理过程中存在的问题；三是系统开展了国外标准体系建设模式对标研究，对Enbridge公司、Shell公司、Chevron公司、ExxonMobil公司、Gazprom公司的企业标准体系建设理念、架构、标准结构、内容组织、文本编制风格等进行了深入研究，并深入对比了国内外差异。这些研究明确了一体化解决问题的方向，为形成适合国内企业的标准体系建设理念奠定了重要基础。

2013年，公司开展了一体化建设整体方案设计，确定了体系架构构建、标准编制、标准审查、立项发布的基本流程。同年，开展了油气管道标准一体化体系架构研究，摈弃过去传统的"计划式""头脑风暴式"框架研究模式，采用综合标准化理念，并系统开展标准化对象分解分类，作为标准体系框架建设的基础，形成18个专业172项标准的框架。

2014年，公司基于一体化框架启动了腐蚀防护、仪表自动化、HSE等三个专业试点编制，同期启动原油、成品油、天然气管道工程建设对标研究及运行管理对标研究作为重要技术支持手段，在编制一体化标准的同时，全面提高企业标准技术水平，提升工程建设与运行管理标准协调性。

2015年，全面启动18个专业的编制工作，并持续开展对标研究；同期开展部分已完成试点专业审查，探索和积累新模式下标准审查模式和经验。

2016年，全面启动审查工作；同期启动油气管道标准一体化理论及方法研究，旨在深入提炼升华"一体化"理念形成系统完整的企业标准体系建设理论。

2017年，应用油气管道标准一体化理论及方法开展油气管道一体化框架二次研究，优化建立更为科学合理、有机关联的标准体系。

（二）一体化理论研究的提出

标准体系框架是系统标准化内容的顶层设计，决定了标准覆盖的全面性、结构的合理性、功能的适用性及维护的便利性。因此，一体化框架的研究是一体化标准体系建设的核心内容，一体化标准体系必须先研究建立标准体系框架。

对以往建设模式下的标准体系进行深入分析发现，标准的数量呈现不完全受控的状态，即对于一个给定的系统，究竟应该设置多少项标准是合理的是没有原则和标准的。企业标准申报较为随意，大标准和小标准混杂在一起，有时系统很小的一个单元或属性就制定一个标准，导致标准体系数量不断扩大，原因之一就是标准体系顶层框架的控制力不强，提出具体标准的原则不清晰。

一体化标准体系框架研究中应解决的关键问题包括：

（1）覆盖性，即能够囊括系统全部标准化内容。

（2）结构合理性，包括分类的合理性和层级设置的合理性。

（3）功能的适用性，实现对不同方面标准化内容的有效组织管理。

（4）维护的便利性，以上3个方面的性质决定了维护的便利性，及标准制定修订及体系更新不至于带来复杂和大量的工作。

以上问题的解决需要一套系统全面的理论方法。目前对标准体系建设已取得了一些方法、成果。从20世纪90年代开始，我国颁布了一系列关于企业标准体系建设的国家推荐标准，包括《企业标准体系要求》（GB/T 15496）、《技术标准体系》（GB/T 15497）、《管理标准和工作标准体系》（GB/T 15498）以及《评价与改进》（GB/T 19273）等。此外，还发布了《企业标准体系表编制指南》（GB/T 13017）和《标准体系表编制原则和要求》（GB/T 13016）。这6项标准为中国企业建立标准体系提供了基本的思路和方法。其中，GB/T 13017 指出企业标准体系是企业内的标准按其内在联系、内在规律组织起来的有机的、系统的整体，是标准的集合。如果仅仅是为了建立一个标准的集合，那么标准体系的建立应该是容易实现的。但现实情况是，当针对一个复杂系统，涉及不同的层次和领域，标准由不同行业不同单位制定的时候，一个标准的集合显而易见很难形成科学的有机的整体。要从根本上解决以上问题，需要从更深的层面进行思考研究。

在长期的标准化经验积累及标准体系建设探索和尝试之后，找到了解决企业标准体系建设问题的方向。中石油管道有限责任公司（以下简称"中油管道"）在这方面开展了卓有成效的尝试。经过若干年的努力，借鉴国外石油企业标准体系架构建设理念，按照管道全生命周期进行划分，企业标准覆盖设计、施工、营运和维护所有核心要求，初步建立了油气管道一体化标准体系框架。但前期开展的一体化探索没有形成一套系统完整的标准体系建设理论方法，一方面无法科学诠释一体化的建设理念及原则，在一体化理念的认可和推广方面形成一定障碍；另一方面，没有形成系统完整获得业内认同的理论及方法，随着油气管道业务的发展、标准需求的变化和标准体系建设方法研究进一步深化，前期耗费大量精力研究的一体化标准体系容易被改变，在构建新的标准体系过程中，一体化的理念和方法也无法重复执行。不具备重复性就意味着没有生命力，这样的建设模式也是难以持久的。因此，有必要开展油气管道企业标准体系建设模式改革和探索，形成系统的标准一体化理论与方法，构建一体化标准体系架构，从根本上解决"国行企标"堆积模式带来的繁杂效率低下及标准不协调的问题，提升企业竞争力。

因此，需要基于油气管道一体化标准体系建设经验做法，深入研究企业标准体系建设过程中体现的标准化特征，以揭示由企业的系统实体向标准转化的过程中的标准化原理，开展油气管道标准一体化理论及方法研究，建立普遍适用于油气管道标准体系建设的理论方法，形成按照一定层级类别划分的油气管道标准化对象及要素，并建立相互间的关联关系，对于油气管道行业标准化的协调统一、业内交流和行业发展具有十分重要的作用。

三、"一体化"的内涵

对于什么是"一体化"目前并没有确切的定义。当今世界，"一体化"词语用处较多，企业也不例外，比如横向一体化、纵向一体化、产运销一体化、一体化项目管理、一体化设计、机电一体化技术、物流一体化、QHSE 一体化管理体系和集约型一体化管理体系等，具体内涵和外延千差万别。究其实质，"一体化"概念的含义可以理解为：将两个或两个以上的互不相同、互不协调的事项，采取适当的方式、方法或措施，将其有机地融合为一个整体，形成协同效力，以实现组织策划目标的一项措施。

从上述可以看出，"一体化"虽然应用的领域较多，但基本的内涵就是将所研究的事物当成或形成一个整体。因此在油气管道企业标准体系建设实践中也采用"一体化"一词，基本的目的和内涵也是指将油气管道系统全部的对象作为一个有机联系的系统，整体开展标准化研究。

系统性是"一体化"的基础。如何才能体现"一体化"的整体性呢？具体来讲有覆盖全业务对象、覆盖全生命周期、充分考虑对象之间关联关系几个层面的含义。

（一）覆盖全业务对象

在这里，将"全业务对象"的内涵限定为组成油气管道系统的对象，即"一体化"的内涵首先应该体现在包含组成系统的全部组成部分。这里的全部又是指组成系统的各个单元或部件。因为系统的整体性少了任何一个单元，系统都将是不完整的，而系统的完整性则是系统可能表达出的结构、特性、功能的前提条件。

（二）覆盖全生命周期

全生命周期是当前流行的另一个理念。生命周期被用在多个领域，如产品全生命周期管理（Product Lifecycle Management，PLM）是指管理产品从需求、规划、设计、生产、经销、运行、使用、维修保养、直到回收再用处置的全生命周期中的信息与过程。企业的生命周期是指企业诞生、成长、壮大、衰退甚至死亡的过程。虽然不同企业的寿命有长有短，但各个企业在生命周期的不同阶段所表现出来的特征却具有某些共性。了解这些共性，便于企业了解自己所处的生命周期阶段，从而修正自己的状态，尽可能地延长自己的寿命。行业的生命周期指行业从出现到完全退出社会经济活动所经历的时间。行业的生命发展周期主要包括四个发展阶段：幼稚期，成长期，成熟期，衰退期。

我们在研究系统的标准化行为时，"一体化"的整体性不仅仅体现在组成部分的完整；仅仅有实体化的部件只是一个机械化的存在。只有把系统当成一个有机的整体，研究其从筹划、方案、设计、建成、运行、废弃等整个生命过程的行为，才能实现系统最合理、最优化。系统生命周期过程中的各个阶段都会对下一阶段以及系统的结构、功能产生影响。因此，"一体化"除考虑实体化对象的全覆盖外，还必须考虑生命周期的全覆盖。

（三）充分考虑对象之间关联关系

一个复杂系统往往是由巨大数量的部件组成。在形成系统之前各个部件均是一个单独的个体，通过相互之间的各种联系形成一个系统，即"一体化"是通过关联关系形成一个系统整体的。借鉴系统的定义来看，关联关系就是系统各要素之间相互联系、相互作用的形式。形式不同，则系统表现出的结构、特性、功能也不相同。因此关联关系是系统各要素形成"一体化"的基础。

四、一体化理论体系构成

标准体系是标准的一种树状层次结构分类体系，而标准是由标准化对象确定。因此在一体化标准体系建设中，将深入研究标准化对象的分类和关联关系，并基于标准化对象构建一体化标准体系。

标准一体化理论是研究标准化对象及其要素的相互关系，构建一体化标准体系，最终达到覆盖全面、结构层次合理、协调最优的目的。

在已开展油气管道一体化建设实践的基础上，开展一体化理论及方法研究需要解决2个核心问题。一是提出油气管道系统适用的框架优化及建立原则。基于头脑风暴和个人经验建立的一体化框架，在一定程度上是不稳定的，容易受人主观因素的影响而发生较大变化。这就需要提出一体化框架建立的原则，以固化和形成标准体系应遵循的规律、流程、方法等，保证标准体系框架的延续性和稳定性。二是形成一套完整的理论体系以在普遍范围内重复使用。这是保证一体化理论及一体化标准体系生命力的重要支撑。这就要求框架优化及建立原则的提出，一方面要基于油气管道系统的客观性，避免过多人为因素干扰，另一方面要保证一体化理论及方法的灵活性和包容性，避免复杂多变的生产需求导致无法依据理论开展标准化工作。

第二节　标准一体化理论

一、理论基础

（一）系统工程理论

1. 概述

系统理论是研究系统的一般模式、结构和规律的学问，它研究各种系统的共同特征，用数学方法定量地描述其功能，寻求并确立适用于一切系统的原理、原则和数学模型，是具有逻辑和数学性质的一门新兴的科学。系统理论是研究系统的一般模式。系统论的基本思想就是把所研究和处理的对象，当作一个系统，分析系统的结构和功能，研究系统、要素、环境三者的相互关系和变动的规律性，并以系统观点看问题，即世界上任何事物都可以看成一个系统，系统是普遍存在的。系统理论是研究系统、标准化对象与一体化标准之间的相互关系，从而建立标准综合体的有效方法。

2. 基本特征

系统论认为，整体性、关联性、等级结构性、动态平衡性、时序性等是所有系统的共同的基本特征。这些既是系统所具有的基本思想观点，也是系统方法的基本原则，表现了系统论不仅是反映客观规律的科学理论，还具有科学方法论的含义，这正是系统论这门科学的特点。

整体性原则是系统科学方法论的首要原则。主要思想为：世界是关系的集合体，根本不存在所谓不可分析的终极单元；关系对于关系物是内在的，而非外在的。因而，近代科学以分析为手段而进行的把关系向始基的线性还原是不能允许的。整体性原则要求，我们必须从非线性作用的普遍性出发，始终立足于整体，通过部分之间、整体与部分之间、系统与环境之间的复杂的相互作用、相互联系的考察达到对象的整体把握。

系统观点的第二个方面的内容就是动态演化原理或过程原理。系统科学的动态演化原理的基本内容可概括如下：一切实际系统由于其内外部联系复杂的相互作用，总是处于无序与有序、平衡与非平衡的相互转化的运动变化之中的，任何系统都要经历发生、维持、消亡的不可逆的演化过程。也就是说，系统存在的本质是一个动态过程，系统结构不过是动态过程的外部表现，而任一系统作为过程又构成更大过程的一个环节、一个阶段。

系统存在的各种联系方式的总和构成系统的结构。系统结构的直接内容就是系统要素之间的联系方式；进一步来看，任何系统要素本身也同样是一个系统，要素作为系统构成原系统的子系统，子系统又必然为次子系统构成，如此，系统之间构成一种层次递进关系。因而，系统结构另一个方面的重要内容就是系统的层次结构。系统的结构特性可称之为等级层次原理。与一个系统相关联的、系统的构成关系不再起作用的外部存在称为系统的环境。系统相对于环境的变化称为系统的行为，系统相对于环境表现出来的性质称为系统的性能。系统行为所引起的环境变化，称为系统的功能。系统功能由元素、结构和环境三者共同决定。相对于环境而言，系统是封闭性和开放性的统一。这使系统在与环境不停地进行物质、能量和信息交换中保持自身存在的连续性。系统与环境的相互作用使二者组成一个更大、更高等级的系统。

3. 应用

系统工程理论是组织管理系统的规划、研究、设计、制造、试验和使用的科学方法，是从系统整体出发，根据总体协调的需要，综合运用有关科学理论与方法，进行系统结构与功能分析，以求得最好的或满意的系统方案并付诸实施，从整体上研究和解决问题。因此系统工程理论是对系统本身进行优化改造的理论。一体化理论不研究和改造系统，而是以系统的客观性为基础，研究系统的标准化特性和转化过程，是在综合标准化对系统理念应用的基础上进一步深化，深入到对象属性和关联关系层面进行标准化研究和应用。

（二）本体理论

领域本体就是对学科概念的一种描述，包括学科中的概念、概念的属性、概念间的关系以及属性和关系的约束。由于知识具有显著的领域特性，所以领域本体能够更为合理而有效地进行知识的表示。领域本体可以表示某一特定领域范围内的特定知识。这里的"领域"是根据本体构建者的需求来确立的，它可以是一个学科领域，可以是某几个领域的一种结合，也可以是一个领域中的一个小范围。

本体论是对概念化的精确描述，用于描述事物的本质，包括领域、通用、应用和表示本体。构建本体的简单步骤是：（1）列出研究课题所涉及的词条；（2）按照词条的固有属性和专属特征进行归纳和修改，对词条建立类以及层级化的分类模型；（3）加入关系联系词条和分类模型；（4）按照需要添加实例作为概念的具象。

领域本体相关理论在开展油气管道一体化理论中的标准化对象分类、相互关联关系的界定及建模研究等的过程中都有很好的借鉴价值。

（三）标准化基本理论

标准化基本理论的内容详见第二章第二节。广义上讲标准化已有逾千年的发展历史。到了近代，随着人们对标准及标准化的重视以及标准在社会发展中起到的重要作用，对标准化的理解和研究也逐渐深入，人们开始探索标准化的一些理论，尝试从标准化原理的研究去认识标准化工作的一些普遍规律和特性。

然而，人们对于标准化的理解程度仅相当于冰山一角，尚未达到足够的深度，且远未形成统一的认识。如对于标准化的定义，不同国家、不同组织、不同标准化人员的理解都有或多或少的偏差。无论是英国桑德斯（T. R. B Sanders）的桑德斯"七原理说"理论，还是日本松浦四郎（Matsura Shiro）的松浦四郎理论，都是基于某一领域、专业、某一部分标准化工作的认识，从不同角度对标准化某个方面形成的理解，并未达到理论的高度。经过发展形成了较为公认的标准化四个基本原理，即通常指"统一原理、简化原理、协调原理和最优化原理"，但距离形成系统的理论体系和指导标准体系建设远远不够。

（四）综合标准化

综合标准化的主要内容详见第二章第三节。综合标准化是系统工程理论应用在标准体系建设中形成关于标准体系建设得很好的思想。综合标准化是一套针对不同的标准化对象，以考虑整体最佳效果为主要目标，把所涉及的全部因素综合起来进行系统处理的标准化管理方法。"系统成套、目标导向、整体最佳"充分阐述了系统类企业标准体系应达到的目标。然而，综合标准化理论仍然停留在对标准化建设工作方法的认识，虽然综合标准化明确了标准体系建设的流程，但主要是偏于对标准体系建设过程的协调管理，对于现实的系统如何向标准转化的过程缺乏足够深入的研究。因此这些认识是正确的并且有其内在的价值，但并不具备系统性和全面性，可用于解释部分标准化现象，但对于现代庞大繁杂的标准化需求、研究体系还无法形成全面有效的指导。

（五）一体化理论与传统理论的区别

传统的标准体系建设模式是标准整合、优化，即整合已有标准或经验并优化形成新的标准，本质都是在传统"国标、行标、企标"的模式下，从既有标准出发，解决不了根本问题。一体化理论是基于油气管道系统的客观性，以标准化对象作为标准的底层和基础，从组成系统的标准化对象分析出发，建立标准体系，形成理论方法。

另外，系统工程理论、综合标准化理论、本体理论和标准化基本理论对于标准一体化理论具有很多可以借鉴的地方。在开展油气管道标准一体化理论研究的过程中，应充分研究吸收已有理论及标准化思想的精华，结合企业标准化需求，深入挖掘标准化特性，但油气管道标准一体化理论研究并不是对已有理论的简单转化和应用，而是进一步深化和创新。一体化理论以系统的客观性为基础，研究系统各要素及关联关系，并将本体理论应用于标准化过程中对象及对象间逻辑关系的研究和描述，深入到对象属性和关联关系层面进行标准化研究和应用。

二、基本目标

（一）系统性

系统性是油气管道标准一体化理论首先应实现的目标。系统具有整体的结构、特性、状态、行为、功能，这些体现在标准体系中就是成套性，建立标准体系的一个重要原则就是全面成套。系统性最终表现为建立的一体化标准体系应覆盖全部标准化范围，即应覆盖组成系统的全部标准化对象、覆盖标准化对象间的全部关联关系。

（二）规范性

油气管道标准一体化理论所建立的标准体系应具有规范性。

（1）标准体系的框架及标准设置应科学合理。标准体系的组成元素是标准，而不是产品、过程、服务或管理项目。标准体系中到底包含哪些内容，包含哪些标准，需要深入研究。确定标准体系的组成元素，就是确定标准体系应具体包含哪几类标准或哪些子体系，这需要对标准体系的目标、标准化范围进行深入的调研、分析，找出最恰当的标准化角度，设置相应的标准子体系。如何选取恰当的标准化角度，这就需要用到标准化的术语−标准化对象。

（2）标准体系建立的过程应由具体可行的原则方法进行规范和指导。

（3）建立的标准体系应具备一定的稳定性，标准体系的架构和标准设置不应轻易更改。

（三）有序性

尽管复杂系统中标准化对象数量是巨大的，关联关系是错综复杂的，但内在是有严格的次序的。标准化的功能就是将复杂系统按照内在的次序反映出来形成标准。因此有序性是油气管道标准一体化理论要实现的重要目标。主要包括以下三个方面的含义。

（1）标准体系中对标准化对象的规定应是趋向唯一的，以防止出现在标准体系的不同位置标准化对象的规定不同，产生冲突、矛盾等问题。这是解决我国现行企业标准体系建设模式冲突、矛盾、不协调、不一致的重要特性。

（2）标准体系中对标准化对象界面及交叉关系应是清晰的，不应出现模棱两可的关系。

（3）标准化对象在保证唯一性、界面清晰的前提下，在形成标准体系的时候应充分考虑实际需求，采用合理的组织形式，以便于使用。

三、基本概念、原理及原则

在借鉴系统工程理论、标准化基本理论、本体理论和综合标准化思想的基础上，给出标准一体化理论包含的基本概念。

（一）系统及要素

1. 定义

系统：是由相互作用和相互依赖的若干组成部分结合成的、具有特定功能的有机整体。系统由要素组成。

要素：是组成系统的基本单元。具有层次性，要素相对它所在的系统是要素，相对于组成它的要素则是系统。在系统中相互独立又按比例联系成一定的结构。

2. 特征

系统和要素具有以下特征：

（1）系统和要素都属于对象。

（2）系统通过整体作用支配和控制要素。

（3）要素通过相互作用决定系统的特征和功能。

（4）系统和要素的概念是相对的。

在一体化标准体系建设时，系统要素组成的复杂系统，包含了组成系统的全部标准化内涵。包括组成系统本身的要素、系统的不同结构关系、系统内部的关联关系，以及和环境及社会之间的关联关系等。这是形成一体化标准的全部标准化范围和内容，如图 4-3 所示。在建设实际的企业标准体系时，所需要做的就是从中发现、挖掘、描述、表征、实现其标准化特性。

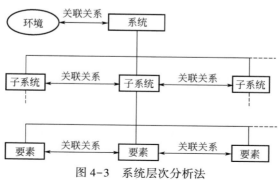

图 4-3　系统层次分析法

（二）标准化对象

1. 定义

标准化对象即需要标准化的主题。凡具有多次重复使用和需要制定标准的具体产品，以及各种定额、规划、要求、方法、概念等，都可称为标准化对象。

2. 特征

标准化对象具有以下特征：

（1）标准化对象具有重复性。

（2）同一标准化对象在不同系统中其性质、地位和作用有所不同。

（3）一组相关的标准化对象构成标准化领域。

3. 标准化对象与系统对象的关系

标准化对象是从系统对象中选取得，具有以下特征：

（1）标准化对象本质仍为系统对象，由要素构成。

（2）系统对象是标准化对象的基础，包含标准化对象。

（3）不是所有系统对象都需要或都可以成为标准化对象。

原理一：标准化对象是一体化标准的基础。

对象是客观的，即哲学上所说的"客体"。遵循对象客观性，是形成科学合理标准及标准体系的前提。应明确的是，一体化对象研究的范畴不是自然对象，而是人工对象。因为自然对象为自然存在，有其无法违背和改变的自然规律，无标准化意义。

传统标准体系建设模式下，停留在标准条款及内容分析的层面上，依靠主观穷举梳理标准应包含哪些内容。由于缺乏理论与方法指导，往往会遗漏重要因素、属性、关联关系甚至重要标准化对象，导致标准覆盖不够全面，条理不够清晰。标准化工作的前提是对所研究的对象进行系统分析研究，即以标准化对象的客观性作为标准化的基础和出发点，避免国内传统标准体系建设模式下标准内容繁杂、条理不清、层级混乱的现象。

（三）标准化对象的属性

1. 定义

属性是对象性质的统称。对象（事物）的属性有的是特有属性，有的是共有属性。对象都具有属性，属性依附于对象。将多个对象的共性性质提取作为属性或同一对象的不同方面作为属性，从而可以简化标准化对象的数量。

如管线对象包括原油管线、成品油管线、天然气管线，提取介质属性

（原油、成品油、天然气），则标准化对象管线具有介质属性，可描述为管线（介质）。

　　埋地管线、穿越管线、跨越管线、并行管线，提取敷设方式属性（埋地、穿越、跨越、并行），则标准化对象描述为管线（敷设方式）。

　　最终通过多维度属性，描述标准化对象：管线（介质；敷设方式……）。

　　2. 特征

　　按照自然辩证唯物主义，时间和空间是"客体"的两个最基本的属性，是绝对概念。因此作为"客体"的一体化对象，时间属性和空间属性也是其最基本属性。

　　时间属性指对象按照时间顺序发生、发展、消亡的过程。对于油气管道具体来讲，从初设、采购、勘察、测绘、施工、投产、运行、废弃是一个完整的时间周期，称为全生命周期。

　　空间属性指对象在三维空间上的位置和占据空间大小。对于油气管道具体来讲，穿越、跨越、埋地等敷设方式均属于空间属性研究范畴。

　　对于自然客体，如太阳、地球、高山等，研究时空两个属性足以解决很多问题。对于人工系统，如油气管道系统，由于人类需求的介入，导致同类对象在不同的应用领域、范围、环境、目的下会有不同的属性特征。如储罐的防腐层和管道的防腐层、普通管道的防腐层和穿越管道防腐层会有不同的属性特征，管道的安全距离在输送原油、成品油、天然气等不同介质时具有不同的属性特征，这种属性称为领域属性，即应明确所研究标准化对象的应用领域。同样地，可以形成系统的其他属性。

　　原理二：空间属性、时间属性和领域属性是标准化对象三种基本属性。

　　引申1：每一个标准化对象具有完整的生命周期。（1）包括设计、施工、运行维护直至废弃的整个生命过程；（2）生命周期也可以表述为一个完整的业务流程或工作流程。

　　引申2：每一个标准化对象都具有一定的空间结构。（1）标准化对象自身的内部结构与关联，即标准化对象本身是由其他要素按照一定的结构组成；（2）整体结构与关联，即标准化对象作为一个整体，与系统内的其他对象之间存在着关联关系。

　　引申3：每一个标准化对象总是处于一定领域内，并有一个或若干个核心对象，其他对象围绕核心对象存在，本研究中领域为油气管道。

　　（四）关联关系

　　1. 定义

　　标准化对象之间，以及标准化对象与属性之间的关系。

2. 特征

关联关系是相互独立的对象形成有机系统的关键所在。因此，关联关系的识别和分析处理是一体化理论的重要部分。关联关系包括的范围较广、层次较多，包括标准化对象层级关系、标准化对象和属性之间的关联关系。标准化对象层级关系表现为对象之间的上下层级关系、并列关系、顺序关系等；标准化对象和属性之间的关系，表现为标准化对象包含相关属性。

另外，系统与外部环境也存在关联关系，其具体表现为标准化对象的属性增加。如环境属性，一方面对象的存在必然会受到环境的影响，需要考虑相应的措施将环境的不利影响降到最低，如针对可能存在的洪水、泥石流等需要考虑水工保护系统；另一方面对象也会对环境产生影响，需要考虑环保的问题。

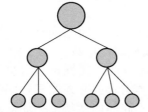

图 4-4　标准化对象层级关系

1）上下层级关系

将一个系统作为标准化的总体对象。系统内部结构呈现模块层次关联结构，特点为：系统由所包含子系统及子系统间的关联关系组成，子系统则由对象及对象间的关联关系组成；对于简单系统，可直接由对象及对象间的关联关系组成。

2）并列关系

对于一个系统所包含的对象或一个对象所包含的要素，在某同一层级上的对象或要素呈现并联关系。这种类型的关系往往不易区分流程上的先后顺序、相互间的包含关系，因此呈现并列关系。在形成标准体系框架时并列关系的对象可在章节上处于同一级别的章节排列。例如油气管道的给水系统、排水系统分别针对用水需求和排水需求，相互间并无太大的交叉和流程上的先后关系。

3）顺序关系

这种结构主要是针对具有流程上关联的对象，在排列上必须遵照对象之间前后的流程关系进行排列。这种流程关系也是生命周期或业务流程的一种表现形式。

（五）标准化领域

1. 定义

标准化领域即一组相关的标准化对象。

2. 特征

一体化系统中各专业均可视为标准化领域。具有以下特征：

（1）领域内全体标准化对象组成。

（2）以核心标准化对象组成核心领域。

（3）可采取优势集中原则，即交叉标准化对象可划入关联关系所占比重较大的领域。

（4）应考虑使用惯例，可结合业务部门组织结构，参考现行学科分类。

（六）标准一体化系统

1. 定义

由所有标准化对象及其属性和关联关系，相互结合，形成的有机整体。

2. 特征

标准一体化系统由系统衍生而来。标准一体化系统的基本组成单元如图4-5所示。属性和关联关系围绕标准化对象而存在，系统包含的全部标准化对象，以及属性和关联关系共同形成标准一体化系统，并且系统与外部环境也存在着关联关系。

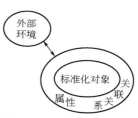

图4-5　一体化系统单元

环境包括系统外部存在的自然环境和社会环境。一方面对象的存在必然会受到环境的影响，需要考虑相应的措施将环境的不利影响降到最低，如针对可能存在的洪水、泥石流等需要考虑水工保护系统；另一方面对象也会对环境产生影响，需要考虑环保的问题。社会环境主要指对象与人类群体之间的关系，即受人类群体及对人类群体的影响。油气管道系统作为复杂的人工系统，体现了强烈的人类群体需求，在其全生命周期的任何阶段都是人类群体在主导，但油气管道系统存在诸多风险事关人类群体的安全。

（七）一体化标准化

1. 定义

基于标准化对象、属性及关联关系，建立一体化标准，并贯彻实施的标准化活动。

2. 特征

将一体化标准化对象及其属性和关联关系作为一个系统开展标准化工作，并且范围应明确并相对完整。

原理三：标准化对象是标准的客体，标准是标准化对象及相互关系的反映和表现。

一体化的基本标准化过程包括系统向标准化对象的转化、标准化对象向标准的转化两个过程。

第一个过程是基于系统的客观性，实现的第一次标准化，即从系统的复杂的组成对象和关联关系中，挖掘需要和可以进行标准化的对象和关联关系，形成可标准化的对象及所包括的属性等内容。

第二个过程是标准化对象和属性内容的描述化，即将标准化对象和属性通过一定形式反映出来。一般的形式是文本，也可以通过可视化等方式实现。

需要注意的是，在两个过程中，系统的客观性都会有一定程度的损失。这是因为，标准化是人类活动的产物，标准化的过程一定是人为的过程。人的干预不可避免会带来主观性。通过一体化理论研究，可以一定程度乃至很大程度上降低这种主观性，但无法从根本上消除。

原理四：系统对象向标准化对象的转化、标准化对象向标准的转化均形成"负熵"。

该原理是基于负熵原理和一体化对象的进化原理提出。标准化是一个趋向有序化的过程，将无序的对象形成有序关联的系统。这个过程是混乱度减小的过程。转化过程混乱度的减小和有序度增加是系统结构和功能优化的必要条件，也是开展标准化过程研究的价值所在。

原理五：标准化协调原理、简化原理、统一原理、最优化原理。

目前标准化相关的理论经过发展形成了较为公认的标准化四个基本原理，即通常指"统一原理、简化原理、协调原理和最优化原理"。简化、统一、协调、最优化等原则是企业标准化长期活动的总结，是相互关联的有机整体，在企业标准化活动中起着重要的指导作用。它们既是标准化活动客观存在的规律性法则，又是指导企业标准化实践活动的依据。在一体化标准构建过程中应满足标准化基本原理的要求。

（八）一体化标准/标准综合体

1. 定义

系统分析标准化对象及其属性和关联关系，通过标准化对象和属性聚集组合，建立覆盖全面、结构层次合理、协调最优的全套标准。

2. 特征

标准化对象是标准的客体，标准是标准化对象及相互关系的反映和表现。一体化标准具有如下特征。

（1）综合性：一体化标准以标准化对象建立全生命周期综合性标准为主，

必要时以对象属性建立系列辅助标准。

（2）唯一性：当子层级标准化对象组建另一个标准时，则在父层级标准文本中明确指向子层级标准化对象，进行引用。

（3）全面性：设置的一体化标准内容应涵盖所有相关的标准化对象和属性。

在一体化标准化过程中，标准化对象和属性的聚类组合主要包含通用化、模块化、系列化、协同互操作性四种类别。

（1）通用化：对象共性和相似特征，经归并、优选、简化，找出其共同的特性，使一种对象拥有多种对象的使用要求因素，将有对多种对象广泛的适用性范围，如图4-6(a)所示。

通用化的数学关系是多个对象或属性集合的归属化关系，通用化的数学模型为：

$$x_i \in A \qquad (4-1)$$

式中　x_i——第 i 种对象或属性（$i=1,2,\cdots,n,n$ 为自然数）；

　　　A——通用对象或属性的集合。

式(4-1)的通用化数学模型的含义是，通用化是一种包含性的集合关系，它能包含多种不同的对象或属性。

（2）模块化：是按特定功能或空间结构进行的标准化对象的分解与合成，模块化主要有几何模块化、方法模块化、功能模块化等，如图4-6(b)所示。

模块化的数学模型见式(4-2)，集合由 m 个组件模块 a_1、a_2、a_3、$\cdots$、a_m 组成，每个组件模块又可细分为子模块：a_{11}、a_{12}、$\cdots$、a_{1n}，a_{21}、a_{22}、$\cdots$、a_{2n}，$\cdots$，a_{m1}、a_{m2}、$\cdots$、a_{mn}。每个组件模块的子模块数不一定是相等的，组件的子模块为 p 个，小于 n 个时，$a_{ji}=0$，$j=1$，2，$\cdots$，m，$i=p+1$，$p+2$，$\cdots$，n。模块化的数学模型为：

$$\begin{vmatrix} a_{11} & a_{12} & \cdots & a_{1n} \\ a_{21} & a_{22} & \cdots & a_{2n} \\ \cdots & \cdots & \cdots & \cdots \\ a_{m1} & a_{m2} & \cdots & a_{mn} \end{vmatrix} \Rightarrow \begin{bmatrix} a_1 & a_2 & \cdots & a_m \end{bmatrix} \Rightarrow A \qquad (4-2)$$

（3）系列化：是同类对象的主要属性按照一定科学规律离散形成的相似对象集合，如图4-6(c)所示。

（4）协同互操作性：是对复杂系统的技术、结构、信息等关系实施统一化形成的综合性、多维度统一化。协同互操作性是更高等级的统一化，同时包含通用化、系列化、模块化等多种组成形式，如图4-6(d)所示。

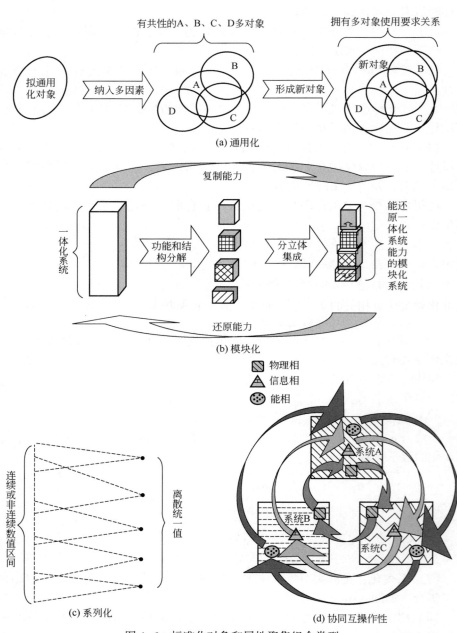

图 4-6　标准化对象和属性聚集组合类型

（九）标准化对象向标准转化原则

1. 标准化类型

针对系统中的不同层次的组成要素，可从不同方面开展标准化，见表4-1。

表4-1 标准化类型

系统	综合性	共性
标准化领域	综合性	共性
标准化对象	综合性	共性
标准化对象的属性	配套性	个性

（1）针对系统的标准化：宜制定综合性标准，包含下属所有相关对象及对象间的共同属性及关联关系。

（2）针对标准化领域的标准化：宜制定综合性标准，包含领域内所有标准化对象、属性和关联关系。

（3）针对标准化对象的标准化：宜制定全生命周期综合性标准，应包含标准化对象所有相关的下一层级对象、属性和关联关系。

（4）针对标准化对象的属性的标准化：宜制定辅助配套类标准，包含该标准化对象下一层级所有具有该属性的标准化对象、属性及关联关系。

2. 标准转化原则

基于标准化对象，给出标准化对象向标准转化的原则。

（1）油气管道一体化标准体系应以标准化对象为基础建立。

（2）标准化的范围包括系统、要素、属性、关联关系，即都可制定标准。

（3）系统类对象宜制定标准，要素、属性和关联关系宜作为标准内容条款。

（4）一体化标准以制定综合性标准为主，即以系统类对象为主形成综合性标准。

（5）专业内标准设置及标准内容组织还应考虑由整体通用到特殊个性的顺序。

（6）标准化对象的个性属性等不宜在综合性标准中进行规定时，也可制定配套性标准。

（7）对象基本属性或通用属性标准化，应包括该对象所含的全部下层对象或要素。

（8）当系统包含2个及以上对象时，应对相关所有对象共性及关联关系进行规范，可通过以下原则转化：

① 制定总则性标准，并宜与对象平级或上升一级。

② 制定总则性条款，作为排序靠前的章节。

（9）标准中存在交叉重复的标准化对象，只在一个标准中规定，其他标准引用。

（10）新标准需求的处理应先考虑修订现有标准，若现有标准的范围无法包括新需求，可制定新标准。

四、标准一体化建设方法、模型及流程

基于天然气与管道一体化标准体系建设经验，运用一体化理论，通过探索形成了一体化标准体系建设流程，如图4-7所示。

该流程从标准及业务界面梳理出发，通过系统的要素分解，提取标准化对象，进行标准化对象的分级分类，建立标准化对象和属性数据库，通过标准化对象分析构建标准体系，并基于标准体系通过标准化对象和要素聚集组合形成标准综合体。

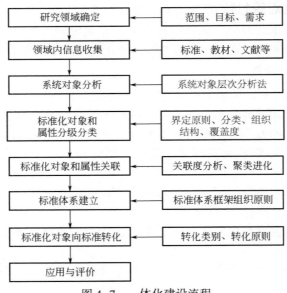

图4-7 一体化建设流程

（一）领域确定及信息收集

信息收集是通过各种方式获取需要的信息。信息收集是构建研究系统的

最关键的一步。信息收集工作的完整度直接关系到后续标准体系建立工作的质量。信息可以分为原始信息和加工信息两大类。原始信息是指在经济活动中直接产生或获取的数据、概念、知识、经验及其总结，是未经加工的信息，如生产业务流程等。加工信息则是对原始信息经过加工、分析、改编和重组而形成的具有新形式、新内容的信息，如国内外相关标准以及其他文献资料等。两类信息都对系统的构建发挥着不可替代的作用。

1. 准确性原则

该原则要求所收集到的信息要真实可靠。当然，这个原则是信息收集工作的最基本的要求。

2. 全面性原则

该原则要求所搜集到的信息要广泛，全面完整。只有广泛、全面地搜集信息，才能保证系统的完整性，为标准体系的建立提供保障。当然，实际所收集到的信息不可能做到绝对的全面完整，因此，如何在不完整、不完备的信息下构建完整的系统也是信息收集的重要内容。

（二）系统对象分析

在构建一体化标准体系时，为满足一体化的要求，保证实现综合目标最佳，应首先保证系统各方面和各阶段的要素的完整性。因此，系统要素分解时应尽可能提取出各系统模块包含的要素。分解得到系统要素主要通过以下模型实现。

1. 系统层次关联结构分析

将研究对象作为一个系统，则系统包含了全部标准化内涵。包括组成系统本身的对象、组成对象的不同结构关系、系统内部的关联关系以及和环境之间的关联关系等，这是形成一体化标准的全部标准化范围和内容。在建设实际的企业标准体系时，应首先进行系统的分析，如图4-8所示。所需要做的就是从中发现、挖掘其标准化特性，具有以下特征。

（1）系统内部结构呈现层次关联结构，特点为：系统由所包含子系统及子系统间的关联关系组成；子系统则由对象及对象间的关联关系组成；对象可进一步分解为更细分的对象，直至不具备拆分性时确立为要素。系统包含对象，对象包含要素。

（2）系统包含核心对象，其他对象围绕核心对象功能的实现而存在。

（3）关联关系包括系统内、与环境间的关系。其中系统内的关联关系表现为系统的结构，主要通过设计实现；与环境的关系可赋予对象新的属性，增加新的要素；将一个系统作为标准化的总体对象。系统内的全体对象均与环境发生相互关系。

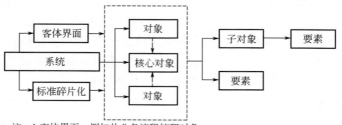

注：1.客体界面：例如从业务流程梳理对象
　　2.标准碎片化：从既有标准分解获取对象

图 4-8　系统层次关联结构分析

2. 标准碎片化模型

现行国标、行标、企业标准的内容是系统对象和要素的重要来源，通过标准碎片化模型（图 4-9）可实现标准内容的分解，从而提取系统对象和要素。另外，通过业务梳理对缺少的系统对象和要素进行补充。

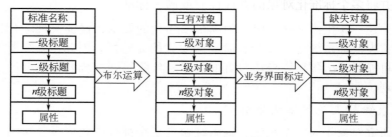

图 4-9　标准碎片化模型

例如，以油气管道腐蚀控制专业进行标准碎片化见表 4-2。

表 4-2　腐蚀控制专业系统层次分析

业务	位置/环境	材料/设备	设计	施工	运行维护
防腐层保护＝涂层保护	埋地管道	3PE 液体环氧类涂料 聚乙烯胶粘带 环氧粉末防腐层…	选型 结构设计 厚度 技术要求 …	表面处理 现场涂覆 检验 修补 …	检查 检测 修复 …
	架空管道				
	冷弯管				
	穿越管道				
	储罐	耐水性、导电性、绝缘性			
	…	…			

续表

业务	位置/环境	材料/设备	设计	施工	运行维护
保温	埋地管道	泡沫塑料 耐高温聚氨酯泡沫塑料 …	选型 材料 …	表面处理 布置安装 …	检查 修复 …
	架空管道				
	…				
阴极保护	埋地管道	强制电流 牺牲阳极 电绝缘 检测系统	电位 电流密度 布设 测试点	安装 调试 检测 修复	参数测试 管理 …
	水下管道				
	区域阴极保护				
	储罐				
…	…	…	…	…	…

（三）标准化对象和属性分级分类

1. 标准化对象和属性的界定

根据梳理的系统对象，对需要标准化的系统对象进行界定，提取标准化对象，并将多个标准化对象的共性性质或同一标准化对象的不同方面提取作为属性。属性依附于标准化对象存在。

（1）标准化对象：核心对象，系统的核心要素。标准化对象的界定原则如下。

完整性：组成标准化对象的各要素相互关联，通过一定结构形成完整的整体。完整性可通过多种形式，包括通过紧密空间连接，也可通过某种机制联系形成整体，如仪表自动化系统通过通信传输形成整体。

独立性：作为一个整体相对独立的对外表现功能。独立性表现在两个方面：一是脱离整体的任何一个部分或要素，将无法表现出对象的功能。这是根据系统工程的"突显性"原则得出；二是对象功能不依赖于系统内其他对象，脱离系统对象功能仍然能够存在。对象的独立性可理解为功能独立性输出，系统为各对象功能的输入，对象功能发挥不依赖其他对象，系统功能依赖所有所含对象的功能。

连续性：空间上、结构上或功能上有连续性。该原则的意义在于确立的标准化对象所含各要素是具有内在关联关系，而不是相互孤立，或者说相互孤立的要素不应归结为同一个标准化对象的要素。

（2）衍生类标准化对象：由标准化对象的属性衍生。标准化对象通过与其包含的属性进行遍历交叉组合，可形成多个系列的衍生类标准化对象。

2. 属性管理模型

标准化对象的属性采用多维度多层级的矩阵模型表示，属性分为多个维度（m），并且每个属性维度内包含多个层级（n）的分类，如图4-10所示。

属性	分类	描述方式
I	$[a_1, a_2, a_3, \cdots, a_n]$	$P_1[n]$
II	$[b_1, b_2, b_3, \cdots, b_n]$	$P_2[n]$
...		
m	$[m_1, m_2, m_3, \cdots, m_n]$	$P_m[n]$

图4-10　属性分级分类模型

3. 标准化对象和属性关联

标准化对象与属性之间的关联关系，通过关联性评价确定标准化对象应包含的属性。关联性评价见表4-3。当 $P_1[n]$ 属性对对象 O 有影响时，则对象 O 包含该属性，否则，不包含该属性。

表4-3　标准化对象与属性关联性评价

标准化对象与属性	关联性分析	关联关系
$O[P_1[n], P_2[n], \cdots P_m[n]]$	某一属性变化对对象有影响	对象包含该属性
$OP_2[n], \cdots P_m[n]]$	某一属性变化对对象无影响	对象不包含该属性

4. 标准化对象分类

1）线分类法/层级分类法

线分类法是将分类对象（即被划分的事物或概念）按所选定的若干个属性或特征逐次地分成相应的若干个层级的对象，并排成一个有层次的，逐渐开展的分类体系。在这个分类体系中，被划分的对象称为上一层级对象，划分出的对象称为下一层级对象，由一个对象划分出来的下一级各对象，彼此称为同级对象。同级对象之间存在着并列关系，下一层级与上一层级对象之间存在着隶属关系，线分类模型具体如图4-11所示。在采用线分类法时有以下要求：

（1）由某一上一层级对象划分出的下一层级对象的总范围应与该上一层级对象范围相等。

（2）同一层级内的对象不应交叉、重复，并只对应于一个上一层级对象。

（3）分类要依次进行，不应有空层或加层。

136

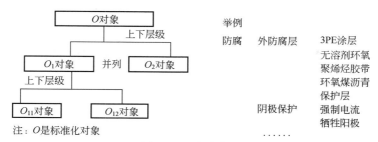

图 4-11　线分类法

2）面分类法/组配分类法

面分类法是将所选定的分类对象的若干属性或特征视为若干个"面"，每个"面"中又可分成彼此独立的若干个类目。使用时，可根据需要将这些"面"中的类目组合在一起，形成多个复合类目，与标准化对象组合最终形成多组子标准化对象。具体如图 4-12 所示。使用时，将有关类目组配起来，如埋地管道 3PE 涂层设计、埋地管道 3PE 涂层施工等。在采用面分类法时有以下要求：

（1）根据需要选择分类对象本质的属性作为分类对象的各个"面"。

（2）不同"面"内的类目不应相互交叉，也不能重复出现。

（3）"面"的选择以及位置的确定，根据实际需要而定。

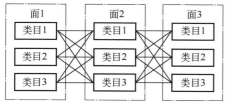

对象	敷设方式属性	生命周期属性
3PE涂层	埋地管道 穿越管道 跨越管道 并行管道	设计 施工 运行 维护 报废

图 4-12　面分类法

3）混合分类法

混合分类法是将线分类法和面分类法组合使用，以其中一种分类法为主，另一种做补充的分类方法。在一体化标准化对象的分类中，采用混合分类法进行分类，建立的标准化对象分类模型如图 4-13 所示。标准化对象在纵向上为树状层次结构，在横向上按照一定规则排列，并通过与关联的属性组配形成多组衍生类对象。标准化对象之间的关联关系包括上下层级、并列、顺序关系等。上一层级对象通过下一层级的所有对象和属性进行描述。最终，通过标准化对象及其属性实现了对系统的描述。

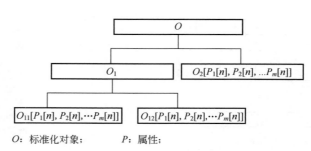

O：标准化对象； P：属性；

图 4-13　标准化对象分类模型

　　每一个标准化对象都应安排在恰当的层次上，对具有共性及关联关系的多个标准化对象进行规范时，通过提取共性特征作为共性标准化对象，然后将此共性标准化对象安排在上一层级，扩大其通用范围以利于一定范围内的统一。

（四）标准体系的构建

1. 绘制标准体系结构

　　标准体系框架的构建遵循以下几个原则。其组织架构见表 4-4。

表 4-4　标准体系组织架构

共用基础标准									
关联协调标准									
A 专业			B 专业			C 专业			…
A$_1$	A$_2$	…	B$_1$	B$_2$	…	C$_1$	C$_2$	…	…
…	…								

　　（1）标准体系的第一层应为全体对象组成的系统。顶层设计是由所有对象的基础或通用部分组成，作为其他标准的基础并普遍适用，具有广泛的指导意义。

　　（2）标准体系的第二层应为对所有专业进行协调的总则性标准组成，对各专业的交集部分进行协调统一，对非交集部分进行整体性协调，从而将各标准化对象进行联系、结合和协调，使整个系统成为一个有机联系的体系，并实现标准体系效能最大化。

　　（3）标准体系的第三层应为专业。若有需要，可细分专业层级。可参考以下原则：

　　① 以核心系统或对象组成核心专业。

② 交叉对象应划入与其本质属性最相关的专业。

③ 应考虑使用惯例，可结合业务部门组织结构，参考现行学科分类。

（4）标准体系第三层下可设细分的框架，也可直接由具体标准组成。

（5）标准章节宜按照对象—子对象—生命周期—要素顺序原则排序，也可按照生命周期—对象—子对象—要素顺序原则排序。

（6）标准章节不宜设置过多层级，合理的层级宜为 2 级到 4 级。

2. 标准体系结构类型

标准化对象是标准体系构建的基础，从不同标准化对象的角度，确定标准体系结构关系，具体可包括以下几种类型：

1）空间结构型

按照对象存在的空间构成和方位关系进行类别的划分，比如线路、站场。

2）时间型

按照对象的生命周期或业务流程进行分类，如管道设计、施工、运行。

3）功能型

按照对象所能实现的业务功能进行的分类方式，如质量、健康、安全、环保等。

4）其他类型

以上是基本的三种类型。由于油气管道系统的复杂性，根据对象的类型和实际需求，也可以采用其他的标准体系构建类型，如采用多种分类方式的集合模式。

3. 各专业的标准子体系

建立各专业的标准子体系即确定各专业内包含的标准，各专业内的标准化对象的分类可从若干不同的角度进行，如对象可按照生命周期序列、功能、空间结构等维度进行划分。在建立标准体系时，可以将多维度的分类对象向其中的任何一个维度进行映射，即将多维度分类体系向单维度映射，作为标准体系的分类依据。

多维度向单维度映射：针对各专业，以某个维度的对象为主建立标准子体系，其他维度的属性映射到该维度（图 4-14）。

4. 编制标准明细表

根据标准体系结构，以及各子体系包含的具体标准化对象，确定各层子体系包含的标准，最终形成标准明细表。标准明细表中应给出标准的代号、标准名称、所属专业等信息。

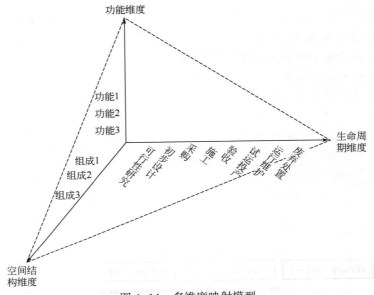

图4-14　多维度映射模型

（五）标准化对象向一体化标准转化

1. 标准化对象的进化组织结构

标准化对象的组织结构性质如下，具体如图4-15所示。标准化对象通过层层关联逐步组成系统，因而自上而下呈现层次化的总体结构。标准化对象的进化结构是形成清晰的分级分类、层次结构和标准体系中各专业的依据。标准化对象向系统的方向进化时，综合性、协调性、共性增强。标准化对象向要素的方向退化时，配套性和个性增强。

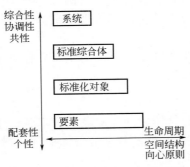

图4-15　标准化对象进化组织结构

在纵向方向上，底层为要素，相互关联的要素通过聚类形成标准化对象，进而形成标准综合体和系统。标准综合体是标准化对象进化过程中的中间级，根据系统复杂程度，当简单层级无法表现系统时，可以通过多层中间级表现。

在横向方向上，同级对象可按照生命周期、空间结构及向心原则排列。生命周期为从对象设计、施工、运行等或操作流程从始至终进行排列。向心原则是指当无法按照生命周期和空间结构进行排列时，可以先确定核心标准化对象，进而围绕核心对象对其他对象进行排列。

2. 标准化对象聚类组合模型

标准化对象按照通用化、系列化、模块化和协调互操作性原理，对标准化对象及其要素进行聚集。最终形成专业的设置、标准的设置、标准章节结构的划分，如图4-16所示。

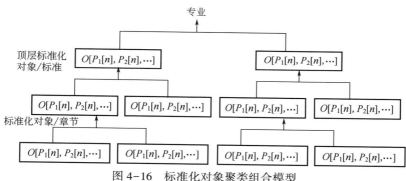

图4-16　标准化对象聚类组合模型

当以某个标准化对象构建标准时，则将与该标准化对象具有关联性的所有下一层级对象聚类组合，作为标准化对象的标准内容，并按照一定规则排序，建立标准框架，如图4-17所示。

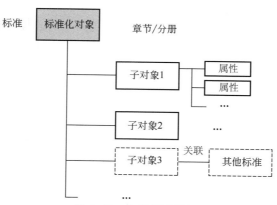

图4-17　构建标准框架

3. 标准化对象属性覆盖度分析模型

借鉴"霍尔三维结构模式"建立多维属性分析模型，分析标准化对象的属性覆盖度，如图4-18所示。通过遍历检索标准化对象和属性建立各个标准框架之后，将写入的标准化对象和属性标记为已覆盖，最终当标准化对象和属性全部覆盖时，建立的标准体系即是完善的，实现了全生命周期、全业务覆盖。

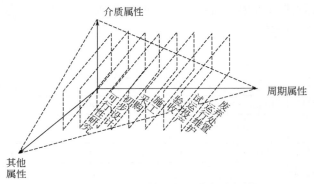

图4-18　标准化对象属性覆盖度分析模型

（六）应用与评价

1. 基于问题的标准改进提升

标准是指导生产的重要依据，同时也是解决实际生产问题的参照。基于标准化对象的问题综合协调改进方法，采用从问题分析出发，提取问题中的对象，并对照标准化对象库，提取相关的标准化对象，有效地梳理出相关的标准和对应的业务环节，并通过多方面协调分析，最终给出问题的解决方案。该模型实现了标准查找的准确性和全面性，可有效指导企业及时发现问题、解决问题。

另外，该模型也可实现以问题为导向的标准提升和完善。针对实际存在的问题，提取相关的标准化对象，并查找相关标准，当现有标准难以解决问题时，则需要对标准进行改进，最终达到标准体系不断优化的目的，实现闭环管理，见图4-19。

2. 覆盖度分析评价

标准体系的覆盖度是衡量标准体系优劣的重要指标。标准体系覆盖度包含以下几个主要因素。

（1）标准化对象的覆盖度，是否涵盖了相关的所有标准化对象。

（2）生命周期覆盖度，包括可行性研究、设计、施工、运行、维护、废弃等。

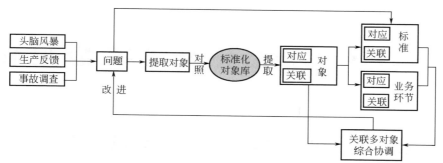

图 4-19　关联多对象问题综合协调改进模型

（3）关联关系覆盖度，包括对象的属性及关联关系、与外部环境关系等。

基于标准化对象的标准体系覆盖度分析模型，采用将标准体系进行分解，提取包含的对象，并对照标准化对象库，从多个维度分析覆盖度，并基于标准化对象的属性，分析标准的技术水平如图 4-20 所示。

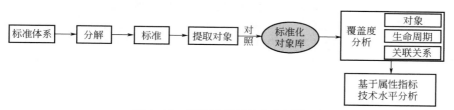

图 4-20　标准体系覆盖度分析模型

3. 标准制定修订

对照标准化对象库和属性库，当出现新的标准化对象或属性时，判定是否存在关联的一体化标准，当存在时，则将新的标准化对象或属性通过修订的方式加入该一体化标准；当无关联标准时，则依据新的标准化对象或属性制定新的一体化标准，如图 4-21 所示。

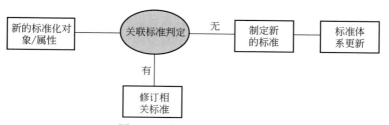

图 4-21　标准制定修订分析

第五章　油气管道标准信息化

第一节　标准信息化发展现状及趋势

一、标准信息化概述

随着全球经济一体化进程的快速推进，我国经济正日益融入世界经济全球化的大局中。经济全球化、服务信息化是 21 世纪最典型的特征，也是开展标准信息工作面临的新的外部环境。借助各种现代化的信息交流传递手段，标准信息正在以越来越方便、快捷的方式和方法进行使用和管理。尤其是计算机和网络的兴起，使得标准信息化从内容到方式都产生了极大的变化。

（一）标准资料的加工、整理和保存方式更加先进

传统的标准资料入库保存，需要经过搜集、整理加工和纸质资料发布等过程。每一过程都需要一定的人员和相应的工作程序，对手工操作的依赖性比较大。

目前标准资料多采用电子版的形式保存，标准资料通过扫描或直接录入计算机，保存成计算机文件格式或刻制成光盘。这种形式不仅能够长期、安全和完整地保存，还为标准资料的进一步加工、整理和使用提供了方便。

随着现代科技的进步发展，计算机存储技术在不断改进，与之配套的软硬件也在不断完善，使标准用户使用起来更加便捷。目前大多数的标准文本均以 PDF 文件格式存储，这种文件格式具有比其他文件格式更适合作为电子文本的优点：一是文件体积小；二是图像质量好；三是易于进行后期的加工整理。

（二）标准资料查寻、检索更加便利

电子版的文件检索工具已经被广泛接受，它正在逐步替代卡片和书本式的标准检索目录。新形式的标准计算机检索软件不仅能够提供标准号的检索，还能够根据单个关键词对标准内容和标题进行指定范围的精确和模糊检索，

并且在检索到标准名称的同时，提供标准内容的简要介绍，大大提高了标准检索速度和检索准确性。

在相关的标准信息服务网站上，还可以实现网上检索。目前，世界上比较著名的标准化机构（如 ISO、SAE、ASTM 等）的网站上，都提供网上标准检索服务。

（三）标准资料提供方式更加多样

互联网的不断发展，使许多标准资料可以直接通过网络提供。目前，世界各地的标准用户都可以通过互联网查询检索各大国际知名标准机构的标准，并且有些标准机构提供标准下载服务，标准使用者可以通过网上付费下载的方式，直接获取自己所需要的标准。随着信息网络技术的发展，国内各标准管理机构也基本建有标准信息系统提供标准资料的检索和购买服务。

（四）标准资料更新频率加快

为适应科技发展和经济全球化的需要，新标准的制定和更新周期越来越短。按照惯例，国内外各种标准修订和更新周期为 5 年，成套标准每年都会有一次新更新和补充，但随着高新科学技术发展速度的加快，标准的修订和更新也越来越快。

二、标准信息化发展现状

随着信息技术的发展，标准信息资源的信息检索经过了三个阶段：手工检索工具、光盘检索系统和网络数据库检索系统。

（一）手工检索工具

标准信息资源的手工检索工具主要指各种期刊、目录等，需要人工进行查找。随着技术的发展，有些期刊不仅以纸质形式出版，还以电子形式出版，虽然称为电子期刊，但其中标准信息的检索方式仍为传统的手工方式，故将其统称为手工检索工具。

1. 标准化期刊

期刊是标准制定机构传播标准化知识和信息的传统媒体。大部分标准制定机构均出版有相关期刊，这些期刊除刊登标准制定、使用等方面的论文和工作进展外，一个最重要的功能就是发布最新的标准草案信息、新出版的标准信息以及新作废的标准信息。

2. 印刷版目录

印刷版目录是标准制定机构提供标准信息的传统检索工具，随着信息技

术的发展，很多机构已不再出版印刷版目录，但像日本规格协会（JSA）这样的标准化机构仍每年出版印刷版目录，且部分机构不仅出版本国语言的目录，还出版英文版目录。我国国家标准目录一般由国家标准化管理委员会编写，由中国标准出版社出版，按 CCS 分类编排，包括标准号、标准名称、代替标准等信息，也包括采用国际标准、国外先进标准的信息。

（二）光盘检索系统

标准信息资源的光盘检索系统指存储在光盘上的标准信息资源数据库，可供用户在个人计算机上来查找、检索、获取所需标准信息资源信息。一般而言，标准信息资源光盘数据库需付费购买，分为单机版和网络版，包括题录数据库和全文数据库等。标准信息资源的光盘检索具有信息量大、检索功能强大、数据传输快等优点，缺点在于数据更新速度较慢、使用环境受限。一般由专业标准情报机构购买后提供给用户使用，或单位购买后供内部员工使用。

（三）网络检索系统

标准信息资源的网络检索系统指用户在个人计算机上通过互联网进行浏览、查找、检索、获取所需标准信息资源信息，具有分布存储、信息丰富、更新及时、资源整合、检索方便等优点，是目前主要的标准信息资源检索工具。互联网上的标准信息资源网站数量众多，比较常用的标准信息资源网站包括标准制定机构网站、标准出版机构网站和标准服务网站等。

三、标准信息化发展趋势

随着信息技术的发展、标准数量的激增和用户需求的增加，标准信息化将出现标准信息技术的革新和标准信息服务模式的转变。

（一）标准信息技术革新

1. 智能化

目前的标准信息服务存在查全率和查准率较低的问题，未来的标准信息服务应能及时挖掘新的标准信息，实现多途径检索、用户交互式检索等功能，提高标准信息检索技术水平并实现智能检索。

2. 个性化

随着互联网的飞速发展，每个人对信息的需求不再满足于单一化的大众需求，不同用户需要不同的服务。如何使用户更方便和快捷地检索、满足用户个性化检索要求，将是标准信息服务重要的发展方向。

3. 大数据

通过对标准制定修订依据、标准关联信息等标准大数据的挖掘、分析和管理，实现标准研究领域、发展方向的分析，为标准管理人员和标准研究人员提供技术支持，是标准信息化发展的新趋势。

（二）标准信息服务模式转变

1. 从被动式服务向主动式服务转变

目前，国内标准信息服务机构将主要将精力集中在标准信息的采集和组织上，很少去主动向用户推送标准信息。随着知识经济的到来和市场经济的逐步深入，这种被动式的服务模式不仅无法满足用户需求，还不利于标准信息服务机构自身竞争力的形成。在标准知识经济时代，标准信息服务将转变以往被动式的服务模式，以主动标准咨询、实时标准咨询和标准信息推送等方式开展主动式服务。

2. 从大众化服务向专业化服务转变

目前，国内标准信息服务机构面对层次不同、需求各异的用户均提供统一的大众化标准文献服务。这种服务很少从用户的专业需求角度进行标准信息的采集、组织，提供的标准信息也是"大而全"，无法真正满足专业用户的标准信息需求。标准信息服务平台将针对新的用户需求开展专业化的服务，为用户提供专业标准信息定制服务和专业页面定制服务。

3. 从标准文献服务向知识服务转变

传统标准信息服务的核心主要体现在标准文献的组织、检索与传递上，而这种服务难以让用户直接接受标准文献中的有效信息，无法满足用户深层次的标准信息需求。因此，标准信息服务需将核心功能定位于标准知识服务，通过对标准信息的深层次析取、综合和创新形成标准知识服务产品，为用户提供深层次的标准知识服务。

4. 从单一化服务向综合化服务转变

目前，标准信息服务大多以"馆藏标准文献"为中心，向用户提供单一化的标准文献服务。这种服务不仅无法满足知识经济时代用户综合化的标准信息需求，还不利于标准信息服务机构信息、人才和技术资源的整合，阻碍了标准信息服务机构的自身发展。标准信息服务将从提供标准制定全过程咨询服务、提供一体化标准解决方案、构建一站式标准信息服务平台等方面入手，提升综合化服务能力。

第二节　标准信息化系统与应用

一、油气管道标准信息化技术应用概况

随着计算机及信息技术的飞速发展，标准化工作离不开信息化的支持，信息化可以实现标准信息在企业内高效、快捷的传递，有利于提高标准化工作的效率、管理水平及监督能力，促进标准的全面贯彻执行。

自 2009 年起，通过将标准全文数字化加工技术、题录检索技术、全文检索技术、揭示检索技术、可视化技术、移动检索技术、协同工作技术、术语提取技术等应用于油气管道领域，陆续设计开发了天然气与管道标准信息管理系统、天然气与管道标准内容揭示系统 PC 端、移动 APP 客户端和标准可视化系统。实现了对标准信息的深度检索，以及标准技术指标的精确定位和横向对比；实现了标准信息的移动检索和检索过程及结果的可视化；实现了标准制定修订全过程管理和标准编写、审批等业务工作的无纸化及网络协同；实现了标准化工作全过程管理，进度实时监控和动态跟踪；提高了标准的查全率与查准率，全面提升了标准化工作质量和效率，极大提升了油气管道标准信息服务水平。

二、天然气与管道技术标准内容揭示系统介绍

标准查询系统建设与维护是标准信息化的重要工作，目前许多企业都建有标准检索系统，主要提供标准题录检索查询、全文浏览下载、信息发布以及技术论坛等功能。传统常用的标准检索方式为"基本字段信息"检索，一般仅能提供对标准名称、主题词进行检索，而技术指标一般会分散在技术标准中，传统的检索方式只能通过题录数据库检索到相关标准，逐一翻阅标准原文来查找技术指标的相关内容，但是这样的方法较为耗时，并且难以保证查全率。此外，同一技术要求或技术指标经常会出现不同的国际标准、国家标准、行业标准、地方标准和企业标准中，用户经常需要对不同标准中的相同产品的技术指标进行对比研究，但传统的检索方法不能同时检索到不同标准的技术指标，无法实现不同标准中同一技术指标的对比。

标准内容揭示技术是一种新的标准检索技术，通过对标准技术指标的

系统揭示和有效组织，能够实现从"基本字段信息"到"重要技术指标"的高效的标准信息检索。该技术实现了以下四种功能：（1）能够实现对标准内容中技术指标的精确定位与检索；（2）技术指标相关的标准体系检索；（3）不同标准中同一技术指标的对比；（4）标准原文及引用条款的快速查看。

天然气与管道标准内容揭示系统主要为生产技术人员、科研人员以及管理人员提供集标准检索的标准查询服务系统。系统标准数据范围主要是油气储运领域相关的国家标准、国外先进标准、行业标准以及企业标准等，目前收录揭示数据约 50000 条。天然气与管道技术标准内容揭示系统 PC 端系统主界面如图 5-1 所示。

图 5-1 天然气与管道技术标准内容揭示系统 PC 端系统主界面

标准内容揭示检索包括直接检索、高级检索和全文检索 3 种检索方式。

（一）直接检索

在关键字输入框输入多个关键字，以空格相隔，单击检索，即会出现相关标准。勾选含下层标准化对象检索，所查主题词的下位概念主题词相关的内容会显示，勾选含上层标准化对象则所查主题词的上位概念主题词相关的内容会出现；若含上、下层标准化对象同时选中，可查询与关键词相关的所有结果。该方式为模糊检索，可以满足大多数用户的简单需求。

（二）高级检索

可以精确检索到标准内容中的具体指标，并能直观地进行技术指标的对比，查准率高，结果精确。高级检索分为直接式检索和导航式检索两种方式。

1. 直接式检索（标准化对象+内容或指标检索）

在"标准化对象"与"内容或指标"输入框中分别输入关键词，单击检索，即可检索出结果。

2. 导航式检索（标准化对象+标准内容分类、标准内容重要指标检索）

标准化对象输入框中输入关键词，点击"标准化对象类"，用户根据右侧属性栏中"标准内容分类"或"标准内容重要指标"的导航选项卡，选中技术指标，单击检索，即可检索出结果。

标准内容分类与标准内容重要指标检索界面如图5-2所示。

图5-2　标准内容分类与标准内容重要指标检索界面

（三）全文检索

对标准所有细分内容及技术指标进行检索，查全率高。在"关键词"输入框输入关键词，多个关键词以空格相分隔，即可查询到所有与所查关键词相关的内容，并标红显示。

揭示检索结果界面可以查看检索的关键词的相关结果，点击"查看内容"或"查看引用条款"可直接查看标准详细内容以及标准引用条款内容。

在检索结果页面，双击"标准化对象""标准化对象要求"或"标准内容结构化名称细分"任意一项，可添加内容到对比框，方便用户进行指标对比。

三、天然气与管道技术标准内容揭示系统移动 APP 客户端介绍

天然气与管道标准内容揭示系统手机 APP 客户端应用于天然气与管道领域，满足广大管道工程技术人员对标准具体技术内容指标的异地检索和移动办公需求，更好地服务油气管道工程建设与运营管理。

天然气与管道标准内容揭示系统手机 APP 客户端具有以下特点。

（1）具有标准信息管理系统和标准内容揭示系统 PC 端的主要检索功能。

（2）兼容 IOS 和 Android 两大主流平台。

（3）适配多种屏幕尺寸及平板电脑。

（4）实现手机端权限和信息安全控制。

（5）采用先进的混合式开发模式。

天然气与管道技术标准内容揭示系统移动 APP 客户端界面如图 5-3 所示。

图 5-3　APP 客户端主界面

天然气与管道系统标准内容揭示系统 APP 客户端具有标准资讯查看、标准信息检索、揭示内容检索和标准全文检索 4 个主要功能。

（一）标准资讯查看

标准资讯查看模块每周定期为用户推送最新的标准动态、新闻资讯以及系统公告，向用户提供最新的国家及企业标准化政策、标准研究成果、标准信息资讯和系统公告等内容。

（二）标准信息检索

标准信息检索包括初级检索、高级检索和分类检索三种检索方式，能够满足用户不同的检索需求。

初级检索：是一种简单的检索方式，主要满足单个字段的检索要求，用户只需输入一个检索项，即可完成查询。

高级检索：利用布尔逻辑运算（与、或、非）组合，允许用户同时提交多个检索字段信息进行查询。点击标准号或标准名称可以进入标准题录界面。

分类检索：勾选体系的树状结构，选择相应体系，再点击"检索条件"进入检索条件界面，填写一项或多项检索条件，点击"检索"，系统会按照条件给出检索结果。

在查询结果界面点击阅读全文，安卓手机会提示通过浏览器打开，即可通过浏览器下载并打开标准原文；苹果手机会在 APP 的界面打开标准原文。

（三）揭示内容检索

直接检索：在关键字输入框输入多个关键字，以空格相隔，单击"检索"，即会出现相关标准。勾选含上层标准化对象和（或）含下层标准化对象，即可检索到所查主题词的上位概念和（或）下位概念作为主题词相关的标准内容。

高级检索：可以精确检索到标准内容中的具体指标，并能直观地进行技术指标的对比，查准率高，结果精确。通过输入或选择标准化对象及内容指标即可精确检索到相关标准内容。

全文检索：对标准所有细分内容及技术指标进行检索，查全率高。在"关键词"输入框输入关键词，多个关键词以空格相分隔，即可查询到所有与所查关键词相关的内容，并标红显示。

（四）标准全文检索

在输入框输入关键词，会出现含有关键词的标准原文，在检索结果中任选一项标准名称，可进入相应的标准题录界面，查看原文。

四、标准可视化系统介绍

现阶段标准信息查询系统主要支持文字检索，检索结果也以文字或列表形式展示，检索过程不可见。标准可视化系统以天然气与管道技术标准内容揭示系统为原型，结合先进的可视化技术，实现标准信息检索过程和结果的可视化，有助于用户对标准内容的理解。标准可视系统主界面如图5-4所示。

图 5-4　标准可视化系统主界面

用户在系统主界面关键词输入框输入关键词或点击热门检索词，即可进入检索结果界面。

检索结果界面分为关键词输入及选择部分、标准化对象或属性层级结构部分、标准化对象及属性选择部分、相关标准化对象及属性部分以及检索结果部分等5部分，如图5-5所示。

（一）关键词输入及选择部分

用户可以在输入框中输入关键词或点击历史词和相关词进行检索。

（二）标准化对象或属性层级结构部分

用户可以通过树状结构图查看或选择关键词的上下级标准化对象或属性。

（三）标准化对象及属性选择部分

用户在标准化对象或属性层级结构部分选择标准化对象或属性后，标准化对象及属性选择部分的内容会进行联动，用户可以在此部分选择相关的属性或标准化对象进行检索。

（四）相关标准化对象及属性部分

相关标准化对象及属性部分会显示与用户所检索关键词相关的标准化对

象及属性，用户可以点选了解相关标准内容。

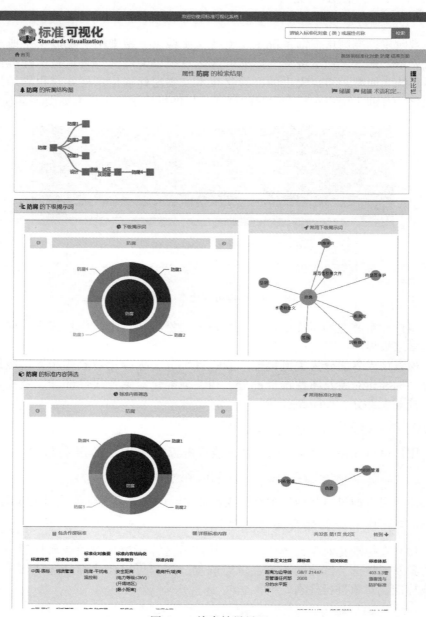

图 5-5　检索结果界面

（五）检索结果部分

用户在检索结果部分可以快速查看标准技术内容和技术指标，并可以通过添加到对比栏，实现对任意标准内容的横向对比。

五、天然气与管道标准信息管理系统介绍

天然气与管道标准信息管理系统是为生产技术人员、科研人员以及管理人员提供集标准检索、标准化管理、应用评价考核、信息推送及定制服务等功能于一体的综合性信息服务与管理系统。系统收录的标准范围主要是油气储运领域和天然气与管道行业相关的国家标准、国外先进标准、企业标准以及行业标准等。目前收录标准4400多项。

天然气与管道标准信息管理系统涵盖了天然气与管道企业标准化的主要业务，设置标准检索、标准体系、标准化工作、标准论坛、标准专家库、术语库、统计分析、考核与监督、系统管理、通知公告、动态信息、资源共享与交流等功能模块。系统除具有标准检索和标准化工作流程核心功能以外，还具有标准文本管理、标准全文处理、标准体系管理及统计分析等特殊管理功能。系统主界面如图5-6所示。

（一）标准检索

标准检索是天然气与管道标准信息管理系统核心功能之一，不同的检索方式获得的检索结果不同，最常见的检索方式有初级检索、高级检索、分类检索、全文检索、在检索结果中进行二次检索等。

初级检索：是一种简单的检索方式，主要满足单个字段的检索要求，用户只需输入一个检索项，即可完成查询。天然气与管道标准信息管理系统检索项设置主要包括标准号、标准名称、翻译题名、起草单位、起草人、发布单位、发布日期、实施日期、摘要、替代标准、采标一致性、归口单位、引用文件等。初级检索方式不易完成复杂得多条件检索，需进行二次检索。

高级检索：利用布尔逻辑运算（与、或、非）组合，允许用户同时提交多个检索字段信息，是一种更加精确的检索方式，检索结果命中率高。高级检索的优点是查询结果冗余少、查准率高，适合于多条件的复杂检索。

全文检索：是一种可以对标准内容进行检索的检索方式。全文检索技术扩展了用户查询的自由度，打破了主题词对检索的限制，提高了标准文献的查全率与查准率。

分类检索：按标准分类进行检索，主要分为国家标准、行业标准、企业标准以及国外标准、三化文件。用户可以在限定标准类别的范围内进行精确检索。

图 5-6　系统主界面

二次检索：在前一次检索结果基础上进行再次检索，这样可逐步缩小检索范围，提高查准率。

对于检索结果，用户可以点击标准名称或标准号浏览每条标准的详细信息，也可导出检索结果的题录信息，有权限的用户还可在线打印标准或将标准文本下载到本地浏览。

（二）标准体系管理

标准体系模块包括标准体系分类导航与标准体系管理。标准体系分类导航以"体系树"结构或星形地图的方式建立标准专业分类导航体系，体系树分类展示简单方便，用户不仅可以很直观地浏览企业标准体系层次结构图，而且还可以点击体系树里任意一类来浏览查询相应所有标准信息，同时体系里每类标准还可以直接链接到原文，这样用户可以一目了然地了解企业必用和常用的标准目录。标准体系管理主要指后台标准管理员可以对企业标准体系门类进行动态维护与管理，根据实际需要增加或删除标准体系类别。

树形标准体系结构图不仅能让用户直观地了解天然气与管道专业业务分类，还可以对每一类所有标准进行检索与在线浏览。

（三）标准化管理

标准化管理包括标准计划管理、制修订管理及标准复审管理，实现标准从申请立项到标准发布整个过程信息流程化、自动化管理。内容主要包括：立项评审、编制计划、编制标准草案、标准草案征求意见、编制标准送审稿、审查、编制标准报批稿、审批、发布、归档等。

标准化管理模块整合了天然气与管道专标委业务流程，实现了各个业务流程跨组织、跨地域的网上审批功能，大大缩短了业务处理流程的周期，提高了业务管理工作效率，使各项业务流转审批的控制和调整变得更加科学化、规范化。

1. 立项管理

立项管理包括立项通知下发、立项提交及立项审核。在该模块中企业标准化管理人员具有根据专标委下发的立项通知进行立项申报的权利。当企业标准化管理人员立项申报后，天然气与管道专标委会接收到已经申报的通知，然后进行立项提交，标委会领导根据专标委人员提交的立项进行审核。

2. 制修订管理

标准制定修订由各专标委秘书处、直属工作组（征求意见组、专家审查组、委员表决组）管理。主要业务流程：标准草案的上传和下载、审查意见的上传和汇总、报批材料的生成、标准表决、主管领导审核、审核通过上报标委会，最后审核无误后批准发布标准。主要涉及的用户是各企业的标准化管理人员、专标委以及征求意见专家及表决专家。

3. 复审管理

企业标准化管理人员接收到专标委下发的复审通知后，在标准化工作页面，点击左侧"标准化复审"下的"复审意见上报"选项，进行意见上报。标准化管理人员可以通过点击"意见上报"跳转出意见上报表进行意见上报。该模块只有企业标准化管理人员可以进行访问。

4. 发文管理

发文管理是专标委的专属管理模块。发文管理包括通知上传、下发，实现了对专标委发文的统一管理。标准立项、标准制定修订、标准复审、宣贯的通知上传和下发都在此环节中。

5. 个人事务

个人事务主要包括待办事务、已办事务以及流程跟踪。个人可以通过点击待办事务，完成业务处理，还可以通过已办事务查看已处理完成的事务的详细信息。同时个人还可以通过该模块对立项流程、标准制定修订流程以及复审流程进行实时跟踪。

（四）标准专家库

标准专家库主要收录天然气与管道行业专家的基本信息，为标准预审、审查和标准研究工作提供智力资源支持，提高标准编写和标准研究的科学性和有效性。标准专家库可提供专家工作单位、技术领域以及职务职称、联系方式等信息的查询。

（五）考核与监督

为了提高各企业标准化管理水平，提高各单位参与标准立项、制修订积极性，天然气与管道标准信息管理系统设置了考核与监督模块，主要通过访问量、申报标准数以及参与标准制定修订情况等指标对各企业使用系统情况进行考核与监督。

（六）统计分析

统计分析主要包括三个方面：（1）对标准库存量、访问下载情况、更新情况等进行统计；（2）按起草单位、发布年限、采标情况等进行统计，并通过图形和数据显示统计分析结果；（3）对每年度标准立项、制修订、复审以及发布、废止标准、标准体系识别等进行统计。

（七）标准化动态

标准化动态模块主要发布企业标准化工作相关通知、公告以及标准制定修订、审查等会议纪要；发布国内外标准动态以及国外先进标准化组织有关制修订标准的动态信息，为企业制定、修订标准提供参考依据。

（八）共享与交流

共享与交流模块主要包括资源共享与在线交流两个方面。资源共享主要提供标准编写模板、标准化知识培训资料以及标准化管理中涉及的一些常用设计文件模板（如立项报告、征求意见稿、专家意见汇总表等）的下载。

在线交流主要以论坛形式供系统用户之间、企业标准化工作人员之间进行信息交流以及意见反馈，便于相互沟通与学习。设置标准制定修订、标准体系、标准应用、信息共享、标准对标、系统功能等专题或主题供用户讨论及交流。

第六章　油气管道标准国际化

第一节　标准国际化意义及趋势

一、标准国际化意义

（一）标准国际化含义

标准国际化是指在国际范围内，由众多的国家和组织共同参与开展的标准化活动。该活动旨在协调各国、各地区的标准化活动，研究、制定并推广采用国际统一的标准，研讨和交流有关标准化事宜，以促进全球经济、技术、贸易的发展，保障人类安全、健康和社会的可持续发展。

（二）参加标准国际化活动的意义

参加标准国际化活动意义重大，它是贸易国际化、贸易自由化的需要，是产品国际化、企业国际化的需要，是企业技术创新和科技进步的需要，是保护全球资源和环境、维持社会可持续发展的需要，同时也是保护人类安全和健康的需要。

（三）企业参与标准国际化活动的获益

企业参与标准国际化活动将从多方面获益，主要表现在：

（1）有机会主导起草国际标准，直接参与国际标准的起草工作组的工作，将企业的技术创新成果纳入国际标准，引导国际技术的发展，使企业科技成果产业化、国际化，提高企业的声誉和国际竞争力。

（2）对需要制定的国际标准、制修订中的国际标准以及实施中的国际标准，及时提出意见和提出议案，反映企业的意见和国家的要求，争取将意见和要求纳入国际标准，以维护我国企业和国家的利益。

（3）参加国际标准的技术会议，获得大量有关国际标准制定、技术发展动向的资料，有利于企业产品的发展和技术的创新。

（4）结识很多技术专家，特别是本行业的国际专家，有利于企业加强国际交流合作和业务拓展，有利于企业提高技术水平和管理水平。

二、标准国际化发展现状

（一）发达国家标准国际化发展现状

标准国际化已经成为当今世界的主流。发达国家将标准国际化战略放在整个标准化发展战略的突出位置，积极参与标准国际化工作，将争夺国际标准主导权作为国家战略选择。在美国，政府专门设立了与企业的标准化圆桌会议，建立政府与产业联络机制，形成了政府强有力支持企业参与标准国际化活动的体制；德国把国际标准战略作为德国经济政治重要的组成部分，通过标准国际化保障其经济强国的领先地位；日本则成立了战略本部，由首相担任本部长，亲自主持制定日本国际标准综合战略；欧盟最新提出的战略，其核心是进一步巩固和提升欧洲在标准国际化活动中的领导地位。

总体看来，各国对标准国际化发展的要求虽互有差别，但共同点十分明显，即具有强烈的时代感，并且国家层面日益重视，体现了各国的标准国际化工作由工业化时代向经济全球化时代进行重大转移的战略思想，主要表现在以下方面。

（1）将标准国际化战略放在整个标准化发展战略的突出位置，积极参与标准国际化工作。

（2）将争夺国际标准主导权作为国家战略选择。

（3）政府财政支持与标准经费市场化运作有机结合。

（4）与现行的或潜在的参与者建立伙伴和战略联盟关系。

（5）统一协调标准化政策和科技开发政策。

（6）战略实施中将重点放在与社会生活相关的领域。

（7）重视新型标准国际化人才的培养。

（二）我国标准国际化发展现状

近年来，我国也日益重视标准国际化工作，积极推进我国技术标准在重点国家和地区的推广应用，并努力加强标准国际化方面的交流合作。集团公司做到在油气管道标准国际化方面话语权从无到有，取得了丰硕的成果。

在国际标准跟踪方面，持续开展了对国际标准化组织（ISO）、美国腐蚀工程师协会（NACE）、美国机械工程师协会（ASME）、美国材料与试验协会（ASTM）、美国石油学会（API）、美国国家消防协会（NFPA）、美国保险商实验室（UL）、美国电气电子工程师学会（IEEE）、美国仪表学会（ISA）、美国焊接协会（AWS）、美国水行业协会（AWWA）、美国阀门及管件制造商标准化协会（MSS）、加拿大标准协会（CSA）、澳大利亚管道工业协会（APIA）、澳大利亚标准协会（SA）、欧洲标准化委员会（CEN）、英国标准协会（BSI）、德国标准化学会（DIN）、法国标准化协会（AFNOR）、日本工业标准委员会（JISC）等20余个国外标准化组织发布标准的跟踪和分析研究工作，共跟踪与油气管道密切相关的国际标准达3000余项。

在国际标准制定及专家方面，截至2017年，正在开展的ISO标准（提案）共7项，NACE标准（提案）共3项，尤其是牵头承担了ISO 19345—1《石油天然气工业　管道完整性规范　第1部分：陆上管道全生命周期完整性管理》、ISO 19345—2《石油天然气工业　管道完整性规范　第2部分：海洋管道全生命周期完整性管理》2项ISO国际标准，目前已进入DIS阶段，全面推动了完整性管理在国际及国内油气储运行业的推广应用。NACE TG 34《防腐涂层的耐划伤试验方法》标准的发布对于提高管道外防腐层的抗腐蚀性能具有重要意义，也是长输管道在其长期的服役过程中安全运营的基本保障之一。同时，多名专家加入国际及国外先进标准化组织中，承担国际标准召集人、标准起草者、联络官等。

虽然取得了一些成就，但是总体上说，与发达国家相比，我国企业参与标准国际化工作的时间较晚，在技术和标准水平上仍存在差距，中国石油作为国内石油行业的领军企业，在推动标准国际化方面肩负着重大责任与义务，因此在未来仍需要积极推动中国在油气管道领域标准国际化方面的话语权，将企业的技术创新成果纳入国际标准，引导国际技术的发展，使企业科技成果产业化、国际化，从而提高企业的声誉和国际竞争力，维护我国企业和国家的利益。

三、标准国际化发展趋势

（一）标准国际化的发展趋势

1. 标准趋同是当前的总趋势，国际标准化组织影响力不断增强

在WTO框架下，大大增加了对标准国际化的迫切需求，促进了标准的全球趋同，同时提升了标准国际化的地位和国际标准的作用，提高了各国参与国际标准化活动的积极性和责任感。各地区和各国均制定相应的标准化发展战略，例如欧洲标准委员会（CEN）和欧洲电工标准化委员会（CENELEC）分别与ISO和IEC签署协议，确定国际标准优先原则，尽量采用现有国际标准作为欧洲标准；美国也在加大参与标准国际化活动的力度，以谋求国际标

准与本国标准的一致或相互协调。

国际标准化组织影响力在未来也将不断增强。一方面表现在国际标准成为国际贸易和市场准入的基础和必要条件，标准的制定、推广以及相关利益的协调都需要在国际标准组织的框架内展开。一项标准在全球范围内的使用和推广，意味着在全球范围内影响相关技术和产业的发展。另一方面表现在国际标准组织成员不断扩大，例如 ISO 成员国数量已经发展到 165 个，占世界经济总量的 98% 和人口的 97%。

2. 标准化领域不断扩大，重点逐渐转移

国际标准已从传统制造业扩大到高新技术产业、服务业和社会管理等领域，例如新能源、新材料，低碳技术、金融风险和社会责任等。国际标准高度关注全球经济活动中具有巨大市场潜力和利益增长点的战略性新兴产业技术发展，特别是在高新技术领域，突破了传统工业领域先有成熟技术和广泛应用再制定标准的模式，出现标准引领产业和技术发展的新态势。国际标准出现了超越传统经贸领域和产业范畴的新趋势，在社会责任、可持续发展、公共安全等领域制定国际标准，深刻影响各国政治、经济和社会发展。

3. 国际标准数量不断增加、更新速度不断加快

国际标准化的作用加大、领域拓宽，必然导致国际标准的数量不断增多。同时，为适应国际贸易和科技交流对国际标准的需要，国际标准化组织不断探索加快标准制定的程序和方法，使国际标准在数量增长的同时，标准制定、修订的速度也不断加快。目前，一项 ISO 国际标准的制定时间缩减至 36个月。

4. 国际标准与知识产权相结合

在高新技术领域，知识产权（主要是技术专利）往往与标准相结合，从而增强企业的竞争能力。国际标准涉及面广，权威性高，一旦专利纳入国际标准，将使拥有知识产权的企业获取巨大效益。

（二）油气管道标准国际化工作建议

油气管道标准国际化工作目前仍处于起步阶段，机遇与挑战并存。建议依托油气管道科研攻关成果和建设与运行经验，强化优势领域，把握技术趋势，着力培育我国具有国际领先优势和创新的技术标准，以成为油气管道领域国际及国外重点标准化组织的关键参与者为愿景，鼓励、指导、协调和组织技术专家积极参与国际及国外重点标准化组织的活动和国际标准制定修订工作，推动标准国际化人才的培养与储备，持续提高我国在油气管道领域的国际影响力和话语权，不断提升软实力。同时，全面总结标准国际化工作的

成果和经验，超前谋划部署，高瞻远瞩，进一步广泛提升整个石油行业标准国际化工作。

1. 紧密跟踪国际标准发展趋势，着力培育油气管道重点和热点领域具有优势和创新的技术标准

继续坚持定性和定量地分析油气储运领域国际发展现状和趋势，紧密跟踪研究油气管道腐蚀与防护、管道完整性管理、管道输送系统、管道安全等重点、热点与难点技术和标准，对我国具有国际领先优势和创新的油气管道缺陷检测评价、完整性管理、原油输送工艺、减阻增输、纳米降凝、腐蚀防护等技术标准进行着力培育，结合中国石油管道科技研究中心承担的油气储运领域重点科研项目，如天然气管网可靠性管理项目、管道安全预警技术研究项目等，积极推进重点领域的科研和标准化建设成果向国际标准转化。

2. 积极争取重点领域国际标准的立项，稳步推进所承担的国际标准研制工作

分析现有国际标准体系的空白和不足，掌握国际和国外标准化组织标准制定的方法与路径，找准切入点，依托重点培育的标准，有针对性地发起、完成 ISO、ASTM、ASME 等标准化机构高质量的标准提案，促进立项。在国际标准立项成功后，一方面，组建强有力的国内专家支撑团队；另一方面，充分吸纳愿意加入标准研制的其他成员国专家，形成合力，按期高质量地完成所承担的国际标准研制工作，符合国际大环境需求并协商一致，从而实现国际标准制定的重点突破，提升我国在油气管道国际标准领域的话语权。

3. 积极推进我国技术标准在一带一路国家的推广应用，促进合作交流

2016 年集团公司与俄罗斯天然气工业股份公司签署了《中国石油与俄气公司标准及合格评定结果互认合作协议》和《中国石油与俄气公司开展天然气发动机燃料领域可行性研究合作的谅解备忘录》，仍需继续探索与境外国家的多边合作机制运作模式，尤其加强与俄罗斯及中亚国家标准化交流合作，有步骤地签署标准化合作协议，建立合作机制；加强主要项目国家和地区标准信息的跟踪、收集和研究；深化与国家标准化管理委员会等部门的协作，充分发挥企业和政府的积极性。

4. 组织专家积极参与国际标准化组织的工作及活动

依托激励和保障机制，充分调动专家积极性，根据其专业特长，做好向国际标准化组织的推荐工作，同时积极争取我国优秀标准化人才承担国际及国外先进标准化组织、技术委员会、分技术委员会或者工作组领导、秘书处、召集人或者联络人等职务，敢于表达观点，有所作为，主动参与国际组织决策工作，实现国际标准舞台上中国专家由观众到主角的转变。

5. 持续开展国内外标准对标采标工作

对于我国油气储运领域技术力量薄弱环节，例如在高寒冻土区管道运行与维护、工艺优化运行与控制、管道维抢修、人员防护、环境保护等方面，积极推进国际和国外先进标准的对标工作，加强与国外先进标准化组织交流沟通，借鉴国外先进企业最佳实践做法，以"学习"和"比较"为导向，将国外先进技术要求和国际标准引进过来，并应用于现场生产实践，从而进一步提升我国技术标准水平。

6. 建立标准国际化人才培养与储备机制和标准国际化人才体系

建立标准国际化人才培养和储备机制，克服现有机制弊端，为有志于从事标准国际化研究的科研人员提供全方位培训、建立培养和激励机制。着重建立由专业领域标准国际化技术专家和标准国际化管理专家构成的标准国际化人才体系，逐步组建起兼顾知识和年龄结构的标准国际化人才梯队，包括具有丰富经验和外语沟通能力的专业领域技术专家、具有丰富标准国际化活动参与经验和较强沟通协调能力的标准国际化管理专家。

第二节　国际及国外标准制定修订流程与规则

一、国际标准化组织（ISO）

ISO 标准文件有 5 种形式：ISO 国际标准、ISO 公开获得的技术规范（PAS）、ISO 技术规范（TS）、ISO 技术报告（TR）和 ISO 的工业技术协议（ITA），此外还有 ISO Guide 和 ISO IWA（国际专题研讨会协议）两种标准出版物。ISO 国际标准是经 ISO 成员团体和技术委员会正式成员国（P 成员）对国际标准草案（Draft International Standard，DIS）和最终国际标准草案（Final Draft International Standard，FDIS）投票同意，由 ISO 中央秘书处（CS）出版印刷的标准。

ISO 标准的文件阶段定义如下。

（1）建议阶段（NWIP）：针对新工作项目提出建议。

（2）预备阶段（WD）：形成工作草案。
（3）委员会阶段（CD）：形成委员会草案。
（4）征询阶段（DIS）：形成国际标准草案。
（5）批准（FDIS）：形成最终国际标准草案。
（6）出版（ISO）：出版的标准。

二、美国石油学会（API）

一般情况下，API 中整体技术标准立项较少，在制定新产品标准或标准复审时才会出现。API 标准的制定需要经历非常严格的多层次交叉审查。图 6-1 中给出了 API 标准的制修订流程，可以看出标准条款从起草直至完成均要由任务组（Task Group，TG）和资源组（Resource Groups，RG）重复多次审议，再报分委员会（Subcommittee，SC）和标委会（Committee，C）进行审议表决。

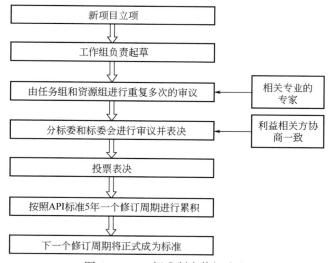

图 6-1　API 标准制定修订流程

整个审议的过程通常要经过较长的时间，直至各代表方意见协商一致结束。

（一）标准立项

API 管线标准委员会的立项原则是非常开放和严格的，API 会员和标委会成员均可以提出立项，且时间不受限制，立项应有详细的新项目建议书，包括项目名称、适用范围，并要求列入 3~5 名愿意参加项目工作组的专家。项目可以是一项完整的技术标准，也可以是某项标准中的某个章节、某个段落，甚至某一句话，一个数据。这种开放式的立项方式可以保证在现有标准基础上逐渐完善，形成技术标准的渐进式发展，使标准像生物体一样随着技术进步而"生长"。

（二）标准审议

API 标准制定过程经历非常严格的多层次交叉审查，标准条款从起草过程直至完成，均要由任务组（TG）和资源组（RG）重复多次审议，再报分委员会（SC）和标委会（C）进行审议表决。审议过程通常经历较长时间，关键是各代表方意见取得协商一致。任务组和资源组由相关专业专家组成，长期进行专题研究，对标准提案交叉审查，负责标准条款技术内容的协调一致，提供咨询和验证试验研究支持。

（三）标准投票

API 标准草案经任务组、资源组、分委员会和标委会审议后，即可进入投票表决阶段。API 有特制的投票单，通过信函进行投票。投票回执有：同意、同意附加修改意见、不同意、弃权、不投票。不同意投票必须附有具体意见；通常情况下，投票回执如附有意见，API 标委会秘书将视情况提出重新审议、再次投票或另立新的提案项目；若是编辑性意见，标委会秘书将直接进行修改。

API 标准提案投票是分阶段进行的，投票通过的修订意见不能立即写入正式标准，而是按照 API 标准 5 年的修订周期进行累积，届时才能写入标准新版本，即 5 年之内通过的任何修订条款都必须等到下一个修订周期才能成为标准条款。这种标准修订模式使得 API 标准既可以按照成员和用户意见不断修订，又能保证 API 标准具有较高可靠性和安全性，这是因为标准条款经历多层次的审议，在新标准生效前预留了足够时间，既便于用户理解和采用新标准，也为制造商进行设备和技术更新提供了条件，保证了新标准一经生效即可贯彻执行。

三、美国机械工程师协会（ASME）

在 ASME 内部，规范与标准委员会是向主管委员会汇报的五个委员会之一。ASME 规范与标准委员会下设 6 个标准制定监督委员会，标准制定监督委员会设有标准委员会，负责制定某一领域的标准。ASME 建立了规范与标准制定程序，任何个人或组织都可以提出制定标准的需求，提出人或技术组起草

标准草案，按照规定程序进行审议与表决，经过投票委员会表决同意后向社
会公布、征求意见。ASME 标准制定程序具有公开、透明、利益均衡和过程适
当的特点，取得了美国国家标准学会（ANSI）的认可，ASME 和 ANSI 标准联
合制定程序如图 6-2 所示。

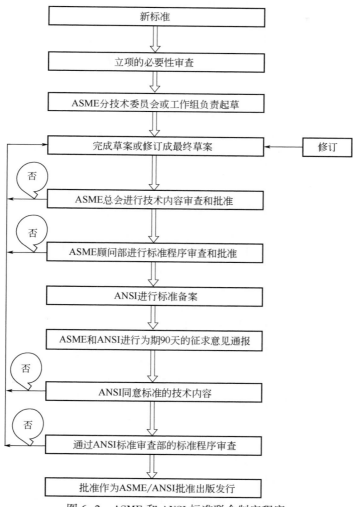

图 6-2　ASME 和 ANSI 标准联合制定程序

（一）请求制定 ASME 新标准提交材料要求

ASME 规范与标准制定委员会定期会晤，商讨根据技术进步、最新数据以

及环境与行业需求变化而进行修订的事宜。规范与标准制定委员会的所有会议均可免费参加，并且向普通公众开放。

委员会将考虑符合以下条件的普通公众信件：

（1）请求解释说明。

请求详细说明现有要求的适用情况。

（2）请求修订。

请求修订现有要求的措辞，或者提议一项新要求。

（3）请求规范案例（仅限锅炉和压力容器规范）的使用。

请求允许涉及材料、建造或运行中检查工作方面的替代规则的使用。

（4）请求制定新标准。

请求正式评估制定一个新 ASME 标准的提议。

对新规范或标准的需求可能来自个人、委员会、专业性机构、政府机构、产业集团、公共利益集团，或者 ASME 部门、分会。需求首先会提交给相应的监督委员会考虑。然后，委员会将这一需求分派给现有委员会（由知识渊博的志愿者组成），或决定是否必须组成新标准委员会。一旦相应的委员会断定制定的标准非常有吸引力而且很有必要，则开始启动标准制定程序。

ASME 标准委员会投票程序旨在确保可以达成由 ANSI 定义的共识。在会议上进行投票，投票结果通过邮寄、电子邮件发送，并在 ASME 网站上公布。如需解决反对票，可能需要重复投票。如果个人会员认为未遵守正当程序，可以向标准委员会、监督委员会、听证及申述委员会提出上诉。

推荐标准或修订版同样需要在《机械工程》杂志（Mechanical Engineering Magazine）、ASME 网站以及 ANSI 标准操作出版物中接受公众审核。在公众审核期间，任何人都可以向委员会提出意见，委员会必须给予回复。草案也递交至监督委员会和 ANSI 等待审批。当所有需要考虑的事项都已解决，文件即可通过审批成为美国国家标准，然后由 ASME 出版。

在请求制定 ASME 新标准前期，需要准备相应的材料，可参考如下要求，准备所需要的材料。

（1）需要明确拟主导制定一个新的 ASME 标准，还是对现有相关的 ASME 标准提出修订建议。

（2）申报制定标准需要拟定标准名称和所属范畴，同时需要提供相应的技术报告和指南（即标准初稿）。

（3）申报制定标准需要明确利益相关者和使用者，给出申报该标准的理由，如果可能，提供相应的证明材料。

（4）明确申报制定标准可能带来的安全方面的积极影响。

（5）明确申报制定标准的经济效益。

（6）明确是否存在与申报制定标准相关的、重复的标准，或者有没有其他标准学会、组织在开发相关的标准。

（7）明确申报制定标准是否属于 ASME 的管辖范围。

（8）提供一个提倡制定该标准的公司、协会、机构或其他组织的列表，尽可能提供愿意支持该标准开发的人员信息。

（9）明确该标准是否适用于全球范围。

（二）标准草案

标准起草可成立项目组，在标准起草阶段应将有关内容提交标准委员会委员进行审查投票，反馈意见由秘书汇总，项目组负责处理。如果涉及关键内容的修改，还应把修改稿再次提交标准委员会委员审查投票，对于不能解决的问题要说明原因，提交标准委员会处理。

（三）审查投票

ASME 标准草案的审查和投票周期为 2 周，投票表决方式有以下 2 种：

（1）会议表决，参加会议的标准委员会委员必须占半数以上，赞成票占 2/3 以上为通过。

（2）通信表决，通过网络、电话、传真、电子邮件等方式投票，所有标准委员会委员都应投票，赞成票占 2/3 以上为通过。

如投反对票，需要说明理由，并附上对标准草案的修改建议，否则按"赞成但有意见"处理。投票终止后，秘书汇总意见，发给项目组处理，同时标准委员会委员也能得到意见汇总信息。项目组将每一条意见的处理情况进行说明，对于不能处理的意见要附上原因交给标准委员会。经标准委员会投票通过的标准草案报理事会审议表决。规范与标准制定委员会的所有会议均可免费参加，并且向普通公众开放。

四、美国材料与试验协会（ASTM）

ASTM 标准制定修订和复审工作全部对口的专业标准化技术委员会（TC）、分技术委员会（SC）负责，具体工作由会员承担。会员自费参与 ASTM 技术委员会，并承担食宿、交通等费用，会员承担标准起草、修订工作也属义务，没有报酬。ASTM 制定标准工作程序核心包括投票权、投票程序和反对票的处理程序，是 ASTM 制定高质量标准的重要支撑，主要包括以下几个阶段，如图 6-3 所示。

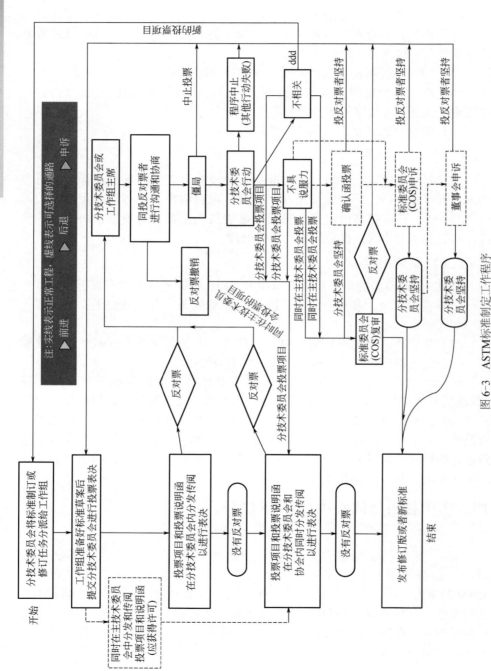

图 6-3 ASTM标准制定工作程序

（一）注册工作项（Register a Work Item）

任何人需要制定标准都可以向 ASTM 提交书面申请，ASTM 工作人员研究其必要性，确定是否已有类似标准。注册工作项应明确所在的工作组、标准题目和范围、负责人信息、预计完成日期和便于检索的关键词等，注册成功后产生一个登记号，例如 WK1234，同时产生一个标准草案号，例如 draft A123。所有注册成功并开始标准起草的工作项都公布在 ASTM 网站上，所有人（不管是否是会员）都可以通过 ASTM 网站检索到正在开展的标准制定修订信息，便于公众随时对标准制定修订工作进行评论和监督。

（二）起草标准（Write the Draft Standard）

ASTM 标准严格按照六种标准类型的编写模式（Form）和风格（Style）起草，模式规定了标准应该包含的条款和内容，风格规定了标准格式，例如图表、百分比、比率、计数、符号、数学计算公式等。标准起草结束后，经工作组非正式投票达成一致后进入标准草案投票程序。

（三）标准草案投票程序（Ballot the Standard）

在 SC 投票阶段，如果投票回收率达到60%，且2/3 的投票赞成该标准，则 SC 投票阶段达成一致，可以进入 TC 投票阶段。在 TC 投票阶段，同样要求投票回收率达到60%，且90%的投票赞成该标准，则 TC 投票阶段达成一致，可以进入社会评议阶段。针对修订或再版标准，可采用 SC 和 TC 同时投票的快速程序，前提是经过 TC 和 SC 主席的同意，SC 和 TC 投票回收率和赞成票比例不变。

（四）评议标准（Review the Standard）

社会评议不仅需要提交标准草案文本，还需提交所有投票过程的报告，包括反对票的汇总和处理情况，以及标准制定过程中的所有变动等。该阶段 ASTM 发行服务部门的编辑人员针对标准中的编辑问题进行修改，不得改变已确定的技术内容。标准草案通过技术委员会内的投票程序后，提交至常设的标准委员会（COS）进行审核，同时对其他技术委员会会员开放。

（五）出版发布标准（Publish the Standard）

ASTM 常设的标准委员会（COS）有 9 名成员构成，从所有的 ASTM 技术委员会中选举产生，尽量涵盖不同的技术领域，任期 3 年。标准委员会只负责监督标准所有程序是否严格执行，并不涉及标准内容的审定。经标准委员会批准后即可以作为正式标准出版。

ASTM 投票阶段必须遵守以下原则：

（1）正式投票的一个利益相关方组织只有一张有效投票，即使该组织有很多成员是技术委员会或分技术委员会的会员；其次在分技术委员会中，生产商会员的有效票数不能超过非生产商会员的有效票数，非生产商指政府、中介机构和消费者等。

（2）所有的反对票必须附有书面意见，而且所有的反对票必须被考虑、讨论，附有记录。讨论结果有 2 种：可说服的（Persuasive）和不可说服的（Not Persuasive）。如果投反对票的会员有充分的理由可以说服其他会员，并获得 2/3 以上会员赞成，即认为该反对票是可说服的，需要根据该反对票的意见对标准进行修改或重新编写；反之则认为该反对票是不可说服的，无须将反对票的意见反映在标准草案中直接进入下一投票阶段。

五、美国腐蚀工程师协会（NACE）

NACE 标准制定过程遵循公开性、透明性、协商一致性的原则，分成八个阶段：第一草案；第二草案；第三草案；专业委员会评议；专业组书面投票；专业委员会书面投票；NACE 技术委员会书面投票表决；董事会通过。流程如图 6-4 所示。

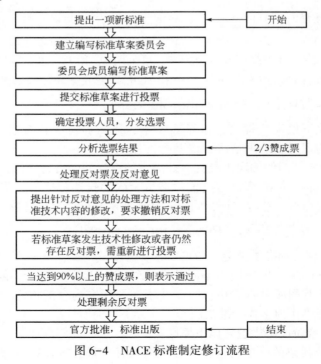

图 6-4　NACE 标准制定修订流程

（一）编写草案

组成一个任务组；任务组成员会面，通过电子邮件或电话会议的形式商议形成草案；任务组对草案达成一致，草案提交 NACE 总部，经校订使其符合 NACE 体系要求，返回任务组，等待进一步审批。

（二）对草案进行投票

任务组将标准草案发送到所有成员和相关的技术小组，征求各方面意见，询问是否需要针对标准草案进行删除或修改予以投票。

投票人名单将在 NACE 网站发布，非 NACE 会员也可以联系技术部门要求参加投票，非 NACE 会员可以得到在线投票密码或进行纸张投票。

4 周后工作人员审查投票者类型，确保单一类型的投票者不占大多数。

投票人名单确定后，选票分发给需要投票的专业委员会成员和要求投票的个人或组织，选票同时张贴在网上，送给要求进行纸张投票的个人或组织。

标准草案同时送到出版委员会（RPC）和技术协调委员会（TCC）进行编辑审查。

投票时间是 4 周，临近截止日期时，如果大部分投票人已经投票，而且单一类型的投票者不占多数，投票将结束，投票结果和注释将在网上公布。标准草案通过需要 2/3 的赞成票，其中不包括弃权票。

（三）选票的处理

工作组审查反对票和意见，决定是否对标准草案进行修改。没有提出意见或评论的反对选票将不予考虑。

表示反对的投票人将会收到针对反对意见的处理方法，如果标准方案进行修改或工作组对相关问题进行了解释，则会要求撤回对标准草案的反对票。

表示反对的投票人撤回选票后，需要表示是否继续修改还是赞成标准草案。

在下一次专业委员会会议上，标准草案将进行一次公开审查。工作组主席将汇报针对反对意见的处理方法以及对标准草案的修改意见。

（四）新一轮修改及投票

如果有任何一张反对票仍然没有得到解决，或者标准草案发生技术性改变，标准草案将重新发送到投票人，重新进行投票。

如果投票人不改变立场，则第一轮赞成的选票在整个投票过程中继续保留。通过第二轮需要 90% 以上的赞成票，不包括弃权票。

如果达不到 90% 的通过率，工作组可能将处理更多的反对票，如果还是不能达到90%的通过率，可能继续进行投票。

（五）批准

标准草案经过委员会、专业委员会、技术委员会和技术协调委员会的允许后，标准将发送到董事会征求批准。

第三节　油气管道标准国际化参与路径

一、标准国际化活动的主要内容

我国标准国际化活动中最核心的部分是推选国内先进标准成为国际标准，以及参与国际标准制定修订工作。通过推选国内标准成为国际通用标准，对提升标准化工作在国际上的影响力、在技术方面掌握主动权、对各项工作的展开均有帮助。同时，通过参加国际标准制定修订工作，可以及时掌握国际上技术和管理方面的最新信息，了解各国的需求和发展趋势。围绕此项核心工作展开的工作包括对现有自主制定的国标、行标、企标的遴选推荐工作；选派相关专家加入国际标准化组织，参与标准国际化活动，获取标准国际化最新动态；协调有关国际组织、区域组织开展标准化活动；举办标准国际化论坛和培训班，研究交流有关标准国际化的事宜。

对国内企业而言，参加标准国际化活动有两种方式，可以直接通过承担ISO、IEC等国家标准化组织的相关工作直接参与标准国际化活动，也可以通过现有的国际标准化组织国内技术对口单位间接参与标准国际化活动。

参与国际标准化组织活动主要有以下方式。

（1）承担ISO、IEC等国际标准化组织的TC、SC的秘书处工作。

（2）担任国际或区域标准化组织中央管理机构的成员，担任TC、SC的主席或副主席，担任工作组（WG）召集人或工作组的注册专家。

（3）提出国际标准提案，主持制修订国际标准，参与相关行业国际标准的修订工作。

（4）对ISO、IEC及其他国际和区域组织标准化组织的技术文件进行研究和投票。

（5）参加或承办ISO、IEC和其他国际和区域标准化组织的技术会议。

（6）参与和组织标准国际化研讨、论坛活动。

（7）开展与各区域、各国的国际标准化合作交流。

二、参与国际标准立项及制修订

参与标准国际化工作要注意几方面的问题，首先是目的性，制定国际标准文件的目的是为了促进国际贸易与交流；第二是应强调性能方法，在编制国际标准的过程中，应尽可能以性能而非设计或描述特性来表示要求；第三是一致性，每一个标准文件或一系列相关标准文件在结构、形式、名称、术语、措辞等方面均应与国际标准编写惯例保持一致；第四是文件的符合性，即应符合 ISO、IEC 等对应的国际标准化组织出版的现行基础文件的相关规定；第五是计划性，是指编制标准文件应执行国际标准化相关组织规定的新工作项目计划规则；第六是不同官方语言文本的等效性，即采用不同官方语言的标准文本，在技术上应该等效，在结构上则应该一致；最后是注意作为区域和国家标准采用的适宜性，标准文件内容应便于直接使用或等同采用区域标准或国家标准。

下面以 ISO 为例，具体介绍国际标准制定修订流程和注意事项。

首先，参与国际标准立项或制修订工作前，应参照上一节中提及的事项做好前期准备工作。申请 ISO 标准立项前，应熟悉其工作导则，目前国内出版的参考书籍有《ISO/IEC 导则》，其涵盖面广、内容丰富具体，是参与 ISO 标准化工作非常有参考价值的一套资料。但由于 ISO 工作流程或表格等不定期更新，因此在开展具体工作时应按照其官方网站最新要求执行。

ISO 标准从准备到出版共分为 7 个阶段，分别是预阶段、提案阶段、准备阶段、委员会阶段、询问阶段、批准阶段和出版阶段（表 6-1）。其中各阶段具体需要的时间不定，总时长约为 36 个月，但在实际操作中经常出现超过 36 个月的现象，也存在个别短于 36 个月的案例。时间长短主要取决于标准草案的编写质量、获得投票支持率、返回修改次数等，关键点即标准本身的价值和适用范围，以及应提前与各国家对应的代表专家进行沟通，获得投票支持。

表 6-1 ISO 标准制定总过程

项目阶段		有关文件		
		名称	缩写	需要时间
预阶段	Preliminary stage	预工作项目	PWI	依工作进度而定
提案阶段	Proposal stage	新工作项目提案	NP	依工作进度而定
准备阶段	Preparatory stage	工作草案	WD（optional）	依工作进度而定

项目阶段		有关文件		
		名称	缩写	需要时间
委员会阶段	Committee stage	委员会草案	CD（optional）	依工作进度而定
询问阶段	Enquiry stage	询问草案	ISO/DIS IEC/CDV	3~6 个月（1 个月准备，2~5 个月投票）
批准阶段	Approval stage	最终国际标准草案	FDIS（optional）	6 个月内（4 个月内准备完成，2 个月投票），提交理事会核准
出版阶段	Publication stage	国际标准	ISO、IEC 或 ISO/IEC	2 个月内准备完成

ISO 标准制定修订过程中各阶段均有相应的代号方便记录，每个阶段都有具体的开始和结束标志，其工作内容和流程各异，其中某些阶段为可选阶段，即在一定条件下可直接跳过，具体内容在指南第三章中已有具体介绍，此处不再复述，下面主要介绍各阶段重点任务及关键点。

（一）预阶段（PWI）

预阶段的主要任务是对于尚不完全成熟、不能进入下一阶段处理的项目（主要是指新兴技术领域的项目，包括战略计划中的"新需求的展望"所列的项目）所需的资源进行评价，并制定最初的草案。具体工作内容是准备标准草案，如果是国内的现行标准，需将其翻译成英文版本，研究其相关内容是否可以写入国际标准。

（二）提案阶段（NP）

提案阶段的主要任务是由 TC/SC 的 P 成员进行评审、投票确定一个新工作项目提案（NP）是否立项，其中有两个关键点，一是需获取国际标准化工作的相关信息，包括确认项目在 ISO 的对应技术工作组和相应的国内技术对口单位信息；二是要与对口国际组织技术工作组沟通，以全面了解新项目的可行性并争取得到各国专家的支持。在提交的新工作项目提案中，有以下要素需明确。

（1）列明制定的文件类型。

（2）列明国际、区域和国家相关文件（如标准和法规）及其作用。

（3）说明提案与现行相关工作的关系、影响，避免交叉、扩大范围或新建委员会。

（4）说明提出提案的理由。

（5）列明参与的相关国家。

（6）合作和联络。

（7）利益相关方。

（8）基础文件——提案完整草案或者大纲（现行文件若含有版权，提案方应确保可以使用该版权编写标准）。

（9）提出完成项目所需要的时间。

（10）推荐项目负责人。

其中，"说明提出提案的理由"最为重要，该项为新工作项目申请表中的重点，主要应阐述该提案的立项价值以及必要性；同时"利益相关方"也应尽可能明确，通过表明该标准的适用范围、感兴趣的利益群体，可以有助于标准立项。

此阶段需要提交的材料包括：

（1）国际标准新工作项目提案文件申请单（国标委网站上下载）。

（2）新工作项目提案的说明（中文，单位正式公文，背景介绍）。

（3）新工作项目提案表（中英文两版）。

（4）标准草案或大纲（中英文两版）。

在准备好以上材料后，即可将所准备好的材料移交 ISO 国内对口单位。ISO TC67/SC2 的对口单位是西安的石油管工程技术研究院，TC67 总的对口单位是行标委中国石油勘探开发研究院石油工业标准化研究所，因为该单位同时具有 ISO 国内对口单位和行标委双重身份，因此其首先会作为 TC67 对口单位审批材料，之后移交集团公司质量与标准管理部质量标准处研究所审批，然后作为行标委再次接受审批材料进行审批，通过后移交国标委。最后经国标委审批后，由国家标准委代表国家成员团体提交给 ISO 相应的 TC/SC 秘书处。此后秘书处会将提案材料分发给 TC/SC 的 P 成员进行为期 3 个月的投票或会议表决，提案通过条件是需要多数 P 成员表示赞成提案；同时须至少有 5 个 P 成员国表示愿意推荐指派技术专家参与该标准的制修订工作。在达到这两点要求后，该提案即可被纳入工作计划中，提案阶段结束。为尽可能地确保投票通过率，项目组须重视投票前的沟通工作，并随时关注投票的进展情况，确保与 ISO 的 TC/SC 保持联系，同时应及时与负责投票的专家进行沟通联系。当发现投票情况可能会达不到通过的标准，及时做好应对策略。尽可能与专家当面交流，争取得到支持（会议表决）。投票结束后若统计最终投票结果达不到 ISO 立项标准，但又希望能成功立项，可在 TC 全会上表决。与投票专家最好的沟通方法之一是参加 ISO 每年的年会，在会上可以对提案进行宣传，使尽可能多的投票专家提前了解该提案，并对专家在会上提出的问题和焦点进行处理，以保证在正式投票时减少不必要的问题。

在提案阶段则应安排一名项目负责人，贯穿于整个项目过程中，负责项目整体的制定工作，负责项目的技术方案和技术内容的研究与协调，负责工作组的建立及分工并组织与国内、国际专家展开沟通和交流，同时应根据项目的进度安排认真把握和执行并及时向相关委员会报告开展情况，另外在各方立场不一致的情况下需进行协调并做出决策。项目负责人应站在国际立场工作，需要对技术内容负责。总的来说，项目负责人的角色非常关键，需要对提案质量、进度和沟通等方面进行整体掌握，对项目开展效率及质量都有较大影响。另外，有些时候还会有一名会议召集人，主要负责召集并主持工作组会议，以及向所属技术委员会汇报，同时负责协调项目各方面的立场，做出决策。整体来说，项目负责人负责具体的项目的执行（侧重于技术方面），而会议召集人负责工作组的日常工作（侧重于监督管理方面）。项目负责人和会议召集人可以是两个人，也可以由同一人兼职负责。

（三）准备阶段（WD）

准备阶段的主要任务就是编制工作草案（WD）。其中必须有至少 4~5 名成员国的专家参与工作草案编写工作，编写过程应为 6 个月时间，最终形成英文或法文的工作草案，提交给 TC/SC，CEO 办公室负责进行登记，准备阶段结束。

在编写工作草案时应从内容、语言、格式等方面进行质量控制，以提高草案的投票通过率。首先在内容方面应以自有技术为基础展开编写，对于内容的细致度应慎重考虑，国际标准有些情况下不宜规定过细；同时应尽量多参考国外标准，在思路和逻辑上符合国外习惯，并应多方听取外国专家的意见。此外，由于工作草案一般由多人编写完成，需要注意在内容上保持连贯，整体风格上保持一致。在语言方面最好有精通双语的专家进行把关，在用词和语法上确保符合国际用法，注意中西方在表达上存在差异，避免出现歧义或不明确的内容。在格式方面应使用 ISO 专用编写模板进行编制，整体格式须符合 ISO 标准的要求和格式。

（四）委员会阶段（CD）

该阶段的主要工作是充分考虑国家成员体对委员会草案的意见，并在技术内容上进行协商一致，这一阶段不进行表决。

在准备阶段结束后，工作组应结合专家意见对工作草案进行修改完善，形成委员会草案，之后 TC/SC 秘书处会将委员会草案分发给 TC/SC 的 P/O 成员考虑，进行投票或提出意见，时间为 3 个月。投票有四种方式：同意、同意并附加意见、弃权、反对。对于收到的评论意见有 3 种协商处理的方法：一是在下次会议上讨论委员会草案及评论意见；二是可以分发修改后的委员会草案，供研究；三是可以提供注册询问阶段用的委员会草案。这个阶段的通过条件是技术分歧基本得到解决，总体达成一致。如果无法达成一致可通过投票的方式判断，赞成票超过投票 P 成员总数的 2/3（不包括弃权票）时则可以通过。这里需要注意的一点是，总体达成一致不代表没有反对意见，而是指总体同意，其特点是利益相关的任何重要一方对重大问题不坚持反对意见。在整个过程中应力求考虑所有相关方的意见，并协调所有对立的争论。如果所有技术问题都得到了解决，则委员会草案将作为国际标准草案（DIS）分发并在 CEO 办公室登记，本阶段结束；如果问题短时间内无法解决，则有可能项目被取消，或可考虑以技术规范的形式作为一种中间出版物出版。

委员会阶段需要注意的事项包括以下几个方面。

（1）该阶段主要考虑国家成员提的意见，尽量解决技术上的所有问题。

（2）坚持协商一致的原则。

（3）争论焦点可以拿到会上讨论。

（4）遵循谁提议谁举证原则。

（5）落实一定数量不同国家专家的参与和支持。

（6）如果始终达不成一致，项目有可能取消。

（7）文字和格式不是该阶段的重点。

（五）询问阶段（DIS）

询问阶段的主要任务是由所有国家成员体对国际标准草案（DIS）进行投票。尽力解决反对票中提出的问题。

当 CEO 办公室将 DIS 文件分发给所有国家成员体后开始进行投票（投票周期为 5 个月）。所有参加投票的 P 成员超过 2/3 赞成，且反对票小于总票的 1/4 时，表示为投票通过。在投票结束后，由 CEO 办公室将 DIS 文件投票结果反馈给主席或秘书处。

对于通过且无修改意见的国际标准草案可以直接进入出版阶段；对于通过但有修改意见的，则需认真考虑意见，提出处理建议及理由，根据意见、处理建议修改文本，登记为最终国际标准草案（FDIS）；对于未通过投票的草案，则需要通过邮件沟通，或通过会议讨论研究解决主要反对意见，并达成共识，之后再次形成 DIS，进行第二轮投票。

在这个阶段应注意加强沟通，可通过邮件或其他通信方式与提出意见的国家进行充分的沟通和协调，争取达成一致。所有技术问题都要在本阶段解决，另外，由原来的秘书处分发的投票单从本阶段开始转为由中央秘书处（ISO/CS）统一分发并由 ISO/CS 监控，同时成员国的投票参与情况也将由

ISO/CS 记录。本阶段的文本应按照出版的要求规范，成员国要提有关编辑方面的意见，中央秘书处编辑部有时也对文本编辑提建议。对于反对意见，应该采取一切可能的措施解决分歧，达成共识。

（六）批准阶段（FDIS）

本阶段主要任务是对最终国际标准草案（FDIS）文件进行投票。ISO 中央秘书处编辑部对秘书处提供的 FDIS 进行审核和修改，此后 ISO 中央秘书处将 FDIS 文件分发给所有成员国进行为期 2 个月的投票。当 2/3 以上参加投票的 P 成员赞成，且反对票小于总票 1/4 时，则草案通过。对于通过的草案可以成为国际标准进入出版阶段。未通过的草案则会被退回至 TC/SC，工作组需对反对票中技术理由重新考虑，修改后再提交，也可作为技术规范出版，或者取消项目。在此阶段将不再接受编辑或技术修改意见，反对票的技术理由提交至 TC/SC，在复审国际标准时进行具体研究。

（七）出版阶段（IS）

CEO 应在一定时间内（ISO 为 1 个月）校正 TC/SC 秘书处指出的所有错误，并且印刷和分发国际标准。在国际标准成功出版后，则出版阶段结束。

国际标准从准备到最终出版主要就是通过以上 7 个阶段，各阶段的时间节点需要负责人注意，并对项目进展情况及时跟进，尽量确保工作时间在时限范围内。一般而言，一个 ISO 标准需 36 个月的时间才能够出版，但也有个别情况会短于 36 个月，另外也会有些标准的成功出版需花费长达 5 年甚至更多时间。具体时间的长短是由多方面因素决定的，但标准草案的质量、市场需求度以及与投票成员体的良好沟通是几个主要的影响因素。

三、油气管道国际标准项目培育

目前，经济全球化的趋势加剧了各国产业的竞争。掌握国际标准的话语权能够帮助国家的一个产业甚至整个国家在技术和经济竞争中占据优势地位。但是要制定国际标准，首先必须要有一定的能够转化为国际标准的技术储备。近年来，国内经济大发展造就了国内管道快速发展的良好局面。国内油气管道企业投入大量资金用于发展管道建设、运行和安全保障相关技术，使得这些技术领域得到了迅猛发展。因此，通过挖掘一批具有优势的油气管道技术，形成发展国际标准的技术储备，可为培育油气管道国际标准做准备。

国际标准培育的主要流程一般可以分为征集、精选、优育、孵化四个阶段。

（一）征集

首先要通过国内外管道技术和相关标准的优势对比分析，寻找重点培训的技术领域。征集的对象一般主要以国内已成型的管道技术标准为主，结合近年来新研究发展形成的管道技术成果。

（二）筛选

运用参照法、对比法、分类法、打分法等各种分析技术手段和方法，对初步征集的项目进行科学分类和筛选，并对国内外技术水平、技术领域的重要性和发展潜力等进行分析。精选国内具有一定技术优势、市场需求并具备标准国际化承担单位的标准作为标准国际化的培育重点。建立重点培育的国际标准培育项目库并根据技术发展和标准国际化进度进行更新。

（三）优育

根据油气管道国际标准培育项目库，对国家标准培育库中潜在项目的适合承担单位进行分析比对，主要分析机构的科研能力、技术水平、人员资金情况和标准化工作经验等，并确保潜在项目的培育能够得到充分支持。根据各单位的不同基础，制订专项协助计划，针对性地在成果标准化、国际化工作流程等方面进行指导，协助各单位根据国际标准研制的程序开展标准立项和制订工作。对尚未形成国内标准的技术成果，优先督促进行成果的标准化，协助尽快形成国家标准或者行业标准。

（四）孵化

通过国内已有的油气管道国际标准化平台，积极参加国际标准组织的活动，包括国际标准组织的各类论坛、年会、工作组会议等的活动，与国际标准化组织和国外代表加强交流，获取支持和认可，适时提出标准提案。

总体而言，我国油气管道国际标准化工作目前仍处于起步阶段，机遇大于挑战。结合我国管道大发展的良机和国内管道的特点，以及管道泄漏检测、管道防腐等领域具备标准国际化的优势，可作为国际标准培育的重点。国际标准化工作是一项长期工作，一般最短也需 3 年左右时间才能够成功出版国际标准。因此在时间上要有长期跟进的决心，需要多方面的人员共同参与，包括技术人员以及专业、持续的标准制定修订资源和人力，同时也需要国内油气管道企业和标准化组织在管理制度和经济上进行支持。

第四节　油气管道标准国际化工作实践

一、油气管道标准"走出去"研究

　　继 2016 年中国石油与俄气公司签署了《中国石油与俄气公司标准及合格评定结果互认合作协议》后，在"国家质量基础的共性技术研究与应用"重点研发计划专项"中国标准走出去适用性技术研究"国家项目二期中将"我国油气管道标准走出去适用性技术研究"列为核心研究内容，标志着油气管道作为国家"一带一路"中最大的线性能源项目，让其标准"走出去"，更好地发挥话语权，已成为"一带一路"战略中的重要一环。因此管道企业应该密切结合国家《标准联通"一带一路"行动计划（2015—2017）》《中长期油气管网规划》等战略部署和政策规划，开展我国油气管道标准在"一带一路"国家，例如俄罗斯、塔吉克斯坦、乌兹别克斯坦、吉尔吉斯斯坦、缅甸等国的适用性评价研究，依托跨国油气管道工程，实现油气管道领域中国标准在"一带一路"国家的引用、转化或应用，助推中国标准"走出去"，为"一带一路"油气合作和战略通道建设提供重要支撑。

　　中国隧道标准在中亚天然气管道 D 线实践研究及应用是中国标准"走出去"的典型案例，其采用"前期研究—标准对标—标准制定—工程应用"的标准"走出去"方式，通过对比分析中方与外方天然气管道隧道勘测、设计、施工和验收标准，以国内相关标准为基础，编制了适用于外方国家的天然气管道隧道勘测、设计、施工和验收标准，推动了我国天然气管道隧道勘测、设计、施工和验收标准"走出去"，一方面促进了管道设计和建设水平的统一和提高，方便了跨国油气管道的运行维护和管理；另一方面在一定程度上提高了我国国际话语权，降低了海外项目投资成本，意义重大。

　　（一）研究背景

　　自 2013 年"一带一路"国家战略提出以来，中石油积极在沿线和周边国家开展投资和设施建设，目前已经在中亚地区、东南亚和非洲等地区投资建设了长输油气管道共计 10 余条、总长 1.6 万余千米。中亚天然气管道作为连接我国与中亚的重要能源通道，是"一带一路"的重点工程项目。目前，中亚天然气管道项目已建设和运行有 A、B、C 三条天然气管道，D 线也正在设计和建设中。中亚 D 线管道工程起自乌兹别克斯坦与塔吉克斯坦边境，由西向东经过鲁大基区、法伊扎巴德、奥比加尔姆、加尔姆、塔吉卡巴德、吉尔加塔尔和卡拉梅克，最后到达塔吉克斯坦与吉尔吉斯斯坦边境，管线全长391km。沿线主要地貌为山区和丘陵，占全线的 78%，其他为平原。沿线已初步确定山体隧道穿越 43 条，大致分为三个隧道群，集中在塔吉克斯坦境内。隧道穿越工程作为中亚天然气管道 D 线的控制性工程，其设计和建设水平对中亚天然气管道 D 线的运行维护有重要影响。

由于中亚天然气管道是跨国天然气管道，各个过境国由各个合资公司单独建设和运营，各过境国对管道建设和运行适用的标准不一致，且各合资公司运行管理采用的体系也不一致，导致管道功能实现程度和施工水平不同，并影响管道的运行维护和管理。

在中亚天然气管道 D 线工程中，根据中塔两国签署的政府间协议，设计及建设时应使用国际标准和当地标准。但项目可研阶段使用的是中国隧道标准，如果在设计阶段采用当地或国际标准，势必严重影响到原技术方案及投资，导致重新编制和报批可研，影响项目建设。此外，由于本工程的参建方及运营方以中国公司为主，参建方可能对欧美和当地标准的熟悉和掌握程度参差不齐，造成本工程后期与前期的成果差别较大，会给施工、安全、材料采购及检验、工程验收和运营维护等各方面带来很大的不确定因素，对本工程的投资及工期带来很大程度的风险，对工程的顺利实施带来不利影响，也会增加建设方的管理和执行难度。

（二）前期对标研究

塔吉克斯坦曾作为苏联加盟国，其隧道勘测均执行苏联标准，即 SNIP 标准。SNIP 标准与隧道勘察相关的标准主要有以下三项：

（1）СНиП 1.02.07—87《建筑标准与规则建筑工程勘测》。

（2）СНиП 32-04—97《铁路和公路隧道》。

（3）СНиП 2.06.09—84《水利工程隧道》。

目前在我国油气管道行业，隧道勘测主要执行以下标准规范：

（1）GB/T 50539-2017《油气输送管道工程测量规范》。

（2）GB 50568-2010《油气田及管道岩土工程勘察规范》。

（3）CDP-G-OGP-RE-017-2012-2《油气管道勘察测绘技术规定》。

（4）CDP-G-PC-CR-005-2009B《油气管道山岭隧道设计规定》。

（5）CDP-G-OGP-CR-016-2011-1《油气管道水域隧道技术规定》。

（6）CDP-G-PC-PL-008-2009B《油气管道伴行道路设计规定》。

以隧道工程勘测为例，对中国和塔吉克斯坦相关标准进行比较，主要存在以下差异。

（1）勘察阶段划分不同：国内标准规范对隧道勘察阶段进行了详细划分，分为选址勘察、初步勘察、详细勘察和施工勘察，而塔吉克斯坦国勘察通用规范《建筑标准与规则建筑工程勘测》（СНиП 1.02.07—87）对勘察阶段没有明确划分，而是以设计阶段进行划分，其分为可研规划、设计勘测和施工勘测。

（2）勘察方案制定依据不同：国内规范对隧道各勘察阶段的勘探点间距、勘探点深度和勘探点类型进行了详细划分，而塔吉克斯坦国勘察通用规范《建筑标准与规则建筑工程勘测》（СНиП 1.02.07—87）仅以建筑工程要求为依据对勘测的间距和深度进行了具体规定，而对隧道的勘察没有明确规定。

（3）各勘察阶段工程测量的方法、精度要求等不同：国内规范根据各勘察阶段规定了各种工程测量的方法、精度、比例尺、工作范围等内容。

（4）勘察阶段与勘察手段对应关系不同：国内规范对各阶段应实施的勘察手段进行了详细的规定，如工程地质测绘、工程物探、工程钻探、室内试验等，而塔吉克斯坦国勘察通用规范《建筑标准与规则建筑工程勘测》（СНиП 1.02.07—87）仅规定了各勘察手段的工作内容，未与勘察阶段对应。

（5）工程物探的技术要求不同：国内规范对各阶段应实施的工程物探做出了明确要求，如测线布置、范围、探测深度等，而塔吉克斯坦国勘察通用规范《建筑标准与规则建筑工程勘测》（СНиП 1.02.07—87）仅规定了工程物探的工作内容，以附件形式列表总述工程物探勘测的任务和方法的选择原则。

（6）试验数据要求不同：国内规范对主要地层的试验数据样本数量做出了明确要求，均要求不少于 6 个，塔吉克斯坦国勘察通用规范《建筑标准与规则建筑工程勘测》（СНиП 1.02.07—87）仅规定了压缩和剪切的试验数据不少于 6 个，其他试验数据不应少于 3 个。

（7）地温、地应力等要求不同：国内规范对地温、地应力、不良地质等做出了明确勘察要求，而塔吉克斯坦国勘察通用规范《建筑标准与规则建筑工程勘测》（СНиП 1.02.07—87）对这些测试性项目没有明确规定。

（8）勘察工作组成和工作制定原则不同：国内规范在勘察方案的布置方面规定得比较细致，能够精确确定勘察工作组成和工程量，而塔吉克斯坦国勘察通用规范《建筑标准与规则建筑工程勘测》（СНиП 1.02.07—87）规定的主要是勘察工作程序和勘察工作原则，不能明确地给出勘察工作组成和工程量，而根据该规范的要求，具体的勘察工作组成和工程量应根据前期资料在勘察策划中提出。

（三）塔吉克斯坦天然气管道隧道勘测标准研制

为统一并提高管道设计和建设水平，方便跨国油气管道的运行维护和管理，依据隧道勘测、设计、施工和验收等方面内容，结合中塔隧道勘测标准对标研究成果，以国内相关标准为基础，编制了适用于塔吉克斯坦的天然气管道隧道勘测标准 CTY—PT 10—2016《在塔吉克斯坦共和国采用中华人民共和国标准设计建造和验收中塔天然气管道（D 线）隧道工程的技术要求》。

中亚管道 D 线塔国段隧道工程的勘测和设计完全采用了该专项标准，充分发挥了中国勘察单位和设计单位的优越性，保证了技术方案的合理性和先进性，以及与可研阶段的一致性，为工程建设和安全平稳运行奠定了坚实的基础，同时降低了项目投资成本，增强了管道竞争力。这是首次实现了国外油气管道项目完全采用中国标准进行设计和建设，推动了我国油气管道相关标准"走出去"，有助于提高我国国际话语权，降低海外项目投资成本，推动相关技术和企业走出去。

中亚管道 D 线隧道工程采用中国标准设计，仅型钢和钢筋两项就节约投资约 4.8 亿元，这对于项目降本增效、提高管道竞争力起到了显著的作用，在项目建设、验收及项目管理中也将体现出不可估量的效果。

二、管道完整性国际标准

ISO 19345-1：2019《石油天然气工业 管道完整性规范 第 1 部分：陆上管道全生命周期完整性管理》和 ISO 19345-2：2019《石油天然气工业 管道完整性规范 第 2 部分：海洋管道全生命周期完整性管理》是中国石油管道分公司 2013 年成功申报立项的 ISO 标准。下文简要介绍管道完整性管理 ISO 标准的立项和编制过程。

（一）国际和国内技术背景

不同国家使用的油气管道完整性方面标准各有差异。美国的 API 1160：2001《危险液体管道的完整性管理》和针对输气管道的 ASME B31.8S：2016《输气管道系统完整性管理》的特点是以完整性管理理念和方法介绍为主，并没有具体的管理要求和技术指标。这是因为美国国内还有完善的法律法规对完整性管理的要求进行的规定。加拿大的 CSA Z662：2007《油气管道系统》是长输管道管理的综合性标准，它的特点是进行完整性管理并非单独的工作，而是依据完整性思想对原有管道管理工作的科学组织。欧洲在 2013 年发布的EN 16348：2013《燃气传输基础设施的安全管理系统及燃气输送管道的管道完整性管理系统》主要针对输气管道安全管理和完整性管理系统建设，只包

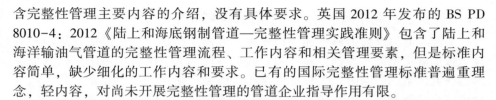

含完整性管理主要内容的介绍，没有具体要求。英国 2012 年发布的 BS PD 8010-4：2012《陆上和海底钢制管道—完整性管理实践准则》包含了陆上和海洋输油气管道的完整性管理流程、工作内容和相关管理要素，但是标准内容简单，缺少细化的工作内容和要求。已有的国际完整性管理标准普遍重理念，轻内容，对尚未开展完整性管理的管道企业指导作用有限。

集团公司实施管道完整性管理多年，运营了陆上及海上原油、成品油、天然气管道等新老管道，积累了较多管道完整性管理的实践经验。通过与国际上 Enbridge、TransCanada、GE 等知名管道公司的交流与合作，制定了集团公司企业标准 Q/SY 1180—2009《管道完整性管理规范》，有效指导了国内完整性管理应用实践。依照 Q/SY 1180—2009 标准，集团公司已实现了管道完整性管理的全面推广。中国石油管道分公司在完整性管理过程中积累了大量经验，在管道完整性管理技术研究方面取得了较多成果，其中与 GE PII 合作进行了螺旋焊缝三轴高清内检测和评价项目获得了 ASME2012 年全球管道奖。同时管道分公司积极组织和参与管道相关国际会议，公司的完整性管理团队与国际上管道完整性管理领域的专家交流联系紧密。考虑到国内已有的成熟技术条件和 ISO 组织尚未建立管道完整性管理领域的标准的背景，中国石油管道分公司确定了提出 ISO 管道完整性管理标准的立项建议。

（二）立项及标准编制过程

1. 立项阶段

2013 年 4 月，在 ISO/TC67/SC2 年会上，管道分公司提出了管道完整性管理规范的立项建议，得到各国代表一致认可。根据会议讨论结果，建议管道分公司将标准分为陆上管道和海洋管道两部分，并在会后提交正式提案。

提案经过投票，TC67/SC2 中 24 个国家的标准化组织参加了投票，陆上管道部分获支持 16 票，反对 2 票，弃权 6 票。海洋管道部分获支持 15 票，反对 1 票，弃权 8 票。2013 年 11 月，标准项目正式获得 ISO 立项。

2. 工作草案编写阶段（WD 阶段）

工作草案编写阶段的主要工作内容分为两个部分：标准草案编写和建立国际工作组。

标准草案主要由管道分公司组织完整性管理技术人员建立的标准编写组承担，编写组同时吸纳了中海油方面技术人员，同时考虑到国内技术人员非英语母语，特别邀请了加拿大专家全程参与 ISO 标准的编写过程，在参与技术讨论同时，承担标准英文文本的校正工作。

ISO 标准要依托于工作组进行，考虑到 TC67/SC2 尚无完整性管理相关工作组，项目组向意大利秘书处提出了建立管道完整性管理工作组的申请，获得通过成立了 WG21 工作组，由管道分公司冯庆善担任工作组召集人。工作组成立后，进行了专家召集，项目组主要参与人员申请成为 WG21 工作组成员。除了 ISO 组织推荐的专家以外，工作组还向前期有过良好合作的加拿大、美国、英国等国的专家发送邀请，请他们向各自国家的 ISO 组织提交材料，申请成为 WG21 工作组成员。通过这一过程，形成了代表国际完整性管理领先水平的 WG21 工作组，并保证了国内项目组在 WG21 工作组中的话语权和协调能力。

2014 年 5 月和 2014 年 10 月，WG21 工作组先后在中国廊坊和澳大利亚悉尼召开了两次会议，在会上对标准草案的结构和主要内容进行了讨论和修改，并在 2014 年 11 月提交了 WD 稿。

3. 委员会草案阶段（CD）

形成 WD 稿之后，WG21 工作组分别于 2015 年 3 月德国法兰克福、2015 年 6 月中国北京、2015 年 7 月在英国纽卡斯尔召开了多次工作组会议，进一步完善标准草案。

2015 年 9 月，工作组将 ISO 标准稿提交 TC67/SC2 委员会审核。2015 年 12 月，根据委员会编辑修改意见进行了格式修改，重新提交委员会，进入 CD 稿投票环节。

2016 年 3 月，CD 稿投票结果产生。其中陆上部分 16 票赞成，12 票弃权，提出修改意见 83 条；海洋部分 15 票赞成，1 票反对，12 票弃权，提出修改意见 111 条。进入 DIS 稿工作阶段。

对照 CD 稿投票意见，项目组对投票代表提出的标准修改意见进行了整理和初步修改。2016 年 9 月 12 日至 16 日，在法国巴黎召开 WG21 第 5 次工作组会议，会上对 CD 稿投票意见地进行了逐条修改和回复。同年 10 月份提交 DIS 稿。

4. 询问阶段（DIS）

根据 TC67/SC2 要求，为保证 ISO 标准不因参与方存在受欧美制裁的国家导致受抵制，DIS 稿需经过国际油气生产商协会（IOGP）的审核。2017 年 6 月，通过了 OIGP 的格式审核。

2017 年 12 月，开始 DIS 稿投票。2018 年 3 月 DIS 稿投票结果产生。其中陆上部分 18 票赞成，2 票反对，14 票弃权，提出修改意见 114 条；海洋部分 18 票赞成，3 票反对，15 票弃权，提出修改意见 156 条。之后进入最终草案阶段（FDIS）。

5. 最终草案阶段（FDIS）

2018 年 5 月，项目组在美国休斯敦召开第七次工作组会议，对 DIS 稿的修改意见进行了讨论、修改和回复。2019 年 9 月提交了 FDIS 稿。2019 年 1 月 FIDS 稿获得投票通过。

6. 发布阶段

ISO19345—1《管道完整性管理规范—陆上管道全生命周期完整性管理》和 ISO19345—2《管道完整性管理规范—海洋管道全生命周期完整性管理》国际标准在 2019 年 5 月 10 日和 5 月 16 日正式发布。

管道完整性管理 ISO 标准项目最为国内油气管道行业承担的第一个 ISO 标准，积累了许多经验，例如需要加强与国外专家的交流、需要充足的费用支持、需要密切跟踪标准工作进展等，才能有利于项目的成功。

三、管道外防腐涂层耐划伤测试方法国外先进标准

NACE TM0215—2015《涂层系统的耐划伤测试方法》是管道公司 2010 年成功申报，并于 2015 年正式发布的第一项 NACE 标准，下文简要介绍该标准的立项和编制过程。

（一）国际及国内技术背景

管道外防腐层是长输管道免受外界环境对管道造成腐蚀的最重要手段之一。近年来对在役管道进行开挖检测时，发现诸多由于防腐层失效所导致的管体腐蚀现象，如此快速的腐蚀不但影响了管道的质量和使用寿命，而且给生产运行管理留下了巨大的安全隐患。

管道防腐层的耐划伤测试是根据管道在建设过程中防腐层被大量划伤而无法控制的需求提出的。由于管道在运输、安装、穿越、回填以及服役过程中，土壤的摩擦力、地质灾害等都会对管道外防腐层造成划伤。防腐层划伤给管道建设质量和长期运行造成大量损失和威胁。因此，选择具备优异耐划伤性能的管道外防腐层，对于提高管道外防腐层的抗腐蚀性能具有重要意义，也是长输管道在其长期的服役过程中安全运营的基本保障之一。

为此，十分有必要在实验室建立一套用以准确评估防腐层耐划伤性能的测试设备和配套的标准试验方法，提高管道建设时期现场及实验室的防腐质量检测水平，对防腐层相关性能进行科学有效的评价，以保证管体埋地后的防腐质量，防患于未然。

国外公司在 1998 年前就开始组织关于防腐层耐划伤的测试，但由于没有

专业的研究机构专门从事研究，各实验室和各防腐涂料生产厂家独立从事自己的测试，始终没有形成统一的标准。国内从1999年开始研究防腐层的耐划伤性能评估，至2002年形成了系统的研究成果，研制了专用的管道防腐层耐划伤测试设备，并提出了系统的测试方法，形成了行业标准SY/T 4113—2007《防腐涂层的耐划伤试验方法》。

（二）立项及标准编制过程

1. 项目的提出

2010年5月，NACE管理委员会经过评估管道公司在防腐层耐划伤方面的专利、论文及标准等多项研究成果后，认为中国石油管道公司有能力承担该项标准的编写工作，指定中国石油管道公司全权负责《管道外防腐涂层耐划伤测试方法》（TG034 "Test Method for Measurement of Gouge Resistance of Coating System"）的编写工作。

按照NACE标准制定流程，首先由管道公司向NACE提出《管道外防腐涂层耐划伤测试方法》的标准制定申请，NACE的特别技术组（STG）根据标准申请内容提出了该年度标准制定计划，随后STG的筹划指导委员会组织评审并通过了该项标准制定计划，并由技术协调委员会对标准制定计划进行审查。审查通过后，STG选择由申请标准制定的管道公司冯庆善担任标准编写组（TG 034）主席，副主席为美国Partech防腐实验室主任Paul E Partridge，并由两位主席召集全世界权威实验室或研究所防腐技术人员组成任务组（TG），为国际管道业的外防腐涂层耐划伤性能测试提供一种可靠、科学的测试标准。

2. 编写草案的过程

1）项目组成员召集

为保证标准的顺利进行，工作组主席首先应组织和召集全世界权威实验室或研究所防腐技术人员组成标准制定组，对标准开展编写工作。最终确定了以中国、美国、加拿大、德国的3M实验室、charter实验室、邵氏公司、Partech实验室、Akzo—Noble实验室共计11名技术人员组成了此项标准的工作组。

2）标准的起草与完善

标准的起草是由项目组主席牵头，联合中油管道科技研究中心试验测试所完成的。依据前期的研究成果及国内行标，完成了《管道外防腐涂层耐划伤测试方法》。初稿完成后，特聘德国阿克苏诺贝尔实验室专家对稿件的内容、方法进行了改进，并于2011年底完成了标准初稿。

2012 年 3 月在 NACE 国际会议期间，工作组召集各国成员进行了标准草稿的第一次讨论会，并就标准的技术内容等进行了逐一讨论。由于 NACE 标准的公开性原则，参会的技术人员除了工作组成员外，其他技术人员也参加了此项标准的讨论，并提出了不同的意见，对标准内容进行了完善。

2013 年 6 月，项目组对位于休斯敦的 NACE 总部进行了访问，访问期间管道公司对所承担制定的标准工作向 NACE 总裁及专家进行了汇报，在高度认可了管道公司近 3 年来对 NACE 工作所做出的贡献后，一致赞成标准进入投票环节。

3）对草案投票及投票结果的处理

2013 年 12 月，NACE 启动了标准的投票程序，召集各国技术专家对标准进行了首轮投票，投票期为一个月。首轮投票的赞成率为 87.5%。

3. 新一轮修改及投票过程

2014 年 3 月，工作组在 NACE 年会召开标准讨论会，在这次会议中，与各国专家对所有反对意见进行逐一解释和讨论，按照与会人员的意见对标准内容进行了修改，并在会议结束后将已修正的标准草稿逐一发送给国外专家进行了确认，所有 STG 参与投票的专家对修改稿进行了重新审阅。在征求完所有专家的意见后，完成了第二轮次投票前的标准草稿编写。

根据 NACE 标准的制定流程，首轮投票的标准在完成所有反对意见的解释后还应进行第二轮最终投票。2015 年 2 月 18 日，NACE 启动了标准的第二轮投票，邀请技术组近 150 名专家对标准投票，截至 3 月 15 日 NACE 会议，投票赞成率为 100%。至此，本项标准通过了 NACE 标准成员的一致认可。标准也将进入下一步批注和发布阶段。

4. 批准、发布过程

标准通过官方投票后，NACE 技术委员会将会指定专门的办公人员对标准格式、语言的组织等进行统一编辑，最终达到标准出版的要求。

2015 年 9 月 30 日，NACE 标准委员会完成耐划伤测试标准的最终审查，并于当日于 NACE 官方网站上公开发布了该项标准，标准编号为 NACE TM2015—2015。至此，由中国石油管道分公司所承担的《Test Method for Measurement of Gouge Resistance of Coating Systems》已全部完成。

第七章　国外知名能源企业标准体系案例分析

第一节　Enbridge 管道公司标准体系建设

一、企业标准的指导思想及制定基础

Enbridge 管道公司成立于 1949 年，到目前已经有 60 多年的历史，企业员工约 5000 人。公司在北美地区管理的油气管道有 80000km，其他地区（西班牙与哥伦比亚）4000km。其中，长输液体管道 24738km，海底管道 2400km。

Enbridge 公司在制定企业内部标准时，要遵守美国强制法规 49 节第 191、192、194、195 的要求。同时在加拿大需要遵守国家法规和地方法规，例如加拿大交通事故调查与安全法、阿尔伯特职业健康与安全规定、美国联邦法规 CFR194《油品管道污染安全报告及记录要求》。

Enbridge 公司在公开使用的 1400 余项标准的基础上进行摘录、修订、补充和认可，构建了精简适用的内部标准手册。公司内部只执行一套标准体系，每年不定期进行更新和完善。

二、企业标准框架

Enbridge 管道公司标准的具体内容包括设计标准以及运营维护标准这两大类的标准。Enbridge 管道公司的企业标准框架如图 7-1 所示。

Enbridge 的企业标准包括以下种类的文档。

（1）运行原则（Operations Philosophy）：包括国家法规及行业规范、公司经营理念以及运行的要求。供设计工程师，运行管理人员，管道维护人员使用。

（2）工程设计标准（Engineering Standard）：工程设计标准基于运行原则

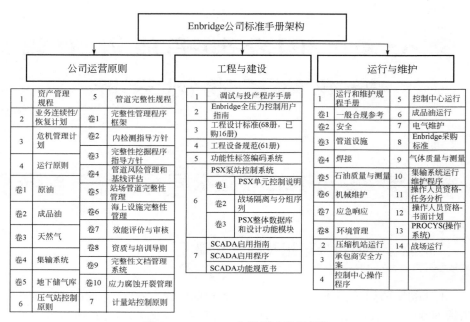

图 7-1　Enbridge 公司标准组织架构

手册内容，旨在让管道设计满足国家法规及行业标准的要求。供设计工程师、采购、质量控制人员使用。

（3）设备规范（Equipment Specifications）：设备规范的内容旨在保证管道的设备质量。主要供工程建设人员、承包商、质量控制人员使用。

（4）管道设施建设规范（Pipeline&Facility ConstructionSpecifications）：设管道设施建设规范的内容旨在保证管道建设的质量。主要供工程建设人员、承包商、质量控制人员使用。

（5）运行维护手册（Operation/MaintenanceManuals）：具体操作实施手册相关内容具体详细，可操作性强，重点操作部分有相关提示。与设计标准、设备规范及管道设施建设规范协调一致。主要供运行管理人员、管道维护人员使用。

三、企业标准的编写人员以及流程

　　Enbridge 公司的企业标准制定修订通常由协调员来领导，包括标准完全审核、部分条款审核以及语句的解释三种级别。由业内专家及业务相关者共同审查，当出现问题时，最后由专家决定。

Enbridge 公司标准的使用者首先是运行操作人员，其次是管理人员。三类标准手册分别对应于不同的使用者。工程标准适用于设计人员，规范适用于设计人员、采购及质量控制人员，操作维护手册则适用于运行管理人员和管道维护人员。

Enbridge 公司标准的制修订由协调员负责，参与标准制定修订的人是相关专业的专家及相关业务人员。制修订过程均记录在一个文件中，每个相关人员均可看见制定修订的意见。当出现问题时，最终由专家做出决定。

Enbridge 公司至少每年对标准进行复审一次。因为这些文档是不断更新的，而且由于需要大量资源维护这些手册，所以将其进行了拆分，并由技术委员会和主题专家以不同时间间隔进行年度复审。

操作运行和维护程序复审的基本步骤如下。

（1）Enbridge 符合性工作组（Compliance group）启动变更管理程序，并发布运行维护手册及修订表格给主题专家进行复审。

（2）主题专家和其他专家一起确定是否有必要修改文件，并制定复审草案。

（3）以草案形式完成现场复审并将所有的变化都记录复审表中，复审表当场签名并注明日期后返回主题专家和文件所有人。文件所有人通常是高级管理人员（经理、主管、副总裁）。

（4）主题专家填写相应的变更表，同文件所有人一起签署，然后将表格转交 Enbridge 符合性工作组完成。

（5）符合性工作组撰写文档，确保任何变更有事实依据，编写最终草案。

（6）最终草案返回至文件所有人最后批准。

（7）完成文件的年度发布。

当任何特定运行维护手册在一年内发生变化时，复审将在半年内完成，每 6 个月发布一次新的运行维护手册。

把运行维护手册可能偏离公司方针且与现有规章要求不一致或影响客户标准的免责条款提交给质量管理部门进行审查，质量管理部门将按照严格的方针进行审批，至少有 2 个主题专家记录并提交必须变更的证据或对变更提供担保。由文档管理者签署，并由 Enbridge 业务部门高级副总裁签批。

图 7-2 为 Enbridge 采用的运行维护手册修订程序，可以看到手册变更或修订被接受前需要做许多工作。

另外 Enbridge 管道公司新管道建设项目组织有更为细致的规定。

（1）由 Enbridge 的业务开发组（Business Development Group）识别业务需求，这种需求涉及高水平的技术和商业前景，包括已证实输量（Proven Volumes）需求、潜在输量（Potential Volumes）需求、不同介质（批次输送管道）[Different Commodities（batch pipeline] 输送需求、潜在的托运人和最终用户、商品质量和基本交易要求。

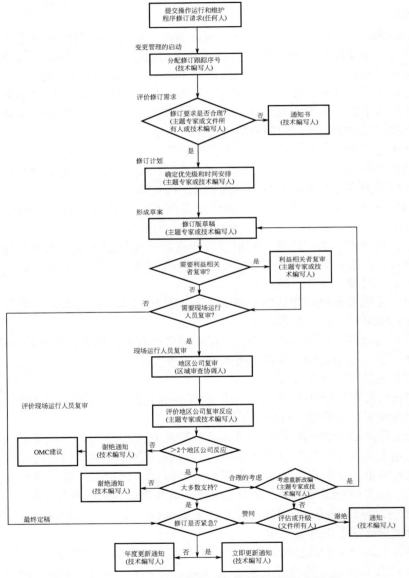

图 7-2　Enbridge 管道公司运行维护手册修订流程

（2）Enbridge 将制定一个高级项目建设费用概算，这笔费用概算的准确性在±50%范围内。高级概算基于 Enbridge 经营理念、业务政策（做法）、环境和安全政策（做法）、Enbridge 及工业标准规范等。

（3）业务开发将锁定新拟建管道的托运人。如果有足够的输送委托确保管道工程的经济可行性，就可以批准该管道建设费用。

（4）将新建管道的设计和施工移交给 Enbridge 重大项目组（Major Projects Group）。

① 组建项目指导委员会（Project Steering Committee，PSC）以指导决策，该委员会由来自工程技术、运营、数据采集与监视控制（SCADA）和维护等部门的代表组成。委员会定期召开会议，审查设计方案、研究设计变更、提出建议，确保客户（Enbridge 公司运行管理部门）是满意的，并对所做决策予以记录。

② 制定新管道的设计依据备忘录（Design Basis Memorandum，DBM）。

③ 在重大项目组中选定工程项目团队。

（a）资深工程师负责整个项目。

（b）为工程项目的每个专业配备人员并负责该专业领域。

（c）Enbridge 公司可以使用自己的工程设计人员或签约工程公司进行项目设计。

（d）采用 Enbridge 技术标准和规范进行详细的项目费用预算。

（e）重新评估项目，如果认为该项目仍然是可行的，则开始详细设计。

（f）一旦完成详细的管道设计，Enbridge 重大项目进入施工阶段。

（g）Enbridge 重大项目组主要负责管道设计、施工、投运、管道运行和缺陷修复（在项目指导委员会的指导下）。

（5）整个项目过程中，管道运营、管道维护和业务开发部门审查设计、施工及投运要求，确保项目持续可行并满足运营要求。

Enbridge 管道公司设计审查依据本公司所制定的工程手册、标准和规范，这些企标范围内的文件的主要特点有以下几方面。

（1）Enbridge 管道公司所制定的工程手册、标准和规范技术要求超过了大多数行业及 ASTM、ASME、API、ISO、CSA、NEB、TSB 等管理机构、工业部门、技术委员会的要求。

（2）Enbridge 所有标准、规范是基于上述管理机构和工业部门要求制定的，并确保采取适当的措施。

依据上述文件，Enbridge 公司进行管道设计审查，主要环节包括：

（1）在工程设计中项目指导委员会（PSC）审查所有接受的设计，以确保符合 Enbridge 运行要求、方针和标准。

（2）扩大的管道运行组（指所有专业）审查设计安排在下面五个阶段。

① 设计依据备忘录阶段。

② 完成 10%设计的阶段。

③ 完成 50%设计的阶段。

④ 完成基础设计时。

⑤ 开始施工之前。

（3）文件和审查进程将取决于设计阶段。

① 设计依据备忘录（DBM）阶段。主要针对全部业务要求和过程设计依据备忘录。

② 设计进行到 10%阶段。主要针对概念图和总体布局。

③ 设计进行到 50%阶段。主要针对管道项目图纸和设备。

④ 完成基本设计。主要针对可能影响详细设计的所有图纸和文件。

⑤ 设计进行到 80%阶段。主要针对所有主要管道设施的概念和设计，主要是符合性审查。

⑥ 开始施工前。主要针对所有主要管道设施设计，主要是运行功能、准备条件审查。

四、企业标准特点

Enbridge 公司使用一套标准技术手册，覆盖所有生产环节，手册工作内容程序化，细化具体，对相关工作有提示，方便使用，操作性强。

Enbridge 公司企业标准特点和文本范例主要体现在以下几方面。

（1）技术手册包含技术和技术管理内容。如在油品管道泄漏勘察标准中既要求技术管理要求，又要求了技术操作做法，而且给出了记录表格模板。

（2）手册工作内容程序化，操作性强。如修理闸阀的标准详细规定了多达 19 步的操作步骤，要求详细明确。

（3）手册内容细化具体，对相关工作有提示、警示和警告。

（4）企业标准手册由本公司专家亲自编写，内容满足国家法规要求，来源于公司生产实际和直接采纳外部先进标准。

（5）术语和定义中对相关工作人员的身份或角色也给出说明，可操作性强。

（6）工程建设技术手册首先明确采用的外部标准，并依据自己的特点，提出公司的特殊要求及供应商列表。

（7）工程设计技术手册具有设计程序、采购等要求。

我国油气管道企业在搭建企标体系，可借鉴 Enbridge 管道公司标准体系，独立编写技术手册或标准，根据管道业务阶段划分体系架构，根据公司业务划分手册类型以及确定手册内容。充分发挥专家作用，在标准审查阶段，由专家决定相关内容。

第二节　荷兰皇家壳牌石油公司标准体系建设

一、企业标准的指导思想及制定基础

荷兰皇家壳牌石油公司是涉及上下游能源生产过程的全球油气公司，由荷兰皇家石油与英国的壳牌两家公司合并组成（以下简称"壳牌"）。壳牌是石油、能源、化工和太阳能领域的重要竞争者，壳牌拥有五大核心业务，包括勘探和生产、天然气及电力、煤气化、化工和可再生能源。壳牌在全球140多个国家和地区拥有分公司或业务，业务公司共有300余家，经营范围包括石油、天然气、煤炭、化学品、金属等。

壳牌天然气公司每年销售800多亿立方米天然气，并在20多个国家有天然气权益。公司的上游业务负责勘探和开采石油和天然气资源，下游业务负责提炼、供应、交易、在世界范围内运输、生产和销售一系列产品，并为工业客户生产石化产品。公司的项目和技术部负责壳牌主要项目的交付，并推动研究和创新，提供技术解决方案。

壳牌公司的企业标准同时也和公司的业务准则相关，公司企业标准的编写有八条指导准则，即经济、竞争、诚信、政治活动、健康安全防护和环境、当地社区、沟通和接触以及遵守等。这八条指导思想统领了整个壳牌企标的编写工作。

壳牌企业编写技术标准的政策主要包括：

（1）在编写企标时，应尽最大的可能去参考外部标准，尤其是ISO/IEC等标准。

（2）应确保使用者在使用企标时所需要参考的外部标准最少化。

（3）逐步废止运营部门补充文档。

（4）使工程补充文档最少化。

（5）出于商业和技术的原因，在充分考虑了基于风险的管理、运营成本、生命周期成本等因素后，形成完善的商业和技术的审核流程。

（6）通过建立和维持企标的使用者和托管专员之间的循环反馈机制来确

保企标质量的不断提高。

（7）通过更多地参与外部标准的编写来影响外部标准，从而使可适用于壳牌内部的外部标准的数量和质量都能不断上升。

壳牌公司同时也使用了外部标准来建立内部企业标准。设计与工程做法（DEP）企标文件的编写必须最大化地借助外部标准，最理想的做法就是直接在现有外部标准的基础上进行 DEP 企标文件的编写。在这种情况下，壳牌的 DEP 企标文件是作为原有外部标准的补充文档或修订内容的形式而存在。但当无可依据的外部标准时，或需要对现有的外部标准内容一半以上进行修改时，这种编写方式无法实现。但无论是否可以实现，都应该最大化地借助现有外部标准去进行内部标准的编写工作。

当有较新版本的外部标准颁发时，或当法律法规与企标的规定发生冲突时，公司内部的运营部门的企标使用者是不可以跳过企标文件而去直接使用外部标准或地方法规文件的，这个时候需要使用在现有企标基础上编制的工程补充文档作为工作的指导文件，并应确保使用者在使用 DEP 企标的时候所需要参考的外部标准最少化。

二、企业标准框架

管道集团标准体系的结构包括 4 个部分：管道开发规划、管道工程、管道营运以及管道废弃。

集团标准根据不同的管道开发阶段来分类，这些标准可以降低不同开发阶段的风险。工作手册反映了壳牌公司横跨整个组织来建立公共技术库的企标编写指导方针，允许壳牌在集团内共享最好的实践结果，也使公司由于设计和施工问题所造成的收入损失降到最低。因此，总的来说，分类的指导方针是尽可能降低开发过程中的风险。管道集团标准的内容组织结构如图 7-3 所示。

（一）壳牌公司管道标准的开发阶段

壳牌公司的标准根据不同的管道开发阶段可以分成管道开发规划类标准、管道工程类标准、管道营运类标准、管道废弃类标准。

1. 管道开发规划类标准

获得管道营运许可是进行开发规划的前提。无须建筑和其他关联许可证的管道运营依旧必须确保管线开发规划的安全性。规划包含管线铺设地附近的信息、产权证明、地面业主的通知、施工计划、区域调查结果、植被恢复计划、草地管理计划、紧急反应计划、交通影响情况以及与项目相关的其他内容。

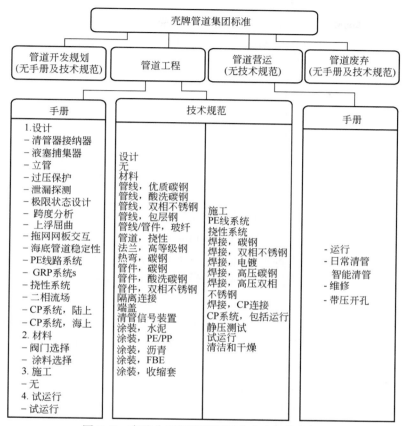

图7-3 壳牌公司管道集团标准内容组织架构

2. 管道工程类标准

该阶段覆盖了材料选择、设计、安装、介质、管线的缺陷评估和综合管理。壳牌创建了许多DEP手册，这些手册根据确保项目成功的重要要求和工艺来指导相关人员选择承包商和供应商。

3. 管道营运类标准

管道营运类手册可用于参考指导，供管道维修人员、工程师及作业人员在规划或执行管道和设施的操作、维修和维护时使用。

4. 管道废弃类标准

当壳牌管道或其他管道作业人员决定永久停止通过该管线的服务，并申请废弃管道和连接设施时，该阶段启动。废弃申请意味着公司决定永久停用该管线并且按照 NEB 法案第 74 节来进行"废弃管道的操作"。

当美国有重要的监管要求发生变化时，公司标准就要更新或重新制定。国际要求的改变有时也会对国家要求产生影响，因此，企业标准需要根据外部变化进行更新。

（二）壳牌公司企业标准 DEP 企标形式

壳牌公司企业标准 DEP 企标包括以下形式。

1. 1 号手册 （Manual 1）

设计与工程规范中的一些标准会被选入 1 号手册，这些写入 1 号手册的标准都至少包含一项涉及安全生产流程的内容。1 号手册内的标准旨在解决或降低企业内安全生产流程事故隐患。

使用者包括壳牌公司企业内部一线操作员工、工程项目经理等。

2. 管道营运手册 （RM Practice Manual）

管道营运手册里面的标准旨在指导员工实际操作，并规范企业营运。

使用者包括壳牌公司企业内部一线操作员工、工程项目经理等。

3. 工程补充文档 （Project Variations）

反映具体工程实施当中的企标之外的要求。相关内容的编写必须遵守技术和商业流程并取得批准。

使用者包括壳牌公司企业内部一线操作员工、工程项目经理等。

4. 运营补充文档 （OU Variations）

由运营部门进行撰写的 DEP 企标补充文档，侧重点在于反映运营部门所在的地区对该部门特定的法律规定。

使用者包括壳牌公司企业内部一线操作员工、工程项目经理等。

5. 支持文档 （Supporting Document）

支持文档可分为以下四类内容。①数据表：提供施工使用的原材料以及设备的采购信息；②标准表格：用来确保信息呈现的一致性；③标准图样：用图片来展示相关的设备；④分类管理工具（CMT）：提供材料、设备相关的标准并给出相关的技术参数。

使用者包括壳牌公司企业内部一线操作员工、工程项目经理等。

6. 规范说明书 （Informative）

与设计和工程规范一一对应，是原有标准的补充说明文件，详细解释了标准内的参数、使用条件等内容。着重记录那些以往引起过争议的参数等内容，主要目的在于为修订标准提供参考依据，帮助解释标准。规范说明书中还包括参数使用原理与推导、使用建议、工程实例、附录等，帮助 DEP 企标文件更好地适用于不同的实际工程项目。

使用者包括壳牌公司企业内部一线操作员工、工程项目经理等。

7. 规范（Specification）

条款规定了设计施工相关的产品选择、服务指标、工作流程等内容。为使用企标的业主、承包商、制造商以及供应商之间提供了沟通的基础。

使用者包括壳牌公司企业内部一线操作员工、承包商等。

8. 油气井标准（WS Standard）

是原有标准条款的一种补充标准。油气井标准规定了所有油气井工程的相关产品选择、服务指标、工作流程等内容。

供企标的业主、承包商、制造商以及供应商使用。

9. 深水标准（DW Standard）

是原有标准条款的一种补充标准。深水标准规定了所有深水工程的相关产品选择、服务指标、工作流程等内容。供企标的业主、承包商、制造商以及供应商使用。

三、企业标准的编写人员以及流程

DEP 由壳牌公司的资产综合管理部来制定。隶属于该部门的战略标准化管理委员会负责集团内部标准的规划、审核、起草、提交和批准。战略标准化管理委员会成员来自壳牌各公司的代表（以营运集团和地区为主）。

壳牌资产综合管理部和战略标准化管理委员会由来自壳牌各公司的领导层和这些公司的关键股东组成，确保所有标准内的条款内容可以符合同业要求。标准贯穿在公司的方方面面，因此，对所有职位的人要求确保标准适用的一致性。

（一）DEP 企标编写人员分类

DEP 企标的编写人员可分为以下七类。

（1）管理层（Administrator）：负责管理 DEP 企标编写的人员。

（2）全球托管专员负责人（Global Discipline Head）：负责任命托管专员，并且对编写出的企标内容进行负责。

（3）托管专员（Custodian）：由全球托管专员负责人委任，负责监督撰写者的工作，审核 DEP 企标文件以及其他的相关技术标准文件，检查标准文档的相关技术点。托管专员是管理层和执行者的中间联络者角色，协调企标的

相关内容、定义以及具体应用。托管专员通常是由壳牌公司内某一领域的资深员工或管理者担任。

（4）协调员（Champion）：由全球托管专员负责人委任，负责技术企标的日常工作规划以及成本控制相关的工作。

（5）撰写者（Author）：撰写者是各个业务领域的专家，负责企标编写的执行工作以及后续的修订工作等，托管专员负责委任、管理及监督撰写者。

（6）评审专家（Subject Matter Expert）：各个业务领域的专家，负责企标编写的评审工作。

（7）专业领域权威（Principal Technical Expert）：各个业务领域的权威人士，对行业有着较大的影响力。

（二）DEP 企标编写流程

壳牌企业标准的编写流程如图 7-4 所示。

图 7-4　壳牌公司企标编制流程

壳牌公司标准包括以下 11 个主要编制阶段。

1. 企标规划阶段

当以下两种情况发生时，壳牌公司都会启动企标的规划工作。第一种是当现有企标有修订的需求时，第二种是有新的企标需要编写时。

对于可以引发企标修订的因素，将在后文进行详细的叙述。对于新制定企标的需求，将在年度规划中进行提出。

在满足了企标规划工作启动的条件后，壳牌的全球总部会指派管理者来进行规划工作的实际操作。管理者即壳牌的技术标准执行委员会（Executive Technical Standards Board，ETSB），由壳牌工程与技术部门的一些代表及业内专家所组成。

ETSB 会在每年年初负责制定年度标准编写规划书，规划书里面包括了新一年应该修改和制定的企标，并且指出这些企业标准应当如何同外部标准（如行标、国标等）进行联系，同时也会使用这个年度标准规划来监控内部标准的进程。

制定标准规划书除了要起到综合管理企业内部标准的作用之外，还要搜集多方反馈信息。运营方、承包商等都需要对标准规划书进行反馈评价，提出想法意见。通过搜集汇总全部的意见，并在完善规划书之后，准备进行标准的起草过程。

　　一旦企标标准编写规划通过审核，则壳牌的管理层必须负责启用和下发标准账户号码。不同的工作领域的员工必须使用不同的号码，并且所有同一工作领域的员工都会使用一致的号码。管理层使用独立的代码，参与编写外部企标工作的员工也使用独立的代码。

　　2. 企标项目建议书编写阶段

　　在完成了前文所述的标准规划工作后，相关负责人会根据反馈对规划书进行进一步的补充，完成标准项目建议书的编写。标准项目建议书的编写主要负责人员被称为托管专员，他们也是同样由壳牌工程与技术部门的一些代表及业内专家所组成，人数比 ETSB 多。

　　托管专员除了负责编写标准项目建议书以外，还要负责标准后续的修订补充等工作。

　　托管专员在编写标准项目建议书的时候会考虑以下 7 点因素，即标准的编写目的、不同运营方以及工程的具体需求、安全健康与环境、商业可行性、应用的范围、法律法规的要求以及外部标准的变化。

　　管理层同时会给批准立项的新标准分配新的标准号以及名称；对于原有标准的修改，标准号码以及名称应不变，除非标准的适用范围发生了变化。

　　壳牌工程与技术部门的技术标准管理组经理会在核算预算通过的情况下，签署标准项目建议书。

　　3. 企标撰写阶段

　　该领域外部标准的适用性决定 DEP 企标的编写形式。

　　如果现有的外部标准已经能很好地满足需求，并不需要做进一步较大的改动，则 DEP 企标的形式将会是外部标准补充文件。

　　如果现有的该领域外部标准不能满足企业的全部要求，则需要 DEP 企标起到对相关外部标准的补充作用。另外 DEP 在这时也需要对外部标准中的选择性解决方案给出针对壳牌公司自己的处理方法。

　　如果现有的外部标准并不适用企业要求或者操作起来无法实现，则 DEP 企标文件会以满足企业最低要求的形式来编写。

　　设计与工程做法规范中的一些标准会被选入设计与工程做法 1 号手册，这些写入 1 号手册的标准都至少包含一项涉及安全生产流程的内容。如果需要将一条标准列入设计与工程做法 1 号手册中，则根据设计与工程做法 1 号手册指导说明的规定，撰写者与托管专员必须先与设计与工程做法 1 号手册小组进行沟通才可以确定写入。

当进行撰写设计与工程做法 1 号手册的时候，撰写者必须在安全生产流程表格中填入相对应内容，来解释设计与工程做法规范说明书中使用"必须[安全生产流程]"（SHALL［PS］）字样的要求。

由于文档的结构限制以及对外部标准的依靠关系，在标准起草的早期就进行好各方的沟通可以避免很多后期带来的问题。

4. 企标初审阶段

编写好的企标草稿在撰写者递交给管理层之前必须先给托管专员进行一次初审。托管专员必须确保从健康、安全、环境保护以及生命周期成本等方面考虑编写好的草稿中与外部标准不一致的地方可以执行。

对于写入设计与工程做法 1 号手册标准的内容，托管专员必须逐条检查安全生产流程的规定并且确保安全生产流程的风险和评级已被识别。

托管专员在收到了企标草稿并初审通过以后，管理层会初审该 DEP 企标的内容是否恰当，如果恰当的话则通过初审进入企标评价的阶段。企标草稿需要修订的程度取决于质量的高低，如果管理层认为质量足够好，可跳过企标的初审阶段直接进入征求意见阶段。

管理层会在企标草稿初审之后提出修改的意见，并决定进行何种修改。

5. 企标征求意见阶段

在企标的草稿得到了管理层批复通过以后，企标的编写工作进入了征求意见阶段。

DEP 企标的作者以及托管专员会向管理层提供一份相关领域专家的名单。这份名单上的专家至少包含一名运营层的员工。如果有必要的话，这份专家名单上还应包括非壳牌公司的参与者，包括合同商、供应商、制造商等。

管理层有必要对名单进行增补以确保可以满足内部外部的覆盖。如果某一条款 DEP 企标准备列入设计与工程做法 1 号手册标准，则需要在名单上增加设计与工程做法 1 号手册标准的工程师。

管理层会通过电子邮件的方式下发企标 DEP 文件给各个部门以及运营层的员工，来进行企标的评价工作。电子邮件中还会附加评论的表格以及操作的指示说明文件。

整个评价工作的参与者要包含上述提到的专家组名单上的专家，这些专家都是在所在领域有着技术或者商业专长的人。所有被联系到的专家必须要承担起相应的责任，参与到企标的评价工作中来，并且他们也可以在恰当的情况下咨询他们的同事对企标的意见，一并反馈给管理层。所有的评价反馈都须标注相应专家的名字，除非他们明确指出了意见参考人的名字。

所有反馈来的修改意见必须填写进由管理层提供的评论表格后上交给管理层。所有的反馈意见必须是有建设性的内容。

由于 DEP 企标文件在最终的正式颁发之前会进行统一的文本编辑校对工作，所以任何的反馈中应该不包含语法、拼写、措辞（除非引起了歧义）等内容。

所有的修改意见应该包括原因的说明，以方便撰写者可以更恰当地进行修改。

所有的参与评论者必须考虑到标准的引言中所介绍到的标准适用范围后再提出修改的意见。

整个标准的评论阶段不应当成为一个使全体标准用户就企标的内容达成一致的过程。企标的托管专员会最终为企标的技术内容负责并且对是否采纳一些评论做出最终的裁决评定。

DEP 企标文件最终版本会受征集到的意见的影响，整个企标征求意见阶段持续时长为四个星期。如果有部分的名单上的用户没有给出反馈意见，需要企标的托管专员做出标记，注明对应的人员未发表评论。

管理层搜集完毕全部的意见反馈之后会将其汇总给企标的托管专员和撰写者，由他们决定是否采纳相对应的意见。

企标的托管专员在收到全部的修改建议以后要做出决策，是否根据反馈意见对企标进行相应修改。如果决定做出相对应的修改的话，需要制定时间规划，规定好工作的截止日期。

如果有任何意见被拒绝采纳，需要托管专员、撰写者以及建议提出者在管理层的协调下进行商讨，并且将过程和结果记录在 DEP 征求意见表格上。在此处需要重申，托管专员必须对企标的内容最终负责。

最终完成的征求意见表会返回给管理层进行相对应的完成和颁发。并且为了加快这一工作流程，可以集中进行多方的专题研讨会议。

全部的反馈工作进行好了之后，管理层得到最终的附带修改意见的企标草稿。如果有集中意见反馈需要对企标进行较大的改动，则有必要重新撰写新的企标草稿。

所有的企标修订意见在汇编后会放到壳牌的官方网站进行公示，以供公司内部员工进行阅览。

企标的撰写者就采纳的意见进行相对应的改动，上交给托管专员进行审阅之后提交给管理层进行企标文件的再审工作。再审的工作量完全由一审时文件的质量以及评论反馈的数量而决定。管理层会在再审的过程中对企标文件进行修改，必要的时候也会与撰写者进行沟通。此时根据需求有可能会征求语言编辑的意见，进行文本上的校对。

6. 企标报批阶段

再审通过以后，管理层会将审核通过的 DEP 文件通过电子邮件进行分发，在征询管理层、托管专员以及协调员、评审专家组和撰写者的意见以后，企标才可以正式通过。

通过的原则是该文件可以从技术上和商业上满足企业的要求，并且语言通顺达意。

7. 企标颁布阶段

最终审核通过的企标会进行颁布。如果企标的编写有引用到外部标准，则相对应的外部标准必须已经正式颁布或者通过报批即将颁布。

DEP 企标会通过 CD 光盘或者 DVD 光盘作为载体来颁布，也会放到网站上。废止的旧版本企标会在壳牌的官网上进行归档存放，并可供内部员工审阅。颁布流程由管理层决定并可根据情况进行变动。

为了确保企标不会流通到一般禁止贸易国家，DEP 企标文件必须经管理层同美国政府出口控制官员共同审阅。部分企标文件会被分级为 EAR 99 级别，并且该级别的企标禁止出口到一般禁止贸易国家，除非有美国政府出口控制官员的批准。

管理层必须在设计与工程做法即时通信工具中明确标注好分级为 EAR 99 的标准条款，从 DEP 版本代号 33 开始，所有的设计与工程做法规范说明书以及设计与工程做法规范文件都需要标注清楚 EAR 99 级别的标准条款。

8. 企标分发阶段

在企标完全得到通过以后，管理层会安排企标的分发工作。企标是通过 CD 光盘以及 DVD 光盘作为载体进行发布的，同时也会在网站上进行公布。以往版本的企标也要进行相应的存档工作，在公司内部进行数据备份，以备将来的核查等使用。

所有的 DEP 企标文件如果有引用了外部标准等其余标准，必须在被引用标准也得到相应组织的最终审核并且发布以后，壳牌的 DEP 企标文件才可以正式最终发布。

企标要经过美国的出口控制部门的分级审核，审核之后会获得一个分级指标，如 EAR 99 等。这个分级指标用于控制 DEP 企标文件的海外流通，确保可以不被出口到与美国禁止贸易往来的国家去。

壳牌企业标准的具体编写流程如图 7-5 所示。

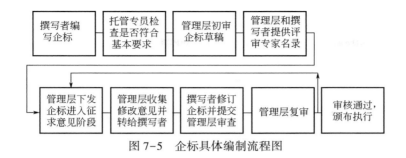

图 7-5　企标具体编制流程图

9. 企标的用户反馈阶段

鼓励企标用户对企标文件的内容随时给予反馈，反馈不仅仅局限于企标的规划草案工作过程中。

拟新制定企标的草稿以及修改的标准会广泛地分发以搜集反馈意见。而企标的使用者也随时可以通过企标文档附带的企标征求意见表格来进行企标的反馈工作。使用者也可以通过以下的方式来取得企标征求意见表格。

① 在 www. shell. com/standards 网站上面直接进行反馈。

② DVD 光盘里面的反馈链接。

③ 发送电子邮件给 standards@ shell. com 即可获取。

对于后两种方式，使用者需要在将企标反馈填写在征求意见表格里以后通过发送电子邮件附件到 standards@ shell. com 来进行反馈。需要注意的是，所有的企标反馈意见都必须是填写在企标征求意见表格中以后才会被管理层视为有效的反馈意见。

所有的反馈意见都会被管理层进行细致的审阅。如果有些建议会引起较大的变动，则根据实际情况会决定是否启动企标的中期修订计划。如果没有建议会引起较大的变动，则所有的相关意见会保留至年度企标工作规划中去，作为下一年度的工作参考。所有的企标评论以及托管专员意见都会在壳牌的网站上进行公示。

10. 企标进度跟踪阶段

每一个季度，壳牌的管理层负责人都会进行企标的进度跟踪审核。跟踪的方式是通过对比年度计划核对目前企标修订、制定的进度情况，并且按照完成进度百分比进行记录。壳牌有专门的全球纪律监管小组，并且有专门负责的纪律监管人。纪律监管人将负责落实跟踪企标的具体工作的实施，他们除了会代管理层进行对比工作外，还会审核企标落实工作的资金花费情况，并将资金花费情况进行记录，作为整个企标编写组的纪律评估，直接与企标的编写参与者的个人工作业绩挂钩。

11. 企标的补充阶段

每一个新项目的项目经理要负责企标的工程内容补充。项目经理必须要根据实际施工时的情况，因地制宜地在 DEP 企标的基础上进行相应内容的补充。具体的补充内容将由该项目的专业工程师编写，并由资深工程师以及项目经理批准后方可使用。

工程的补充内容必须要尽量少，只有被确认了有附加价值的内容才会进行补充。对于新编写的内容，需要单独装订新的手册，并对原 DEP 里面的内容进行相对应的引用。如果是修改原 DEP 的内容，则需要对 DEP 的电子版文档进行操作，对于新增的段落、句子，使用双下划线或者标注阴影，而对于原文的删改，使用修订模式进行操作，以便于查看。

增补的内容必须得到运营方管理层的批复以后才可以实际执行。并且所有的增补都应该记录后反馈给监管方，以便监管方在后续修改企标时作为参考的依据。如果某些内容多次被各个工程负责人提及，责监管方必须汇报给壳牌 ETSB 企标编写组的管理层，以便列入下一年的企标年度编写规划表中。

四、企业标准特点及文本范例

通过分析壳牌的标准文本范例，可以发现壳牌公司的企业标准文本具有如下特点。

（1）壳牌的企标文件的形式包括：规范（Specification）、规范说明书（Informative）、支持文档（Supporting Documents）、设计与工程做法 1 号手册（DEM1 DEP）、运营和维护指南（Manual）、井口标准文档（WS Standard）、深水标准文档（DW Standard）等。

（2）集团的企业标准基于国际、国家和行业标准进行编写。

（3）企业标准由本公司编写，内容满足国家法规要求，来源于公司生产实际和直接采纳外部先进标准。

（4）壳牌会在标准索引文件中标明每一个企标对应的托管专员的姓名以及联系方式，方便企标的使用者随时与托管专员进行反馈。

（5）壳牌公司在企业标准的通用文件中包含了较为详细的标准目录、编写说明、名词定义、特殊适用情况等。

（6）壳牌没有单独的程序文件，标准中同时包含技术要求、技术管理要求、操作步骤说明。

（7）企业标准内容细化具体，对相关工作有提示、强制要求和推荐做法。具体的标注方法为：

① 用注释提示额外增加的内容。

② 用"Note"提示具体的操作做法。

③ 用"Shall"表示强制的要求做法，必须满足。

④ 用"Should"表示推荐的做法，仅供参考。

（8）术语和定义中对相关工作人员的身份或角色也给出说明。

（9）壳牌的企业标准中对于文本的格式有明确、统一并且非常细致具体的要求。

在分析了壳牌公司的企业标准做法以后，对于管道企业来讲，可以得到开展标准体系搭建和开展标准化工作编制等方面的如下建议。

（1）企标体系搭建原则和理念。

全球技术指标的编写目的在于提供一种手段以获得高效节约的商业活动、保持技术的完整性，进行知识传授和分享工作经验。

编写技术标准的时候的政策以及原则应包括：

① 在编写企标的时候，应尽最大的可能参考外部标准，尤其是 ISO/IEC 等国际先进标准。

② 应确保使用者在使用企标的时候所需要参考的外部标准最少化。

③ 出于商业和技术的原因，在充分考虑了基于风险的管理、运营成本、生命周期成本等因素后，形成完善的商业和技术的审核流程。

④ 通过建立和维持企标的使用者和托管专员之间的循环反馈机制来确保企标质量的不断提高。

⑤ 通过更多地参与外部标准的编写来影响外部标准，从而使可适用于中石油内部使用的外部标准的数量和质量不断上升。

⑥ 构建标准体系应主要考虑系统功能性和简化原则。

⑦ 外部标准应只是作为企标的参考，中石油内部员工并不会直接使用。

（2）企标架构建议。

油气管道企业标准的结构应该包括四个部分，即管道开发规划、管道工程、管道营运以及管道废弃。标准应根据不同的管道开发阶段来分类，标准覆盖全生命周期。每个部分应该有相应的标准规范文档以及作业指导手册文件。

（3）企标文件类型以及使用者建议。

建议参考壳牌的多样化标准文本类型，适用于不同的内外部标准使用者，并且从管道安全运行充分考虑并设计。从标准的粗细程度依次展开，包括了深水标准、油气井标准、规范、规范说明书、支持文档、运营补充文档、工程补充文档、营运手册和1号手册等文件。

不同的标准文本类型作用不同。如规范主要是对于外部供应商提出参数的要求（Requirement），通常和数据表等配合起来使用；规范说明书是记录有争议的内容，为今后制修订提供依据。再如一号手册是对管道安全运营方面有隐患的技术要求的重点说明和强调。

（4）企标文件编制的项目组织机构建议。

建议成立技术标准执行委员会，该委员会的工作目标在于领导企标托管专员进行技术标准的编写、维护等工作，以及推广企标在中石油集团公司内的有效应用。技术标准执行委员会的成员应由来自中石油各分公司的领导层和这些公司的关键股东组成，以此来确保所有标准内的条款内容可以符合同业要求。

（5）企标文件编制的项目人员建议。

① 全球托管专员负责人：负责任命托管专员，并且对编写的企标内容负责。

② 管理层：负责管理 DEP 企标编写的人员。

③ 托管专员：托管专员由全球托管专员负责人所委任，负责监督撰写者的工作，审核 DEP 企标文件以及其他的相关技术标准文件，检查标准文档的相关技术点。托管专员是管理层和执行者的中间联络者角色，协调企标的相关内容、定义以及具体应用。托管专员通常是由壳牌公司内某一领域的资深员工或管理者担任。

④ 协调员：协调员由全球托管专员负责人所委任，负责技术企标的日常工作规划以及成本控制相关的工作。

⑤ 专业领域权威：各个业务领域的权威人士，对行业有着较大的影响力。

⑥ 评审专家：各个业务领域的专家，负责企标编写的评审工作。

⑦ 撰写者：撰写者是各个业务领域的专家，负责企标编写的执行工作以及后续的修订工作等。

（6）企标文件编写的工作流程建议。

建议中石油实行下述的企标编写总体工作流程：企标规划阶段、企标撰写阶段、企标初审阶段、企标征求意见、企标报批颁布、企标的分发、企标的反馈、企标的补充修订。

（7）企标文件制修订的管理建议。

① 建议标准的制修订过程从规划到企标颁布环节都有严格的流程和时间要求。撰写人员、归口人（托管专员）、审核人员和评审专家组的职责分工明确。

② 建议企标文件的托管专员负责随时跟踪与内部企标文件相关联的外部标准的变动，尤其是那些直接作为内部标准编写基础的外部标准的变动情况，外部标准的变动会产生修改内部企标的需求。

③ 建议针对具体的新制定或修订标准需求，由托管专员负责编写项目建议书，项目建议书需包含以下因素和内容：编写目的；不同的工程以及运营

方的需求；健康、安全以及环境保护；商业考虑；应用范围；法规政策的压力或法规政策的变动；外部标准的变动。与国内项目建议书不同，国外企标项目建议书多考虑工程和运营方的需求、HSE 要求、法规政策和外部标准的内容等。

④ 建议建立公平和透明的反馈机制。标准使用者可以通过多种渠道在使用过程的任何时间段都可以提出反馈并且这些意见可以作为下一年度企标制定修订的依据。

⑤ 建议在标准的管理工作中，采用信息化集中管理方式以此减少行政工作量。

⑥ 建议在设计和运营的过程中引入技术审计做法。技术审计的目的在于审查用户是否遵守了标准要求。如果技术审计发现某一条标准没有被很好地执行或者标准执行的过程中有明显的缺陷，则技术审计需要将这一情况汇报给企标的托管专员。

⑦ 建议对于承包商实行严格的管理。无论在项目开始前的投标阶段还是在管道施工过程中，审查均应严格。在完工前，所有一切工作内容都应由公司内部评审员以及评审操作质量的人员进行检查，确保没有设计和施工问题。如果施工中存在问题，承包商应受到惩罚。

（8）标准体系的特点。

建议油气管道企业可参考壳牌公司不设专门独立的程序文件规定工作的流程和步骤，其技术管理要求和技术要求都写在其各类标准文件中（主要是手册中）。

建议油气管道企业重视通用文件的编制。比如在公司标准体系框架中，有通用性要求，在细分的每个专业下，也提出相应的通用要求，通用文件中应包含较为详细的标准目录、编写说明、名词定义、特殊适用情况等。并应在索引文件中给出标准归口人（托管专员）的联系方式，这样不仅有助于在编写和使用标准时形成统一要求，而且可以方便找到负责人。

第三节   埃克森美孚公司标准体系建设

一、企业标准的指导思想及制定基础

埃克森美孚公司是世界领先的石油和石化公司，由约翰·洛克菲勒于

1882 年创建，总部设在美国得克萨斯州爱文市，埃克森美孚通过其关联公司在全球大约 200 个国家和地区开展业务，拥有 8.6 万名员工，其中包括大约 1.4 万名工程技术人才和科学家。埃克森美孚公司是世界最大的非政府油气生产商和世界最大的非政府天然气销售商，同时也是世界最大的炼油商之一，分布在 25 个国家的 45 个炼油厂每天的炼油能力达 640 万桶，在全球拥有 3.7 万多座加油站及 100 万个工业和批发客户，每年在 150 多个国家销售大约 2800 万吨石化产品。

至于其管道业务，埃克森美孚成立了几家合资公司来运营，包括一些附属公司，如 Wolverine 管线公司、阿拉斯加输油管线公司、Endicott 管线公司，Plantation 管线公司，美孚 Eugene Island 管道公司和 Mustang 管道公司。埃克森美孚也会把其他非美国的业务给外国公司，例如，曾将管道合同分包给意大利公司 Saipem，该合同是修建一条管道来连接 LNG 设施到其近海气源。

埃克森美孚公司使用当前的国家和行业标准来制定其内部标准。外部标准也供其在内部标准里参考，而国家标准对于埃克森美孚内部标准的制定更加重要。

埃克森美孚认为外部标准有不同的范围，但有共同的指导方针。国家标准是为能够维持营运所设定的最低要求的总体指令。另一方面，行业标准有更深的范围，其包含在材料、设计和施工及其他方面的细节。公司标准则同时为终端用户设定了更适合内部使用的标准。万一发生抵触的情况，则应选用更高的标准，比如碰到火险，美国消防协会（NFPA）指南的优先采纳级别高于企标。在编写企标的时候，埃克森美孚参考最多的外部标准是美国联邦法令第 195 部分第 3 卷第 49 节以及标准 ASME B31.4—2016《液态烃和其他液体管线输送系统》和标准 ASME B31.8：2018《气体传输与分配管道系统》。这些标准为编写企标中的液体以及气体运输的相关内容提供了参考的依据。

埃克森美孚在设计企业标准，以及开始为其管道项目进行设计和施工测试之前，通常进行几次技术研究，技术研究包括环境、社会、材料和设备以及安全等方面内容。埃克森美孚也会先进行风险分析、暴露评价、化学测试、场所测试、安装测试和其他研究。开展这些研究主要是用来确保工人和承包商的安全，降低对环境的危害。这些技术要求对公司管道项目施工是必需的。

埃克森美孚公司制定的所有标准条款里的数据都有科学的实验依据。公司会在标准编写前、编写中以及标准编写后对标准的内容进行一系列的测试和检查工作，这些工作会确保从运营层面上将错误以及事故的风险概率最小化。

公司的企业标准编写得非常细致，以此可以确保其易用性。举例来说，在工程设计手册里面，所有的量度都是明确标注的。标准中的所有应用理论以及计算推导都是经过论证的结果，甚至是应该应用的原料材质都是明确标注的，以此来确保整个结构的完整性。

二、企业标准框架

埃克森美孚公司根据标准的适用范围将企业标准分成两大类。第一类是管道设计施工类标准（Pipeline Engineering）；第二类是营运、维护类标准（Pipeline Operations and Maintenance）。

埃克森美孚公司管道集团标准的结构如图7-6所示。

图7-6　埃克森美孚公司管道集团标准组织架构

埃克森美孚公司根据不同的管理目标将企业标准分为以下两大体系。

HSE 标准：公司的 HSE 标准会涵盖每一个运营领域，甚至包括非核心业务领域。管理层的领导者需要建立管理体系并将管理体系贯彻下达到下属的运营方，而下属的运营方需要严格贯彻管理层的 HSE 要求，具体内容涵盖风险管理与评估、设施的设计与建造、信息与文件、人员培训、运营维护、人事变动管理、第三方服务、事故调查分析以及社区意识以及应急准备等内容。运营方以及第三方评估单位也要定期向管理层提供 HSE 标准的使用反馈。

运营完善性管理体系（OIMS）：埃克森美孚有关安全、健康、环境与产品安全的政策反映了埃克森美孚对达到最高经营标准和绩效的要求以及营运地法律法规的要求。从 1992 年开始，埃克森美孚采用了一种规范化、系统化的方法，称之为运营完善性管理体系。

（一）OIMS 的目的和目标

埃克森美孚公司的 OIMS 体系是用于控制 HSE 风险。公司开发这套系统是为了提供一个有力的框架，用于管理安全、健康以及环境方面的风险。这一系统在埃克森美孚全球各公司中应用，使埃克森美孚能评估进度、确保管理人员对结果承担责任，为控制埃克森美孚业务固有的安全操作风险确立全球共同的期望值。

OIMS 还确保埃克森美孚通过如为新项目进行社会和环境影响评估等活动与经营所在的社区密切合作。OIMS 是为满足埃克森美孚的公司要求、行业行动如责任关怀及政府法规的要求而构建，同时也有足够的灵活性以适应变化。

OIMS 流程要求不断评估并改进管理系统和标准，以及埃克森美孚员工的广泛参与。它为埃克森美孚业务的不同部分之间讨论和分享经验建立了统一的语言。

（二）OIMS 的组成框架

OIMS 的组成 OIMS 框架一共包含 11 个要素。每一个要素包含一个基本原则和一系列条款要求，共有 65 项要求。这 11 个要素分别是：管理层的领导、承诺和责任；风险评估与管理；设施设计与建设；信息与记录；人员与培训；运行与维护；变更管理；第三方服务；事故调查与分析；社区了解和应急准备；评审和改进。

这 11 个元素的每个元素对于每个操作必须达到的效果有明确的定义。OIMS 要求的管理系统必须有以下六个特征：

（1）范围必须明确，目标必须包括对目的及预期结果的完整定义。

（2）由合格人员来负责执行系统。

（3）备有书面记录的程序以确保系统正常运作。

（4）对结果进行衡量和验证，从而确保系统目标得到实现。

（5）评估获得的业绩反馈，促使系统不断改进。

（6）OIMS 要求每个运营部门每隔三到五年都应该由该部门以外经验丰富的员工团队进行评估。其他年份则要求进行自我评估。

此外，对于 OIMS 中提出的 65 项要求，各个分公司对每项要求进行细化和量化，并与自己企业特点充分结合，形成一套完整的 HSE 绩效系统。同时公司强调对安全表现进行持续观测，通过建立完善过程监控测量体系，在掌握最终安全记录或结果的同时，随时识别、了解目前以及潜在的各类风险，在此基础上提出并实施改进措施。

（三）OIMS 使用环节

公司强调系统的整体性要求，并将 OIMS 系统覆盖到公司的所有系统，OIMS 系统涉及总部、子公司以及基层单位运营管理的各个环节，从设计采购、生产运行、风险识别到关键环节的管理，做到所有与安全有关的工作都有记录、可追溯，管理过程、管理要求被信息化、标准化，通过系统化管理，真正使安全落到实处，使安全说有出处、抓有点处、行有定处、罚有理处。通过 OIMS 系统的实施，使公司安全方针、理念和目标的落实有了具体措施和途径。

（四）OIMS 和标准工作的关系

公司企标的编写采用 OIMS 系统，涉及制定用于日常在操作层面行动的标准和实践。OIMS 也可以帮助监控、比照及衡量公司的业绩表现。

作为 OIMS 具体的执行体系，关键项目管理系统（EMCAPS）的主旨在于开发框架结构来制定具体项目的开发和实施，并涉及制定标准内容增补工作。公司内 OIMS 架构下的全部员工都要参与到企业标准编写的工作中。

埃克森美孚公司的标准分为管道设计施工类标准和营运、维护类标准。管道设计施工类标准包括工作手册（Manual）和作业指导书（Instruction Books），这些工作手册和作业指导书用来指导一线操作员工、承包商和负责场地选择、作业范围制定、材料采购、应急反应的员工。营运、维护类标准包括日常标准附注（Daily Addendum），用来指导运营单位员工每天的具体工作，这其中对于公司的运营以及维修的每一个细微的环节都有明确的说明。日常标准附注还给工程师们提供基础操作指导，包括日常的例行维护以及如何响应未知故障。

公司员工的日常工作必须严格遵守手册、作业指导书以及日常标准附注，员工们无法避开这些指导书来进行工作，确保公司可以将管道开发的每一个阶段的风险都能最小化。

埃克森美孚的管理层对于日常作业指导手册以及日常标准附录的作用看

得很重要，尽管里面的有些条款看起来比较严格，但它可以确保公司雇员的高效工作，它也可以确保公司雇员们可以从先前的工作中不断汲取经验，不断提高，而且这样的日常指导也使得公司可以更为容易地去遵守国家的法规和要求。

埃克森美孚的企业标准使用者覆盖面广。埃克森美孚的企标使用者涵盖了集团公司的各个部门、运营单元、承包商、供货商、制造商以及相关的第三方服务提供者。

为了确保公司相关的利益方不受损失，埃克森美孚的企标对于公司的持股股东也是部分开放的，股东对于企业的监督促进了埃克森美孚企标的发展。

三、企业标准的编写人员以及流程

埃克森美孚公司的企业标准制定流程通常包括起草阶段、初审阶段、点评阶段、修改阶段、通过发布阶段等。撰写者首先起草标准，然后将标准发给所有相关单位，并根据他们的反馈对标准进行一次次的修订直到管理层审查通过之后发布。埃克森美孚在编写标准的时候，重点在于环境保护以及安全保障等相关内容。

不管任何时候，如果国家标准和行业标准发生变更的话，埃克森美孚的企业标准也会及时做出相对应的修改。正如之前所述，国家和行业标准是制定公司标准的基础，因此公司标准保持与国家和行业标准里的条款相一致非常重要。

OIMS 的员工负责埃克森美孚公司所有运营单元的企标编写，标准体系编写的组织架构见图 7-7。整个完整性运作管理系统的员工分工包括：公司的领导管理责任部门负责起草、编写整个公司的主要企标。风险资产与管理部

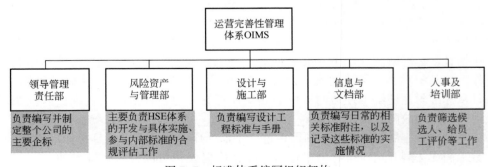

图 7-7　标准体系编写组织架构

的员工主要负责 HSE 的开发与具体实施，也会参与到内部标准的合规评估工作。设计与施工部的员工会负责编写设计施工标准与手册。信息与文档部的员工负责编写日常的标准附注，以及记录这些标准的实施情况。人事及培训部门的员工负责筛选候选人、给员工评价等工作。

四、企业标准特点及文本范例

通过分析埃克森美孚公司的标准文本，可以发现埃克森美孚公司的企业标准文本具有如下特点。

（1）企业标准由本公司编写，内容满足国家法规要求，来源于公司生产实际和直接采纳外部先进标准。

（2）企业标准中包含技术管理要求，操作步骤要求明确。

（3）标准中会标注明确出于经济效益而考虑的设计要求。

（4）目录采用蓝色标注，并为链接形式，方便使用。

（5）企标内容细化具体，对相关内容有各种标记。具体分为以下几类标记。

① 蓝色标记：用蓝色的标记直接链接到引用的内容上，方便使用。

② 加粗：用加粗的标记表示强制的做法或重要的词组等内容。

③ 倾斜：用作参考的外部标准用倾斜字体进行标记。

第四节　雪佛龙公司标准体系建设

一、企业标准的指导思想及制定基础

（一）公司的业务和策略准则

雪佛龙的策略是通过人才、执行力和增长三个方面来提升股东价值。人力资源对于按时按质交付成果至关重要。因此，安全和健康标准不仅仅是为员工而设，同时也是为周边地区可能遭受当前操作危害的每个人而设。其次，卓越地执行工程是保证产品从原材料到终端使用的质量的驱动力。最后，高效操作也相当必要，以实现公司战略的第三部分，保持增长，保持盈利。

雪佛龙公司推行了一个名为"雪佛龙方法"的计划，与实现卓越作业相关，影响着公司制定标准的方法。雪佛龙公司的标准制作流程蕴含了公司的愿景、价值观和发展策略，同时也保护员工的健康与安全，保护公司资产和环境。

（二）雪佛龙企业标准的制定理念

雪佛龙公司标准体系搭建理念与公司运作原则相一致。雪佛龙公司关注业务的三个领域：人才、执行力以及增长，以此作为提升股东收益的战略。人力资源是保证准时按需完成工作的关键前提，并且雪佛龙的 HSE 理念的针对用户不仅仅是集团公司内部的员工，更覆盖到了所有潜在的会因为运营工作影响安全的单位及工作领域。另一方面，良好的执行力可以确保公司生产环节的质量都可以获得保证和提升。此外，增长和盈利能力必须依靠高效率的运营才能取得。

标准体系和标准本身的出发点就是满足公司整体运作，确保生产效率的最大化。为了确保可以持续地高效率运营，从设计、施工到运营的每一个环节都必须遵守标准内容的规定。

（三）卓越作业政策

雪佛龙在制定标准时极其重视安全、健康与环境。设计和修筑一条管道线路需要花费数年时间，对人和环境的影响深远，因此施工前，雪佛龙公司需要考虑众多因素。例如，需要考虑联邦和州政府在安全和环境方面的规定等等。

雪佛龙在管理其标准时奉行的卓越作业政策见图 7-8

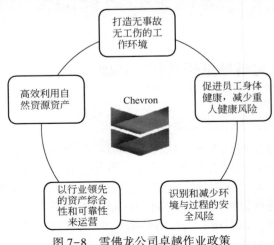

图 7-8　雪佛龙公司卓越作业政策

除了公司的卓越作业流程外，雪佛龙公司还遵循美国联邦规章法典第49标题第191、192和195部分的安全规定，以及ANSI/ASME　B31.4：2012《液体和泥浆的管道输送系统》和ANSI/ASME　B31.8：2012《气体输送和分配管道系统》。涉及内容包括常规和应急程序、程序的定期升级、符合程序的操作、记录、人员培训、监管部门及公众的危害应急行动计划教育等。部分州还有其他考虑，所以以上规定会随地区而异。除此之外，以上内容已涵盖整个公司的质量、安全、健康及环境控制体系。

（四）企标与外部标准的关系

雪佛龙公司在制定企业内部标准时，通常遵循国际标准（ISO、IEC）、国家标准（ANSI、NFPA、OSHA）和行业标准（API、ASME、NACE），同时也积极参与这些外部标准的制定。其中API、ASME和NACE是非政府组织，主要职能是为行业制定标准。行业标准不具有强制性，但是由于其权威性，一般情况下企业还是会遵循这些标准。行业标准除了获得国际认可之外，旨在促进管道行业在各个方面达成一致性，如质量、安全和健康方面的规定等。同时，这些组织还承担第三方认证工作，裁定认证对象（无论是否为标准遵循者）在多大程度上符合既定标准。

二、企业标准框架

雪佛龙的企业组织分为最上层的雪佛龙集团公司以及下属的雪佛龙管道公司。雪佛龙公司的企业标准也相对应地分成两个大的类别，即雪佛龙的集团公司标准以及雪佛龙管道公司标准。

最上层的标准是雪佛龙集团公司的标准，该标准适用于整个雪佛龙公司，具体的管道集团标准内容结构如图7-9所示。

雪佛龙管道公司标准的具体内容包括设计标准以及施工标准这两大类标准。

在管道施工方面，雪佛龙管道公司会将施工项目分包给其他专业从事陆上和海上管道项目的企业，和这些承包商合作进行管道研发。这些合作企业包括Horizon Offshore，Wood Group Kenny，EMAS，Worley Parsons及其他企业等。当然，其中有部分施工项目还是会由雪佛龙管道公司来承担。雪佛龙公司的管道项目的组织架构如图7-10所示。

考虑到雪佛龙管道公司和许多承包商的合作，雪佛龙管道公司尤其关注承包商的安全。为了达到承包商无事故运营的目标，雪佛龙管道公司相信所有事故都是可以预防的并且零事故的目标是可以实现的。为此，雪佛龙管道公司承诺要实现世界级的健康与安全的管理，并且实施了能够清楚表明公司期望指导方针的程序和政策。雪佛龙管道公司也让承包商根据雪佛龙安全程序的要求进行员工培训，以达到零事故的目标。

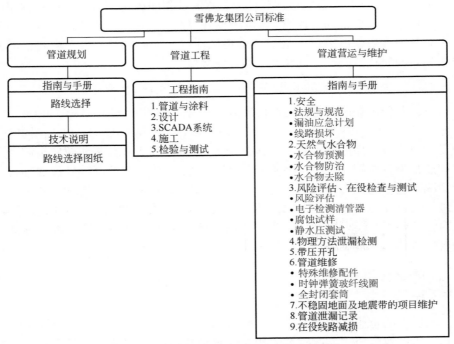

图 7-9　雪佛龙集团公司标准内容组织架构

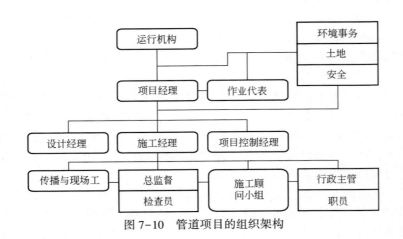

图 7-10　管道项目的组织架构

在制定设计和施工标准时，雪佛龙管道公司实行严格的审核和反馈流程。具体的雪佛龙管道公司标准内容框架如图 7-11 所示。

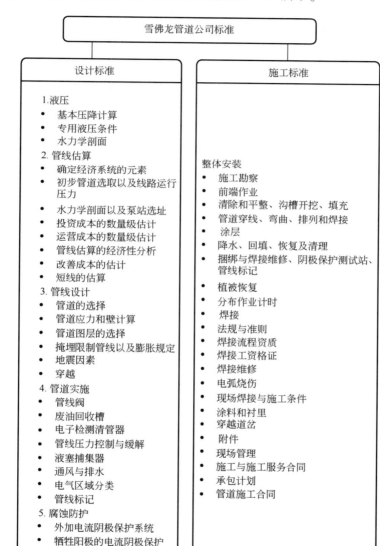

图 7-11　雪佛龙管道公司标准内容组织架构

此外，雪佛龙集团公司还有一个关于检查与测试的手册，用于确保减少管道开发的全过程中问题的发生。参与雪佛龙集团公司项目的检查员类型可以分为以下四类。

（1）公司检查员：包括雪佛龙技术开发公司（CRTC）的质量保证团队工程师在内的公司检查员可能负责监督海外供应商或合约检查员，或负责检测管道，也可能从管道生产到焊接到管道铺设全程参与项目。

（2）供应商检查员：供应商检查员受雇于供应商或制造商，是管线制造厂、涂料厂商或焊接承包商的检查员。

（3）服务公司检查员：与雪佛龙技术开发公司（CRTC）的质量保证团队或项目人员签约执行具体任务的个人和（或）服务公司，任务诸如对接焊缝的检查、管线焊缝的超声波检查以及涂料厚度测量。

（4）第三方检查员（监管员）：与雪佛龙签约的监管员，他们独立监管其他人的检查工作。第三方检查员通过监督厂商检查员和（或）检查最终产品来执行厂商监控。在施工现场，他们监控现场检查。

项目过程中的检查类型又可以分为三种。

（1）重点检查。

（2）雪佛龙场地检查。

（3）一般性检查。

雪佛龙集团公司在项目实施过程中由不同的检查员根据整个作业环节中所产生的检查点实施不同类型的检查。雪佛龙公司管道开发过程检查点如图 7-12 所示。

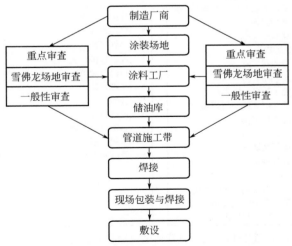

图 7-12 雪佛龙集团公司管道开发过程检查点

雪佛龙的企业标准包括以下种类的文档。

（1）审查与测试手册（Manuals on Inspection and Testing）：供审查员使用，用于确保减少管道开发的全过程中问题的发生。使用对象包括公司一线操作员工、内部的审查员工以及外部第三方审查机构等。

（2）运营及维护手册（Operations and Maintenance Manual）：确保施工后的作业流程依然遵循外部标准。运营及维护手册提供了员工在工作过程中必须遵循的标准信息。该手册涵盖了不同的主题，如安全、应急计划、水合物防治、腐蚀检测、泄漏检测、带压开孔、管道维修以及维护项目等。而与程序相关的内容则单独编写，规定更具体，员工均需遵守。使用对象包括公司一线操作员工、经理等。

（3）程序文件（Procedures）：技术管理要求，主要规范操作和流程、步骤。使用对象包括公司经理、一线操作员工以及外部承包商。

（4）工作手册与技术规范（Manuals and Technical Specifications）：工作手册和技术规范用来指导一线操作员工以及承包商等，内容包括场地选择、作业范围制定、材料采购、应急反应等工艺工程。使用的用户包括经理、前线员工以及承包商和供应商。

（5）指导书与蓝皮书（Instruction Guides and Bluebook）：用来指导一线操作员工以及承包商的具体工作。使用的用户包括经理以及前线员工。

三、企业标准的编写人员以及流程

公司没有专门设立一个部门来管理标准制定。因为雪佛龙公司重视员工有效沟通，使得每一个员工的目标与公司和部门战略目标保持一致。该公司认为其有效的沟通提升了企业竞争力，其他公司都拥有管理标准制定的团队，但这一点不适用于雪佛龙公司。为了确保减少管道开发的全过程中问题的发生，雪佛龙集团公司设置四类项目检查员，包括：公司检查员、供应商检查员、服务公司检查员、第三方检查员（监管员）。可以借鉴学习检查员做法。

雪佛龙标准的使用者包含雪佛龙业务单位、承包商、供应商、当地监管机构（合规性）和第三方评估人。与其他公司不同的是，雪佛龙会聘请第三方评估人对企业标准的内容进行审核，以确保可以满足日常工作的需求，并且保持时效性、先进性。所有雪佛龙业务事业部和各部门、员工以及与雪佛龙签约的企业和服务提供商需要经常使用雪佛龙内部制定的标准。

（一）雪佛龙业务单位

雪佛龙标准会提供给整个集团下属所有分公司、运营单位的管理层以及员工使用，以规范整个集团的生产过程。

（二）承包商

承包商必须履行雪佛龙企业标准中关于设计和施工等方面的要求，雪佛龙以此确保承包商能完全履行合同中的规定。

（三）供应商

供应商必须履行雪佛龙企业标准中关于材料、性能表现等方面的要求，雪佛龙以此确保供应商提供的产品能满足生产的需求。

（四）当地监管机构（合规性）

雪佛龙会将企业标准工作手册等内容上交给当地的监管机构，以确保雪佛龙在日常生产的全部流程环节都可以遵守当地的法规。

（五）第三方评估人

雪佛龙会聘请第三方的评估人以对企业标准的内容进行审核，以确保可以满足日常工作的需求，并且保持时效性、先进性。

雪佛龙公司的企业标准制定流程通常包括规划阶段、起草阶段、审核阶段、评论阶段、修订阶段、审查批准并颁布阶段等。

用户监管人首先负责规划标准，然后将需要制修订的标准分配给编者进行起草，制定好的企标草稿上交给管理人员进行审核。雪佛龙企标的评论工作的参与者包括员工、用户、制造商以及承包商。用户监管人将搜集好的修订意见汇总交给编者进行修订后，企标进入最终的管理层审查、批准并颁布的最终阶段。

四、企业标准特点及文本范例

（一）企业标准特点

雪佛龙公司是北美最大的管道企业之一。作为行业中的领军者，雪佛龙必须保证它的所有过程都遵循与国际标准持平的标准。雪佛龙有很多标准及指南，涵盖所有的过程和程序，例如，雪佛龙有针对腐蚀控制和电气、管道、压力容器维护的专门手册。雪佛龙公司制定这些标准和指南的主要目的就是减少公司运营对环境的影响，保护员工及公司所在社区，提高业务效能，实现更加可持续的发展。

雪佛龙公司重视员工有效沟通，使得每一个员工的目标与公司和部门战略目标保持一致。该公司认为其有效的沟通提升了企业竞争力，其他公司都拥有管理标准制定的团队，但这一点不适用于雪佛龙公司。因为雪佛龙既善于内部沟通也善于外部沟通，所以公司也没有专门设立一个部门来管理这项工作。

雪佛龙公司计划未来将重点加大力度来促进安全、健康与保护环境。因此，雪佛龙公司将来制定标准的主要考虑因素包括环境、员工与社区的安全以及更多地参与行业及国际标准的开发。雪佛龙坚持要更多地参与国际及国家层面的政策和标准制定。

（二）文本范例

（1）雪佛龙的标准文档形式包括标准文档（Standards）、手册（Manual）、程序文档（Procedures）、指导书（Guidelines）以及蓝皮书（Bluebook）等。

（2）企标由本公司编写，内容满足国家法规要求，来源于公司生产实际和直接采纳外部先进标准。技术手册中包括表格、规范、标准等内容。在技术手册中，如果涉及其他手册相关条款的内容，或者涉及其他工业标准的条款则会在标准的相关条款中明确注明来源。

（3）雪佛龙有单独的操作程序步骤文件，该文件只包含操作中的法律法规要求以及操作次序等要求，不包括技术参数和管理要求等内容。

（4）雪佛龙的企业标准中对于承包商、供应商等有具体要求，责任明确。

（5）企业标准必须要满足 HES 要求。HES 要求是公司的最基本要求，所有人员都必须遵守。

（6）标准中采用了大量的彩色图片，更加精确和直观。

（7）手册内容细化具体，对相关工作有备注和强调。

① 注释：用注释提示额外增加的内容。

② 备注：用"Note"提示具体的操作做法或详细的解释说明。

③ 强调：用加粗的字体表示需要特别注意的强制要求做法或关键词。

（8）标准中对于注意和警示的内容用加粗斜体表示强调。标准表达非常清晰、准确，这是因为这些标准是基于联邦和行业标准来制定的，当中的术语都具有明确的定义。

第五节　俄罗斯天然气工业股份公司标准体系建设

一、企业标准的指导思想及制定基础

俄罗斯采用"标准化体系"的概念，标准化体系中，既包括技术标准，也包括管理标准。对于俄罗斯联邦国家标准化体系，包括总则、标准编制规程、标准格式体例要求、法规与建议制定与通过的程序等，见表 7-1 所示。这些标准在我国多以红头文件（行政规定）的形式出现，俄罗斯将其纳入标准化体系中，作为管理标准的一部分，使管理标准与技术标准之间的关系更紧密。

表 7-1　俄罗斯国家标准化体系

序号	标准号	标准名称
1	ГОСТ 1.0—1992	《总则》
2	ГОСТ 1.2—1992	《国家标准编制规程》
3	ГОСТ 1.4—1993	《部门标准、企业标准、科学技术与工程协会和其他社会团体标准总则》
4	ГОСТ 1.5—1992	《对标准结构、表述、格式和内容的一般要求》
5	ГОСТ 1.8—1995	《跨国标准编制与应用规程》
6	ГОСТ 1.9—1995	《产品与服务符合国家标准标志的标示规程》
7	ГОСТ 1.10—1995	《标准化、计量、认证、认定及其信息的法规和建议的编制、通过与登记规程》

　　由于俄罗斯标准化相关技术法规的发展变更，导致俄罗斯规定的标准化体系文件结构和组成较混乱。其各项法规规定的标准化体系文件见表 7-2。

表 7-2　俄罗斯标准化法规规定的标准文件类型

法规	《标准化法》	《技术调节法》	《发展构想》	《标准化联邦法》
标准化文件	• 俄联邦国家标准 • 标准化规则、规范和建议 • 全俄经济技术信息分类 • 行业标准 • 企业标准 • 协会标准	• 全国标准[1] • 标准化规则、规范和建议 • 按规定程序采用的分类、全俄经济技术信息分类 • 组织标准 • 规则汇编[2]	• 全国标准 • 标准化规则、规范和建议 • 按规定程序采用的分类、全俄经济技术信息分类 • 行业标准 • 规则汇编 • 试行标准	• 国家标准化体系文件 • 按规定程序采用的分类、全俄经济技术信息分类 • 组织标准（包括技术条件） • 规则汇编 • 涉及的标准化对象强制要求的标准化文件
标准类型	• 国家标准 • 行业标准 • 企业标准 • 协会标准	• 全国标准 • 组织标准	• 全国标准 • 行业标准 • 技术条件[3]	• 全国标准 • 组织标准（技术条件） • 强制标准化文件

①全国标准：2003 年 7 月 1 日，前俄罗斯国家标准委员会通过的国家标准和跨国标准。
②规则汇编：建筑标准和规则、设计和建筑规则汇编、卫生标准和规则和消防安全标准。
③技术条件：企业为了贯彻执行国家标准、行业标准而制定的一种具体的规范性文件，是俄罗斯企业应用最广泛、影响最大的一种规范性文件。

基于历史原因，目前俄罗斯联邦内在用的标准及规范文件有很多种，类型关系如图 7-13 所示。

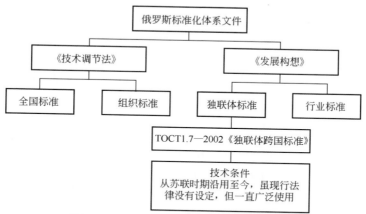

图 7-13　俄罗斯标准化体系文件演变关系

基于国际通用的标准体系架构，结合目前常用的俄罗斯标准使用现状，俄罗斯标准体系可以理解为以下的结构形式，如图 7-14 所示。

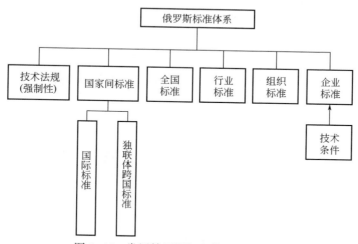

图 7-14　常用俄罗斯标准体系文件架构

（1）技术法规：法律规定的在产品的设计、生产、经营、存储、运输、销售和应用过程要求强制性贯彻实施的技术文件。

（2）国家间标准：主要包括国际标准，例如 ISO 标准和 IEC 标准等国际标准和独联体跨国标准（ГОСТ）。

（3）全国标准（ГОСТ Р）：由俄罗斯联邦全国标准化机构批准的标准，是由俄罗斯联邦全国标准化机构批准的"规定产品特性、生产、使用、保存、转运、销售及回收利用，以及工程施工与服务提供等过程的实施规则及特性的标准"。

（4）行业标准（ОСТ）：由全国行业主管部门的标准化机构在其职权范围内批准的标准。但是在俄罗斯，行业标准属于过渡性标准，将来有可能上升为全国标准或转化为组织标准。

（5）组织标准：为了实现标准化目的，完善生产过程和保证产品质量，实施工程及提供服务，也为了推广应用不同知识领域所获得的研究（试验）、测量及开发成果，由组织批准和采用的标准。目前已见到的组织标准有：俄罗斯铁路组织标准、全俄国家兽药与饲料质量和标准化中心组织标准、俄罗斯评估师协会（POO）组织标准、俄罗斯焰火生产者与演示者协会组织标准、俄罗斯汽车工程师协会（ААИ）组织标准、俄罗斯面包师联合会（PCII）组织标准、天然气工业公司组织标准等。

（6）企业标准（СТП）：由企业颁布的标准。

（7）技术条件（ТУ）：技术条件对生产产品规定了全面的要求，诸如，它对技术要求、安全和环境保护要求、验收规则、贮运条件、质量检验方法等方面提出了具体规定。全国标准中对具体产品规定的各项要求，正是通过技术条件加以实现的。但多年来，关于技术条件在标准体系中的地位、法律属性、标准属性和审批注册等问题，一直存在争议。

天然气工业公司的指导思想及制定基础有 20 项左右的公司标准化基础标准，占所有基础标准的 29%，如图 7-15 所示。

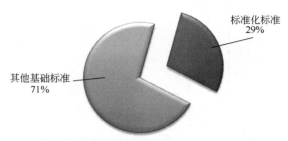

图 7-15　天然气工业公司标准化基础标准分布率

这些标准涉及公司标准化管理的方方面面，包括标准化术语、标准制定修订发布的流程、标准的种类、标准实施的要求和标准数据库的建立原则等，表 7-3 列出了相关主要标准。

表7-3　部分天然气工业公司标准化管理基础标准

序号	标准	标准名称
1	СТО Газпром1.0—2009	《天然气工业公司标准化体系　总则》
2	СТО Газпром1.7—2009 第1号修订本	《天然气工业公司标准化体系　天然气工业公司标准　制定、批准、登记、变更和废止程序》
3	СТО Газпром1.2—2014	《天然气工业公司标准化体系　天然气工业公司技术标准文件制定计划　制定、审批和执行程序》
4	СТО Газпром1.3—2009	《天然气工业公司标准化体系　天然气工业公司技术标准文件资料库　建立和运行程序》
5	СТО Газпром1.4—2009	《天然气工业公司标准化部门标准化体系　总则)》
6	СТО Газпром1.6—2014	《天然气工业公司标准化体系　天然气工业公司术语和定义标准化　总则》
7	СТО Газпром1.8—2014	《天然气工业公司标准化体系　天然气工业公司建议　制定、填写、标记、更新和废止原则》
8	СТО Газпром1.9—2008	《天然气工业公司标准化体系　天然气工业公司及其子公司和机构标准使用原则》
9	СТО Газпром1.17—2008	《天然气工业公司标准化体系　天然气工业公司子公司和单位出产产品的技术条件　制定、填写、标记、更新和废止原则》
10	СТО Газпром1.12—2008	《天然气工业公司标准化体系　天然气工业公司、子公司和单位参与国内和国际标准制定与更新工作的原则》
11	СТО Газпром1.14—2009	《天然气工业公司标准化体系　天然气工业公司遵守标准和其他规范文件要求的检查（监督）办法》
12	СТО Газпром1.15—2014	《天然气工业公司项目设计专业技术规范的制定和生效　协调和审批程序》
13	Р Газпро1.7—2007	《天然气工业公司标准化体系　天然气工业公司子公司和企业标准制定、说明、办理和登记原则》

标准化管理相关要求主要由 СТО Газпром 1.0—2009 规定，根据 СТО Газпром 1.0—2009，天然气工业公司标准化体系组织架构和各部门之间的关系如图7-16所示。

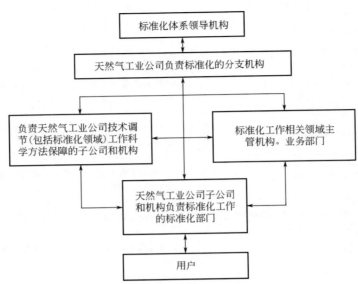

图 7-16　天然气工业公司标准化体系组织架构

二、企业标准框架

目前俄罗斯天然气工业股份公司（简称天然气工业公司）的标准化文件列表中共有标准 1559 项，包括 17 大分类，见表 7-4。

表 7-4　天然气工业公司标准列表

序号	分类	数量
分类 1	标准化体系基础性规范文件	20
分类 2	项目规划、建设和运转	1012
分类 3	资金开销、设备使用和生产储备	41
分类 4	项目安全	56
分类 5	测量	78
分类 6	知识产权	11
分类 7	钻井建设	32
分类 8	调度管理	12
分类 9	防腐	51
分类 10	天然气工业用个人防护器材	9

续表

序号	分类	数量
分类 11	工艺结合	43
分类 12	环保	19
分类 13	情况控制	1
分类 14	安全和劳动保护统一管理系统规范文件	5
分类 15	经营管理系统	19
分类 16	其他	147
分类 17	天然气工业公司建议登记簿	3
	合计	1559

这些标准中涉及的标准类型主要有以下两种：国家标准（Р Газпро）、组织标准（СТО Газпром）。

经筛选梳理，天然气工业公司与管道相关的标准有 1003 项，这些标准可分为以下 28 个专业领域，数量分布如图 7-17 所示。

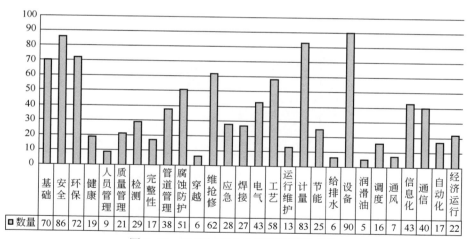

图 7-17　天然气工业公司管道标准现状

通过对天然气工业公司的标准体系进行分析，可以发现其标准体系的特征。

（一）QHSE 标准是保障

在其标准体系中，有 207 项质量、健康、安全、人员管理方面的标准，占所有标准的 21%，如图 7-18 所示。

图 7-18　天然气工业公司 QHSE 标准分布率

（二）管道管理标准是基础

在其标准体系中，有 258 项管道管理相关的标准，这些标准涉及管道的完整性管理、管道检测、腐蚀防护、巡线、维抢修、应急等方方面面，占所有标准的 26%，如图 7-19 所示。

图 7-19　天然气工业公司管道管理标准分布率

（三）完整性、腐蚀防护、维抢修标准是管道管理三大支柱

在管道管理标准中，完整性、腐蚀防护、维抢修标准分别有 46 项、51 项和 62 项，占所有管道管理标准的 72%，是管道管理标准的三大组成部分，如图 7-20 所示。

（四）注重信息化安全

在 43 项信息化标准中，除 1 项顶层架构的信息化建设标准外，其余 42 项都是保障信息安全的标准，如图 7-21 所示。

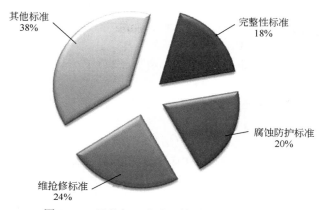

图 7-20　天然气工业公司管道管理标准组成

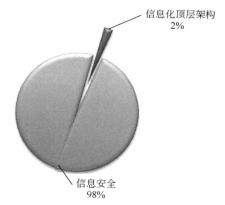

图 7-21　天然气工业公司管道管理标准组成

三、企业标准的编写人员以及流程

　　天然气工业公司遵循俄罗斯国家标准化体系文件，规定了天然气工业公司的标准化总则、标准编制规程、标准格式体例要求等，这些规定在符合国家标准要求的情况下也结合公司的管理现状，制定了具体的企业要求。

　　天然气工业公司的标准制定修流程也是分为 5 个阶段，与国家标准中的规定基本一致。

　　值得注意的是，目前俄罗斯也存在工程建设技术法规体系和工程技术标准文件体系，但在俄罗斯天然气工业股份公司内部，并未特别区分工程建设与运行管理专标委，工程建设标准可以说其工程建设与运行管理标准是比较协调一致的。大部分与工程建设相关的标准都在其标准列表的第二大类"天然气工业公司项目规划、建设和运转规范"中。

部分标准规定工程建设的内容，例如 CTO Газпром2-2.7-249—2008《天然气工业公司项目规划、建设和运转规范　天然气干线管道》和 CTO Газпром2-3.5-057—2006《天然气工业公司项目规划、建设和运转规范　天然气干线管道技术设计规范》是偏向于工程设计的标准，由其战略发展司规划调研局建议制定；部分标准中既包括工程建设的内容，又包括运行的内容，例如 CTO Газпром2-3.5-454—2010《天然气工业公司项目规划、建设和运转规范　天然气主干管道运行规程》和 CTO Газпром2-2.4-083—2006《天然气矿区管道和干线管道建设和维修时焊接无损质量检查法说明》，这些标准既制定了工程建设相关的要求，又制定了工艺运行时的相关要求。

根据调研专家反馈，目前俄罗斯天然气工业股份公司不存在工程建设与管理运行标准不协调的问题。

四、企业标准特点及文本范例

由于俄罗斯标准化体系的特殊性，企标和各级标准之间的划分并不十分清晰。不同层级的标准主要有以下特征和范围。

（1）国家标准：在保证产品、工作与服务对环境、生命、健康和财产的安全性，保证产品技术和信息兼容性与互换性，检查方法的一致性等方面提出的要求，以及俄罗斯联邦法律规定的其他要求。

（2）行业标准（部门标准）：标准化对象是组织技术、一般技术项目和行业所用的产品、工作、过程和服务，其中包括行业标准化工作的组织、行业所用的制品标准尺寸系列和定型构造（专用紧固件、工具等），以及行业计量工作的组织等。有效期一般不限定。

（3）企业标准：在不违反国家标准的强制性要求的前提下，企业经营活动可以编制企业标准，企业标准的编制目的是为保证企业采用国家标准、部门标准、国际、区域和其他国家标准，组织标准等。一般来说，以企业创造和采用的产品、过程与服务为对象。

（4）组织标准：标准化对象是新产品、过程与服务、试验方法、生产组织与管理原则或其他活动。组织标准编写的目的是要动态反映和推广在一定领域所取得的知识，扩大基础性与应用型研究成果。组织标准不应违反国家强制性标准的要求。当存在涉及环境、生命、健康与财产安全性的规定时，该标准需要与相应国家检测与监督机构协商一致。

　　由于俄罗斯标准化体系的特殊性，企标和各级标准之间的划分并不十分清晰。由于俄罗斯在标准化改革前，所有的标准都是必须强制执行的，标准的封面都印有强制执行的字样，因此企业对于所有层级的标准都需要强制执行。在标准化改革后，俄罗斯采用了欧洲的技术法规和标准结合的体制，但是目前仍处于过渡期，因此对于企业来说，企业基本沿用了执行各级相关标准的惯例。

　　另外，对于俄罗斯天然气工业股份公司来说，由于其代表了俄罗斯天然气管道的绝对地位，因此本领域内的很多国家标准和行业标准均是由俄罗斯天然气工业股份公司作为主要起草人制定的，因此对于各级相关标准（类似国家标准和行业标准），俄罗斯天然气工业股份公司仍是执行的。

　　对于俄罗斯企业，除了企业标准、国家标准、行业标准、组织标准等形式的标准外，还有一种更特殊的标准文件——技术条件（Tу）。技术条件是企业为了贯彻执行国家标准、行业标准而制定的一种具体的规范性文件，是俄罗斯企业应用最广泛、影响最大的一种规范性文件。例如全国标准中对具体产品规定的各项要求，很多是通过技术条件具体规定，包括技术要求、安全和环境保护要求、验收规则、贮运条件、质量检验方法等方面。但是同样由于俄罗斯的标准化改革，使得俄罗斯标准体系仍处于过渡期，但多年来，关于技术条件在标准体系中的地位、法律属性、标准属性和审批注册等问题，一直存在争议。

　　天然气工业公司遵循国家标准化体系文件的要求建立了公司的标准化体系文件，并沿用了综合标准化思想，建立了包括总则、标准制定修订发布流程、标准实施在内的顶层标准化管理文件。

附　　录

附录一　中国标准化发展大事记

- 1949 年，成立中央技术管理局，下设标准规格处。
- 1957 年，国家科学技术委员会内设标准局。
- 1957 年，加入国际电工委员会（IEC）。
- 1962 年，国务院颁布第一个标准化管理法规《工农业产品和工程建设技术标准暂行管理办法》。
- 1963 年，国家科学技术委员会召开第一次全国标准、计量工作会议，制定了第一个标准化十年发展规划。
- 1972 年，成立国家标准计量局。
- 1972 年，恢复 ITU 成员国地位。
- 1978 年，成立国家标准总局。
- 1978 年，重新申请加入国际标准化组织（ISO）。
- 1979 年，国务院颁布《中华人民共和国标准化管理条例》。
- 1982 年，成为国际标准化组织（ISO）理事会成员国。
- 1988 年，通过《中华人民共和国标准化法》，并于 1989 年 4 月 1 日实施。
- 1990 年，国务院发布《中华人民共和国标准化法实施条例》。
- 2001 年，国务院组建中国国家标准化管理委员会。
- 2004 年，国家标准化管理委员会发布了《全国专业标准化技术委员会管理办法》。
- 2005 年，强制性国家标准网上全文免费阅读系统正式开通。
- 2008 年，中国 ISO 贡献率排名第六，正式成为了 ISO 常任理事国。
- 2009 年，颁布《全国专业标准化技术委员会管理规定》。
- 2011 年，在第 75 届 IEC 理事大会上中国成为 IEC 常任理事国。
- 2011 年，全国石油天然气标准化技术委员会暨石油工业标准化技术委员会发了《石油天然气工业标准制定程序》（油标委字〔2011〕13号）。

- 2011年，中国石油和化学工业联合会发布了《化工行业"十二五"标准化发展指南》。
- 2011年，国家标准化管理委员会发布了《标准化事业发展"十二五"规划（2011—2015年）》（国标委综合〔2011〕79号）。
- 2015年，我国专家正式就任国际标准化组织（ISO）主席。
- 2015年，国务院印发《深化标准化工作改革方案》。
- 2015年，对《中华人民共和国标准化法》进行修订。
- 2015年，国务院办公厅印发《国家标准化体系建设发展规划（2016—2020年）》。
- 2015年，发布《标准联通"一带一路"行动计划（2015—2017年）》。
- 2016年，第39届国际标准化组织ISO大会在中国召开。
- 2017年，"一带一路"国际合作高峰论坛在中国召开。
- 2018年，新修订《中华人民共和国标准化法》正式实施。

附录二　国内油气管道法律法规

一、法律

附表2-1　国内油气管道法律

序号	法律名称	发布单位	颁布时间	实施时间
1	《中华人民共和国环境噪声污染防治法》	全国人大常委会	1996/10/29	1997/3/1
2	《中华人民共和国土地管理法》	全国人大常委会	2004/8/28	2004/8/28
3	《中华人民共和国突发事件应对法》	全国人大常委会	2007/8/30	2007/11/1
4	《中华人民共和国消防法（2008）》	全国人大常委会	2008/10/28	2009/5/1
5	《中华人民共和国防震减灾法（2008修订）》	全国人大常委会	2008/12/27	2009/5/1
6	《中华人民共和国石油天然气管道保护法》	全国人大常委会	2010/6/25	2010/10/1

序号	法律名称	发布单位	颁布时间	实施时间
7	《中华人民共和国水土保持法》	全国人大常委会	2010/12/25	2011/3/1
8	《中华人民共和国特种设备安全法》	全国人大常委会	2013/6/29	2014/1/1
9	《中华人民共和国环境保护法（2014年修订）》	全国人大常委会	2014/4/24	2015/1/1
10	《中华人民共和国安全生产法》	全国人大常委会	2014/8/31	2014/12/1
11	《中华人民共和国固体物污染环境防治法》	全国人大常委会	2015/4/24	2015/4/24
12	《中华人民共和国环境影响评价法（2016修订）》	全国人大常委会	2016/7/2	2016/9/1
13	《中华人民共和国节约能源法》	全国人大常委会	2016/7/2	2016/7/2
14	《中华人民共和国水法（2016修订）》	全国人大常委会	2016/7/2	2016/7/2
15	《中华人民共和国职业病防治法》	全国人大常委会	2016/7/2	2016/7/2
16	《中华人民共和国海洋环境保护法（2016修订）》	全国人大常委会	2016/11/7	2016/11/7

二、行政法规

附表 2-2　国内油气管道行政法规

序号	行政法规	发布单位	颁布时间	实施时间
1	《建设工程质量管理条例》	国务院	2000/1/10	2000/1/10
2	《建设工程安全生产管理条例》	国务院	2003/11/24	2004/2/1
3	《国家安全生产事故灾难应急预案》	国务院	2006/1/22	2006/1/22
4	《中华人民共和国土地管理法实施条例》	国务院	2011/1/8	2011/1/8
5	《危险化学品安全管理条例》	国务院	2011/2/16	2011/12/1
6	《安全生产许可证条例》	国务院	2014/7/29	2014/7/29
7	《建设工程勘察设计管理条例》	国务院	2015/6/12	2015/6/12

三、部门规章

附表 2-3　国内油气管道部门规章

序号	部门规章	发布单位	颁布时间	实施时间
1	《关于处理石油管道和天然气管道与公路相互关系的若干规定（试行）》	交通部-石油部	1978/5/23	1978/5/23
2	《铺设海底电缆管道管理规定》	国家海洋局	1989/3/10	1989/3/1
3	《铺设海底电缆管道管理规定实施办法》	国家海洋局	1992/8/26	1992/8/26
4	《压力管道安装安全质量监督检验规则》	国家质量监督检验检疫总局	2002/3/21	2002/3/21
5	《海底电缆管道保护规定》	国土资源部	2004/1/9	2004/3/1
6	《重大建设项目档案验收办法》	国家发展和改革委员会	2006/6/14	2006/6/14
7	《危险化学品建设项目安全许可实施办法》	国家安全生产监督管理局	2006/9/2	2006/10/1
8	《陆上石油天然气储运事故灾难应急预案》	国家安全生产监督管理总局	2006/10/1	2006/10/1
9	《安全生产检测检验机构管理规定》	国家安全生产监督管理局	2007/1/31	2007/4/1
10	《建设工程勘察质量管理办法》	建设部	2007/11/22	2007/11/22
11	《安全生产事故隐患排查治理暂行规定》	国家安全生产监督管理局	2007/12/28	2008/2/1
12	《特种设备事故报告和调查处理规定》	国家质量监督检验检疫总局	2009/7/3	2009/7/3
13	《压力管道使用登记管理规则》	国家质量监督检验检疫总局	2009/8/31	2009/12/1
14	《国家林业局关于石油天然气管道建设使用林地有关问题的通知》	国家林业局	2010/4/15	2010/4/15
15	《建设项目竣工环境保护验收管理办法》	国家环境保护总局（已撤销）	2010/12/22	2010/12/22

序号	部门规章	发布单位	颁布时间	实施时间
16	《防雷装置设计审核和竣工验收规定》	中国气象局	2011/7/11	2011/9/1
17	《危险化学品生产企业安全生产许可证实施办法（2015 修订）》	国家安全生产监督管理总局	2011/8/5	2011/12/1
18	《危险化学品环境管理登记办法（试行）》	环境保护部	2012/10/10	2013/3/1
19	《建设工程质量检测管理办法》	建设部	2015/5/4	2015/5/4
20	《油气输送管道与铁路交汇工程技术及管理规定》	国家能源局，国家铁路局	2015/10/28	2016/1/1
21	《建设项目环境影响后评价管理办法（试行）》	环境保护部	2015/12/10	2016/1/1

四、地方性法规

附表 2-4　国内油气管道地方性法规

序号	地方性法规	发布单位	颁布时间	实施时间
1	《辽宁省石油天然气管道设施保护条例》	辽宁省人大（含常委会）	2000/11/28	2001/1/1
2	《重庆市天然气管理条例》	重庆市人大常委会	2010/7/30	2010/7/30
3	《陕西省城市地下管线管理条例》	陕西省人民代表大会常务委员会	2013/5/29	2013/10/1
4	《浙江省石油天然气管道建设和保护条例》	浙江省人民代表大会常务委员会	2014/7/31	2014/10/1
5	《山东省特种设备安全条例》	山东省人民代表大会常务委员会	2015/12/3	2016/3/1
6	《江西省石油天然气管道建设和保护办法》	江西省人民政府	2016/1/4	2016/3/1
7	《淄博市地下管线管理条例》	淄博市人民代表大会常务委员会	2016/11/28	2017/1/1

附录三 油气管道标准涉及标准发布机构缩写词表

一、国内标准

- GB 国家标准
- JB 机械行业标准
- SY 石油天然气行业标准
- DL 电力行业标准
- SH 石油化工行业标准
- HG 化工行业标准
- JJG 国家计量检定标准
- JGJ 国家建设工程行业标准

二、国外标准

- ISO 国际标准化组织标准
- IEC 国际电工委员会标准
- IECQ 国际电工技术委员会质量服务
- ANSI 美国国家标准
- ASME 美国机械工程师协会标准
- ASTM 美国材料与试验协会标准
- API 美国石油学会标准
- IEEE 美国电气与电子工程师协会标准
- ISA 美国仪表学会
- NACE 美国腐蚀工程师协会
- NEMA 美国电气制造商协会标准
- NFPA 美国消防协会标准
- OHSC 美国职业健康与安全信息服务标准
- AWS 美国焊接协会标准
- AISC 美国钢结构协会
- CFR 美国联邦法规

- AGA 美国气体工业联合会
- MSS 美国阀门及配件工业制造商标准化协会
- AIHA 美国工业卫生协会
- ACGIH 美国政府及工业卫生协会
- ASHRAE 美国采暖、制冷与空调工程师学会
- ASQ 美国质量学会
- CGSB 加拿大通用标准委员会标准
- CSA 加拿大标准
- EN 欧洲标准（含欧洲协调标准与欧洲指令）
- BS 英国标准
- DIN 德国标准
- AS 澳大利亚标准
- SMACNA 美国金属散热与空气调节承包商协会
- CEN 欧洲标准化委员会
- CSSBI 加拿大薄壁钢建筑结构协会
- EEMAC 加拿大电气设备制造商协会

附录四　国外油气管道标准

一、ISO 管道标准

附表 4-1　ISO 管道标准

序号	标准编号	标准名称
1	ISO 4126-6：2014	防超压安全装置—爆破片安全装置的应用、选择和安装/Safety Devices for Protection against Excessive Pressure—Part 5：Application, Selection and Installation of Bursting Disc Safety Devices
2	ISO 5208：2015	工业阀门　金属阀门的压力试验/Industrial Valves—Pressure Testing of Metallic Valves
3	ISO 12736：2014	石油和天然气工业　管道、流体管线、设备和水下结构用湿保温涂层/Petroleum and Natural Gas Industries-Wet Thermal Insulation Coatings for Pipelines, Flow Lines, Equipment and Subsea Structures
4	ISO 14532：2017	天然气　词汇/Nature Gas-Vocabulary

续表

序号	标准编号	标准名称
5	ISO 15589-1：2015	石油和天然气工业　管道输送系统的阴极保护-第1部分：陆地管道/Petroleum, Petrochemical and Natural Gas Industries—Cathodic Protection of Pipeline Systems—Part 1：On-land Pipelines
6	ISO 15848-1：2015	工业阀门　散逸性的测量、试验和鉴定程序　第1部分 阀门的分类体系和型式试验鉴定程序/Industrial Valves—Measurement, Test and Qualification Procedures for Fugitive Emissions—Part 1：Classification System and Qualification Procedures for Type Testing of Valves
7	ISO 15848-2：2015	工业阀门　散逸性的测量、试验和鉴定程序　第2部分 阀门产品验收试验/Industrial Valves—Measurement, Test and Qualification Procedures for Fugitive Emissions—Part 2：Production Acceptance Test of Valves
8	ISO 16852：2016	阻火器　性能要求、测试方法和适用范围/Flame arresters—Performance requirements, test methods and limits for use
9	ISO 17292：2015	石油、石化和合金工业用金属球阀/Metal Ball Valves for Petroleum, Petrochemical and Allied Industries
10	ISO 20361：2015	液体泵和泵机组　噪声测试规范　精度等级2级和3级/Liquid Pumps and Pump Units—Noise Test Code—Grades 2 and 3 of Accuracy
11	ISO 21809-2：2014	石油和天然气工业　埋地和水下管道输送系统外涂层　第2部分：熔结环氧粉末涂层/Petroleum and Natural Gas Industries—External Coatings for Buried or Submerged Pipelines Used in Pipeline Transportation Systems—Part 2：Single Layer Fusion-bonded Epoxy Coatings
12	ISO 21809-3：2016	石油和天然气工业　埋地和水下管道输送系统外涂层　第3部分：现场补口/Petroleum and Natural Gas Industries—External Coatings for Buried or Submerged Pipelines Used in Pipeline Transportation Systems—Part 3：Field Joint Coatings

二、美国油气管道标准

附表4-2　美国油气管道标准

序号	标准编号	标准名称
1	API MPMS 8.2：2016	石油和石油产品自动采样/Standard Practice for Automatic Sampling of Petroleum and Petroleum Products

序号	标准编号	标准名称
2	API MPMS 10.2：2016	蒸馏法测试原油含水量标准试验方法/Standard Test Method of Water in Crude Oil by Distillation
3	API RP 2N：2015	北极条件下管道和构筑物规划、设计和施工推荐做法/Planning, Designing, and Constructing Structures and Pipelines for Arctic Conditions
4	API 570：2016	管道检验规程：在役管道系统检验、维修、改造和重新评估/Piping Inspection Code：In-Service Inspection, Rating, Repair, and Alteration of Piping Systems
5	API RP 572：2016	压力容器检验推荐规程/Inspection Practices for Pressure Vessels
6	API RP 573：2013	锅炉和加热炉的检验/Inspection of Fired Boilers and Heaters
7	API RP 574：2016	管道系统组件的检验做法/Inspection Practices for Piping System Components
8	API RP 575：2014	常压和低压储罐检验/Inspection Practices for Atmospheric and Low-Pressure Storage Tanks
9	API RP 781：2016	石油和天然气工业设施安全计划方法/Facility Security Plan Methodology for the Oil and Natural Gas Industries
10	API RP 580：2016	基于风险的检验/Risk-Based Inspection
11	API RP 581：2016	基于风险检测技术/Risk-Based Inspection Methodology
12	API RP 582：2016	化学、石油和天然气工业焊接指南/Welding Guidelines for the Chemical, Oil, and Gas Industries
13	API RP 583：2014	保温层和防火绝缘层下腐蚀/Corrosion Under Insulation and Fireproofing
14	API RP 585：2014	压力设备完整性事故调研/Pressure Equipment Integrity Incident Investigation
15	API RP 1110：2013	输送天然气、石油气体、有害液体、高挥发性液体或二氧化碳的钢制管道的压力试验/Recommended Practice for the Pressure Testing of Steel Pipelines for the Transportation of Gas, Petroleum Gas, Hazardous Liquids, Highly Volatile Liquids or Carbon Dioxide
16	API RP 1111：2015	海上油气管道的设计、建设、运行和维修（极限状态设计法）/Design, Construction, Operation, and Maintenance of Offshore Hydrocarbon Pipelines（Limit State Design）
17	API RP 1166：2015	开挖监测和观测/Excavation Monitoring and Observation for Damage Prevention
18	API RP 1167：2016	管道 SCADA 系统报警管理/Pipeline SCADA Alarm Management

序号	标准编号	标准名称
19	API RP 1168：2015	管线控制室管理/Pipeline Control Room Management
20	API RP 1170：2015	溶岩型洞穴储气库设计和运行/Design and Operation of Solution-Mined Salt Caverns Used for Natural Gas Storage
21	API RP 1171：2015	废弃型油气藏和含水层储气库的功能完整性/Functional Integrity of Natural Gas Storage in Depleted Hydrocarbon Reservoirs and Aquifer Reservoirs
22	API RP 1173：2015	管道安全管理系统/Pipeline Safety Management Systems
23	API RP 1174：2015	陆上危险液体管道应急响应推荐做法/Recommended Practice for On-shore Hazardous Liquid Pipeline Emergency Preparedness and Response
24	API RP 1175：2015	管道泄漏探测　管理程序/Pipeline Leak Detection—Program Management
25	API RP 1176：2016	管道裂纹评价和管理推荐做法/Recommended Practice for Assessment and Management of Cracking in Pipelines
26	API RP 1640：2013	轻质石油产品储存和处理操作中的质量控制/Product Quality in Light Product Storage and Handling Operations
27	API RP 2003：2015	防止由于静电、雷电和杂散电流造成的引燃/Protection Against Ignitions Arising Out of Static, Lightning, and Stray Currents
28	API RP 2030：2014	石油和化工行业固定式消防水喷淋系统应用指南　英文/Application of Fixed Water Spray Systems for Fire Protection in the Petroleum and Petrochemical Industries
29	API RP 2200：2015	危险液体管道维修/Repairing Hazardous Liquid Pipelines
30	API RP 2218：2013	石油和石油化工厂消防规程/Fireproofing Practices in Petroleum and Petrochemical Processing Plants
31	API Std 521：2014	泄压和减压系统指南/Pressure-Relieving and Depressuring Systems
32	API Std 579-1：2016	设备适用性评价/Fitness-For-Service
33	API Std 598：2016	阀门的检验和测试/Valve Inspection and Testing
34	API Std 609：2016	双法兰凸耳式和对夹式蝶阀/Butterfly Valves：Double-Flanged, Lug-and Wafer-Type
35	API Std 620：2013	大型焊接低压储罐的设计与施工/Design and Construction of Large, Welded, Low-Pressure Storage Tanks
36	API Std 650：2013	焊接石油储罐/Welded Tanks for Oil Storage
37	API Std 653：2014	储罐检验、修理、改造和重建/Tank Inspection, Repair, Alteration, and Reconstruction

序号	标准编号	标准名称
38	API Std 660：2015	管壳式热交换器/Shell-and-Tube Heat Exchangers
39	API Std 2000：2014	常压和低压储罐通风/Venting Atmospheric and Low-Pressure Storage Tanks
40	API Std 2015：2014	石油储罐的安全进入和清理要求/Requirements for Safe Entry and Cleaning of Petroleum Storage Tanks
41	API TR 1149：2015	管线不确定性和对泄漏检测的影响/Pipeline Variable Uncertainties and Their Effects on Leak Detectability
42	API Spec5LC：2015	耐腐蚀合金（CRA）管线钢管规范/CRA Line Pipe
43	API Spec 6D：2014	管道阀门规范/Specification for Pipeline and Piping Valves
44	ASME B31Q：2016	管道人员资质认证/Pipeline Personnel Qualification
45	ASME B31.3：2016	工艺管道/Process Piping
46	ASME B31.4：2016	液态烃和其他液体管线运输系统/Pipeline Transportation Systems for Liquid and Slurries
47	ASME B31.8S：2016	气体管道完整性管理系统/Managing System Integrity of Gas Pipeline
48	ASME B31.8：2016	气体输送和配送管道系统/Gas Transmission and Distribution Piping Systems
49	ASME PCC-2：2015	压力设备与管道维修/Repair of Pressure Equipment and Piping
50	ASME 14414：2015	泵系统能耗评估/Pump System Energy Assessment
51	ASME PTB-9：2014	ASME 管线标准纲要/ASME Pipeline Standards Compendium
52	ASME PTC 22：2014	燃气轮机性能测试规范/Performance Test Code on Gas Turbines
53	ASME PTC 25：2014	压力泄放装置-性能试验规范/Pressure Relief Devices
54	ASME BPVC-CC-BPV：2013	BPVC 规范实例：锅炉和压力容器/BPVC Code Cases：Boilers and Pressure Vessels
55	ANSI/NACE TM 0284：2016	管道和压力容器抗氢致开裂钢性能评价/Evaluation of Pipeline and Pressure Vessel Steels for Resistance to Hydrogen-Induced Cracking
56	NACE TM 0106-2016	埋地管道外表面微生物腐蚀的探测、测试和评价/Detection, Testing, and Evaluation of Microbiologically Influenced Corrosion（MIC）on External Surfaces of Buried Pipelines
57	NACE TM 0113：2013	评价现场应用的参比电极的精度等级/Evaluating the Accuracy of Field-Grade Reference Electrode
58	NACE TM 0172：2015	成品油管道里介质的腐蚀特性测定/Determining Corrosive Properties of Cargoes in Petroleum Product Pipelines

序号	标准编号	标准名称
59	NACE 35110：2010	交流腐蚀现状：腐蚀速率、机理和减缓措施/AC Corrosion State-of-the-Art：Corrosion Rate，Mechanism，and Mitigation Requirements
60	NACE SP 0204：2015	应力腐蚀开裂（SCC）直接评估方法/Stress Corrosion Cracking（SCC）Direct Assessment Methodology
61	NACE RP 0104：2014	阴极保护监测系统用检查片/The Use of Coupons for Cathodic Protection Monitoring Applications
62	NACE RP 0105：2015	埋地钢质管道外部修复、焊接接头用液体环氧涂层/Liquid-Epoxy Coatings for External Repair，Rehabilitation，and Weld Joints on Buried Steel Pipelines
63	NACE RP 0394：2013	钢管厂管道熔结环氧树脂外涂层的涂装、性能和质量控制/Application，Performance，and Quality Control of Plant-Applied Single Layer Fusion-Bonded Epoxy External Pipe Coating
64	NACE SP 0193：2016	在役碳钢储罐底板外侧阴极保护/External Cathodic Protection of On-Grade Carbon Steel Storage Tank Bottoms
65	NACE SP 0200：2014	钢套管规范/Steel-Cased Pipeline Practices
66	NACE SP 0206：2016	输送干天然气管道的内腐蚀直接评价方法（DG-ICDA）/Internal Corrosion Direct Assessment Methodology for Pipelines Carrying Normally Dry Natural Gas（DG-ICDA）
67	NACE SP 0313：2013	导波技术在管道系统的应用/Guided Wave Technology for Piping Application
68	ASTM A961：2016	管道系统设施用钢制法兰、锻造配件、阀门和组件的一般要求标准规范/Standard Specification for Common Requirements for Steel Flanges，Forged Fittings，Valves，and Parts for Piping Applications
69	ASTM D396：2015	燃油标准规范/Standard Specification for Fuel Oils
70	ASTM D975：2016	柴油标准规范/Standard Specification for Diesel Fuel Oils
71	ASTM D2500：2016	石油产品凝点的试验方法/Standard Test Method for Cloud Point of Petroleum Products
72	ASTM D3427：2015	石油中气体释放特性的试验方法/Standard Test Method for Air Release Properties of Hydrocarbon Based Oils
73	ASTM D5853：2016	原油倾点的试验方法/Standard Test Method for Pour Point of Crude Oil
74	ASTM D6377：2015	原油蒸气压的测定 膨胀法/Standard Test Method for Determination of Vapor Pressure of Crude Oil
75	ASTM D7719：2016	高辛烷值无铅汽油标准试验规范/Standard Specification for High Octane Unleaded Test Fuel

序号	标准编号	标准名称
76	ASTM E114：2015	接触式超声脉冲回波直射检测方法
77	ASTM E213：2014	金属管道超声检验规程/Standard Practice for Ultrasonic Testing of Metal Pipe and Tubing
78	ASTM E273：2015	焊接管道焊接区域的超声波检验规程/Standard Practice for Ultrasonic Testing of the Weld Zone of Welded Pipe and Tubing
79	ASTM E1416：2016	焊缝射线检验的标准试验方法/Standard Practice for Radioscopic Examination of Weldments
80	ASTM E1417：2016	液体渗透试验的标准规程/Standard Practice for Liquid Penetrant Testing
81	ASTM F683：2014	管道系统和机械设备保温层选择和应用标准规程/Standard Practice for Selection and Application of Thermal Insulation for Piping and Machinery
82	ASTM G10：2010（R2015）	管道涂层比可弯性的试验方法/Standard Test Method for Specific Bend Ability of Pipeline Coatings
83	ASTM G50：2010（R2015）	大气对金属腐蚀试验的标准规程/Standard Practice for Conducting Atmospheric Corrosion Tests on Metals
84	NFPA 1：2015	防火规范/Fire Code
85	NFPA 3：2015	消防和生命安全系统的整体性试验和投运的推荐做法/Recommended Practice for Commissioning of Fire Protection and Life Safety Systems
86	NFPA 11：2016	低、中、高倍数泡沫灭火系统/Standard for Low-, Medium, and High-Expansion Foam
87	NFPA 13：2016	喷淋系统安装标准/Standard for the Installation of Sprinkler Systems
88	NFPA 15：2017	固定式消防水喷淋系统标准/Standard for Water Spray Fixed Systems for Fire Protection
89	NFPA 16：2015	泡沫 水喷淋系统和泡沫 水喷射系统安装标准/Standard for the Installation of Foam-Water Sprinkler and Foam-Water Spray Systems
90	NFPA 20：2016	固定式消防泵安装标准/Standard for the Installation of Stationary Pumps for Fire Protection
91	NFPA 51B：2014	焊接、切削和其他动火作业过程中防火标准/Standard for the Fire Prevention During Welding, Cutting, and other Hot Work
92	NFPA 56：2017	易燃气体管道系统清管和吹扫过程中防火和爆炸性预防措施标准（适用于发电站、炼油厂、化工厂和其他工业过程中的易燃气体管道系统）/Standard for Fire and Explosion Prevention During Cleaning and Purging of Flammable Gas Piping Systems
93	NFPA 58：2017	液态石油气规范/Liquefied Petroleum Gas Code

序号	标准编号	标准名称
94	NFPA 67：2016	管道系统中气态混合物防爆指南/Guide on Explosion Protection for Gaseous Mixtures in Pipe Systems
95	NFPA 70：2017	国家电气规范/National Electrical Code
96	NFPA 70B：2016	电气设备维护推荐做法/Recommended Practice for Electrical Equipment Maintenance
97	NFPA 70E：2015	工作区域电气安全标准/Standard for Electrical Safety in the Workplace
98	NFPA 75：2017	信息技术设备防火标准/Standard for the Fire Protection of Information Technology Equipment
99	NFPA 79：2015	工业设备电气标准/Electrical Standard for Industrial Machinery
100	NFPA 85：2015	锅炉与燃烧系统的危险等级标准/Boiler and Combustion Systems Hazards Code
101	NFPA 110：2016	应急和备用电源系统标准 Standard for Emergency and Standby Power Systems
102	NFPA 221：2015	防火墙和防火隔离墙标准/Standard for High Challenge Fire Walls, Fire Walls, and Fire Barrier Walls
103	NFPA 400：2016	危险材料规范 Hazardous Materials Code
104	NFPA 551：2016	火灾风险评价指南/Guide for the Evaluation of Fire Risk Assessment
105	NFPA 601：2015	防火灾损失的安全设施标准 Standard for Security Services in Fire Loss Prevention
106	NFPA 780：2017	雷电防护系统安装标准/Standard for the Installation of Lightning Protection Systems
107	NFPA 921：2017	火灾和爆炸事故调查指南/Guide for Fire and Explosion Investigations
108	NFPA 1620：2015	事故预警计划标准 Standard for Pre-Incident Planning
109	UL 25：2016	易燃和可燃液体以及液化石油气的安全仪表标准/UL Standard for Safety Meters for Flammable and Combustible Liquids and LP-Gas
110	UL 79：2016	石油产品调配系统动力泵安全标准/UL Standard for Safety Power-Operated Pumps for Petroleum Dispensing Products
111	UL 87：2016	石油产品电动调配系统安全标准/UL Standard for Safety Power-Operated Dispensing Devices for Petroleum Products
112	UL 96：2016	雷电保护组件标准/UL Standard for Safety Lighting Protection Components
113	UL 467：3013	接地和等电位连接设备/Standard for Safety Grounding and Bonding Equipment
114	UL 635：2012	绝缘套管标准/Standard for Safety Insulating Bushings

序号	标准编号	标准名称
115	UL 842：2015	易燃液体阀门标准/Standard for Valves for Flammable Fluids
116	UL 860：2014	易燃和可燃流体管道组件和消防设施/Standard for Safety Pipe Unions for Flammable and Combustible Fluids and Fire-Protection Service
117	UL 864：2014	火灾报警系统的控制装置和附件标准/Standard for Safety Control Units and Accessories for Fire Alarm Systems
118	UL 924：2016	应急照明和应急电源设备标准/UL Standard for Safety Emergency Lighting and Power Equipment
119	UL 1778：2014	不间断电源系统/Standard Safety Uninterruptible Power Systems
120	UL 2075：2013	气体和蒸气探测器和传感器/Standard for Safety Gas and Vapor Detector and Sensors
121	IEEE C2：2017	美国国家电气安全规程/National Electrical Safety Code
122	IEEE 980：2013	变电站油溢污染的防止与控制指南/IEEE Guide for Containment and Control of Oil Spill in Substations
123	IEEE 998：2012	变电站直接雷击防护指南/Guide for Direct Lightning Stroke Shielding of Substations
124	IEEE 1264：2015	变电站防范动物指南/Guide for Animal Deterrent for Electric Power Supply Substations
125	ISA TR18.2.4：2012	增强型和先进的报警方法/Enhanced and Advanced Alarm Methods
126	ISA TR18.2.5：2012	报警系统监测、评价和调整/Alarm System Monitoring, Assessment, and Auditing
127	ISA TR 84.00.03：2012	安全仪表系统（SIS）的机械完整性/Mechanical Integrity of Safety Instrumented Systems（SIS）
128	ISA TR 84.00.09：2013	安全仪表系统的安全策略/Security Countermeasure Related to Safety Instrumented Systems（SIS）
129	ISA 92.00.02：2013	有毒气体探测器的安装、操作和维护/Installation, Operation, and Maintenance of Toxic Gas-Detection Instruments
130	ISA 60079-10-1：2014	用于爆炸性空气环境的电气装置 第10-1部分：危险场所的分类/Explosive Atmosphere-Part 10-1：Classification of areas-Explosive Gas Atmosphere
131	ISA-60079-29-1：2013	爆炸性环境 第29-1部分 气体探测器-可燃气体探测器的性能要求/Explosive Atmospheres-Part 29-1：Gas Detectors-Performance Requirements of Detectors for Flammable Gases
132	ANSI/ISA 75.19.01：2013	控制阀静水压试验/Hydrostatic Testing of Control Valves

序号	标准编号	标准名称
133	AWS B1.10M/B1.10：2016	焊缝无损检测指南/Guide for the Nondestructive Examination of Welds
134	AWS B1.11：2015	焊缝外观检查指南/Guide for the Visual Examination of Welds
135	AWS B2.1/B2.1 M：2014	焊接程序和性能鉴定规范/Specification for Welding Procedure and Performance Qualification
136	AWS B4.0：2016	焊缝机械试验方法/Standard Methods for Mechanical Testing of Welds
137	AWS C1.5：2015	电阻焊工考核/Specification for the Qualification of Resistance Welding
138	AWS C1.1M/C1.1：2012	电阻焊推荐规范/Recommended Practices for Resistance Welding
139	AWS D1.1/D1.1 M：2015	结构钢焊接规范/Structural Welding Code-Steel

三、加拿大油气管道标准

附表4-3　加拿大油气管道标准

序号	标准编号	标准名称
1	CSA Z245.1：2014	钢制管件/Steel Pipe
2	CSA Z245.15：2013	钢制阀门/Steel Valves
3	CSA Z245.20 SERIES：2014	工厂预制钢管外涂层/Plant-applied External Coatings for Steel Pipe
4	CSA Z341 SERIES：2014	地下储气库/Storage of hydrocarbons in underground formations
5	CSA Z462：2012	工作场所电气安全/Workplace electrical safety
6	CSA Z662：2015	油气管道系统/Oil and Gas Pipeline Systems
7	CSA Z1002：2012	职业健康和安全-危险识别和消除，风险评价和控制/Occupational health and safety-Hazard identification and elimination and risk assessment and control
8	CSA B51：2014	锅炉、压力容器和压力管道规范/Boiler, Pressure Vessel, and Pressure Piping Code
9	CSA C22.2 NO.41：2013	接地和等电位连接设备/Grounding and Bonding Equipment
10	CSA C22.2 NO.108：2014	液体泵/Liquid Pumps
11	CSA C22.2 NO.139：2013	电动阀门/Electrically Operated Valves

序号	标准编号	标准名称
12	CSA W117.2：2012	焊接、切削和合金过程的安全/Safety in Welding, Cutting, and Allied Processes
13	CSA PLUS 663：2004	陆上管线设计：当地政府、开发者及管线运行者指南/Land Use Planning for Pipelines：A Guideline for Local Authorities, Developers, and Pipeline Operators

四、欧盟油气管道标准

附表4-4 欧盟油气管道标准

序号	标准编号	标准名称
1	EN 590：2013	汽车燃油—柴油—要求和试验方法/Automotive Fuels–Diesel–Requirement and Test Methods
2	CEN/TR 1295-4：2015	不同负荷条件下地下管道的结构设计 第4部分：可靠性设计参数/Structural Design of Buried Pipelines under Various Conditions of Loading-Part 4：Parameters for Reliability of the Design
3	EN 1594：2013	供气系统 最大操作压力超过16Bar 的管道 功能要求/Gas Supply Systems–Pipeline for Maximum Operating Pressure over 16Bar–Functional Requirements
4	EN 1776：2015	天然气供应 天然气计量站 功能要求/Gas Supply–Natural Gas Measuring Stations–Functional Requirements
5	EN 1983：2013	工业阀门 钢制球阀/Industrial valves-Steel Ball Valves
6	EN 12007-1：2012	供气设施 最大操作压力达到和超过16Bar 的管线 一般功能性建议/Gas infrastructure-Pipelines for maximum operating pressure up to and including 16 bar-Part 1：General functional requirements
7	EN 12007-3：2015	燃气供应系统 最大操作压力达到和超过16Bar 的管线 钢特别功能性建议/Gas Supply Systems–Pipelines for Maximum Operating Pressure up to and including 16 Bar–Specific Functional Recommendations for Steel
8	EN 12186：2014	燃气供应系统 输送和分配燃气用气压调节站 功能要求/Gas Supply Systems–Gas Pressure Regulating Stations for Transmission and Distribution-Functional Requirements
9	EN 12327：2012	供气设施 压力试验、投运和退出使用程序 功能要求/Gas Infrastructure-Pressure Testing, Commissioning and Decommissioning Procedures-Functional Requirements

序号	标准编号	标准名称
10	EN 14141：2013	天然气管道用阀门　性能要求和试验/Valves for Natural Gas Transportation in Pipeline-Performance Requirements and Tests
11	EN 12583：2014	气体供应系统　压缩机站　功能要求/Gas Supply Systems-Compressor Stations-Functional Requirements
12	EN 12732：2013	供气设施　焊接钢管　功能要求/Gas infrastructure-Welding steel pipework-Functional requirements
13	EN 16348：2013	供气设施　燃气输送设施的安全管理系统（SMS）及燃气输送管道的管道完整性管理系统（PIMS）　基本要求/Gas infrastructure-Safety Management System（SMS）for gas transmission infrastructure and Pipeline Integrity Management System（PIMS）for gas transmission pipelines-Functional requirements
14	CEN ISO/TS24817：2011	石油、石化和天然气工业-管道组件维修-验收、设计、安装、测试和检测/Petroleum, Petrochemical and Natural Gas Industries-Composite Repairs for Pipework-Qualification and Design, Installation, Testing and Inspection

五、澳大利亚油气管道标准

附表4-5　澳大利亚油气管道标准

序号	标准编号	标准名称
1	AS 2832.1：2015	金属的阴极保护　第1部分：管道和电缆/Cathodic Protection of Metals Part 1：Pipes and Cables
2	AS 2865：2009	密闭空间/Confined Spaces
3	AS 2885.0：2012	气体和液体石油管道　第0部分：通用要求/Pipeline Gas and Liquid Petroleum Part 0：General Requirements
4	AS 2885.1：2012	气体与液体石油管道　设计与施工/Pipelines-Gas and Liquid Petroleum-Design and Construction
5	AS 2885.2：2007	气体与液体石油管道　第2部分：焊接/Pipeline Gas and Liquid Petroleum Part 2：Welding
6	AS 2885.4：2010	气体与液体石油管道　第4部分：海底管道系统/Pipeline Gas and Liquid Petroleum Part 4：Offshore Submarine Pipeline System
7	AS 4343：2014	压力设备　危险等级/Pressure Equipment-Hazard Levels
8	AS 4564：2011	天然气通用规范/Specification for General Purpose Natural Gas

六、俄罗斯油气管道标准

附表 4-6　俄罗斯油气管道标准

序号	标准编号	标准名称
1	ГОСТ 3845：75	金属管道的液压试验方法
2	ГОСТ-16037：80	钢质管道焊接
3	ГОСТР 55989：2014	干线管道设计规范
4	ГОСТР 51164：98	干线钢管线防腐主要要求
5	ГОСТР 9.602：2005	防腐蚀和防老化统一体系
6	ВРД 39-1.10-006：2000	干线输气管道的技术操作规程
7	ВРД 39-1.10-026：2001	地下管线的情况和实际位置的评估方法
8	ВРД 39-1.10-069：2002	干线天然气管道配气站技术运营条例
9	ВРД 39-1.10-004-99	干线输气管道腐蚀缺陷状况进行定量估值、对腐蚀缺陷按危险程度进行排序和确定输气管道剩余寿命的推荐方法
10	ВСН 013-88	永久冻结条件下的干线管道和开采管道工程
11	ВСН 006-89	干线工业管道建设焊接
12	ВСН 51-1-97	干线天然气管道大修施工规程
13	ВН 39-1.9-004-98	天然气管道高压液压试验须知（压力试验法）
14	СН 452	干线管道用地划拨标准
15	СНиП 2.05-06	干线管道设计规范
16	СО 06-16-АКТНП-003：2004	石油管道公司顺序输送石油产品规程
17	СП 111-34-96	天然气管道内腔清理及其试验
18	ПБ 12-529-03	配气和耗气系统安全规程
19	GOST12.1.004：1991	劳动保护标准体系　消防安全　一般要求
20	GOST12.1.010：1976	劳动保护标准体系　防爆　一般要求
21	GOST12.2.004：1975	劳动保护标准体系　管道敷设专用机器和机构　安全要求
22	GOST 11017	高压无缝钢管　技术条件
23	ОР 07.00-45.21.30-КТН-004-2：2000	管道技术维护和修理规程
24	ОР 07.00-60.30.00-КТН-010-1：2000	输油站工艺规程

参 考 文 献

[1] Borst W N. Construction of Engineering OntoIogies for KnowIedge Sharing and Reuse：［dissertation］［J］. Enschede：Univ. of Twente，1997.

[2] 白殿一. 标准的编写［M］. 北京：中国标准出版社，2012.

[3] 崔凌云. 标准信息服务的现状及发展展望［J］. 航空标准化与质量，2001（5）：9-11.

[4] 陈树年. 搜索引擎及网络信息资源的分类组织［J］. 图书情报工作，2000（4）：31-37.

[5] 段秋生，孟虎林，杨伟，等. 中国和北美受限空间技术标准差异分析［J］. 天然气与石油，2015，33（1）：20-24.

[6] 付尧. 俄罗斯标准化现状［J］. 标准化科学，2004（11）：27-28.

[7] 郭丹，王长林，王红，等. 标准研制与审查［M］. 北京：中国标准出版社，2013.

[8] 高圣平，马志雄. 石油工业标准化工作手册［M］. 北京：石油工业出版社，2010.

[9] 甘克勤，马志远，张明. 标准文献关联可视化研究与实践［J］. 标准科学，2015（1）：34-38.

[10] 盖春彦. 分类法与主题法的比较［J］. 中小企业管理与科技，2008（10）：49.

[11] Gudivada VN，Raghavan VV. Content-based image retrieval systems［J］. IEEE Computer，1995（40）：18-22.

[12] Gruber T R. A Translation Approach to Portable Ontology Specification［J］. Knowledge Acquisition，1993，5（2）：199-220.

[13] 洪生伟. 标准化管理. 4 版［M］. 北京：中国计量出版社，2003.

[14] 霍荣军. 俄罗斯 2001 年版国家标准、行业标准最新目录介绍［J］. 中国标准化，2001（12）：57.

[15] Iqbal Q，Aggarwal J K. Retrieval by classification of images containing large manmade objects using perceptual grouping［J］. Pattern Recognition，2002，35（7）：1463-1479.

[16] 贾宏. 网络信息资源组织方法述论［J］. 图书馆研究与工作，2003（3）：38-40.

[17] Jones L V，Smyth R L. How to perform a literature search［J］. Current Paediatrics，2004，（14）：482-488.

[18] 刘冰，田悦，税碧垣，等. 油气储运标准研究进展及发展趋势［J］. 油

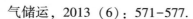

气储运，2013（6）：571-577.

[19]　刘冰，陈洪源，宋飞，等.国内外长输管道标准法规比较手册［M］.北京：石油工业出版社，2010.

[20]　李春田，房庆，王平.标准化概论（第六版）［M］.北京：中国人民大学出版社，2016.

[21]　李春田.现代标准化方法——综合标准化［M］.北京：中国标准出版社，2013.

[22]　李育嫦.网络信息组织中的分类法与主题法［J］.情报资料工作，2004（3）：31-33.

[23]　刘涛，刘守华，于耀国.中国隧道标准在中亚天然气管道D线实践研究及应用［J］.石油工业技术监督，2017，33（12）：33-36.

[24]　龙建强.基于IPO方法编制企事业单位档案工作"十三五"发展规划［J］.机电兵船档案，2015（6）：12-14.

[25]　吕艺，刘三陵.文献著录与内容揭示分析［J］.图书馆建设，2011（7）：28-30.

[26]　马张华，侯汉清，薛春香.文献分类法主题法导论［M］.北京：国家图书馆出版社，2009.

[27]　Neches R，Fikes R E，Gruber T R，et al. Enabling Technology for Knowledge Sharing［J］. AI Magazine，1991，12（3）：36-56.

[28]　Studer R，Benjamins V R，Fensel D. Knowledge Engineering：Principles and Methods［J］. Data and Knowledge Engineering，1998，25（1-2）：161-197.

[29]　石保权.国际标准化教程.2版［M］.北京：中国标准出版社，2003.

[30]　宋明顺，周立军.标准化基础［M］.北京：中国标准出版社，2014.

[31]　孙砚.《中图法》与《美国国会图书分类法》之比较［J］.医学信息，2006，19（3）：411-413.

[32]　Smeulders W M，Member S，Worring Met，et al. Content-based image retrieval at the and of the early years［J］. IEEE transactions on Pattern analysis And Machine，2000，22（12）：1349-1379.

[33]　孙风梅.主题语言在网络信息组织中的应用［J］.图书馆工作与研究，2008（2）：27-29.

[34]　陶岚.俄罗斯标准化的变革与发展［J］.航空标准化与质量，2005（1）：51-54.

[35]　Veltkamp R C，Tanase M. Content-Based Image Retrieval Systems：A Survey［J］. Department of Computing Science，Univ. of Utrecht，2000.

[36] Ves E de，Domingo J，Ayala G，et al. A novel Bayesian framework for relevance feedback in image content-based retrieval systems ［J］. Pattern Recognition，2006（39）：1622-1632.

[37] 薛振奎，白世武，冯斌，等.国内外长输管道标准法规比较手册［M］.北京：中国标准出版社，2008.

[38] 许剑，党安荣，李涛.大数据视角的城市规划编制方法研究［J］.地理信息世界，2016，23（3）：1-4，12.

[39] 姚伟.我国油气储运标准化现状与发展对策［J］.油气储运，2012，31（6）：416-421.

[40] 杨辉.技术法规与标准的定位及我国技术法规体系的建设［J］.航天标准化，2011（2）：1-6.

[41] 赵祖明，范桂梅.多体系文件整合方略——ISO 9000 等标准与企业标准应用融合论（第二版）［M］.北京：中国标准出版社，2014.

[42] 朱宏亮，崔晶晶.工程建设标准与法律法规互动关系研究［J］.科技进步与对策，2009（21）：99-102.

[43] 周晟，李永全，邹斌.基于 SOA 的数字规划集成平台设计与实现——以常州市标准化规划管理信息系统为例［J］.城市规划，2011，35（7）：89-92.

[44] 曾红莉，陈家宾.面向个性化服务的船舶标准信息服务系统构建研究［J］.船舶标准化与质量，2016（2）：7-9.

[45] 张向荣，杜佳.知识经济时代标准信息服务模式的创新研究［J］.图书与情报，2009（1）：64-68.

[46] 周莉.网络信息资源知识组织与揭示研究［D］.长春：东北师范大学，2006.

[47] 邹婉芬.搜索引擎分类体系分析与评价［J］.图书馆学刊，2004，26（3）：40-41.

[48] 朱礼军，陶兰，黄赤.语义万维网的概念、方法及应用［J］.计算机工程与应用，2004（3）：79-84.

[49] 麦绿波.标准化学——标准化的科学理论［M］.北京：科学出版社，2017.